U0173357

# PKPM2022 结构设计常见问题剖析

北京构力科技有限公司　编著

中国建筑工业出版社

**图书在版编目（CIP）数据**

PKPM2022 结构设计常见问题剖析 / 北京构力科技有限公司编著. — 北京：中国建筑工业出版社，2023.1
ISBN 978-7-112-28255-5

Ⅰ．①P… Ⅱ．①北… Ⅲ．①建筑结构—计算机辅助设计—应用软件 Ⅳ．①TU311.41

中国版本图书馆 CIP 数据核字(2022)第 240644 号

责任编辑：刘瑞霞　梁瀛元　武晓涛
责任校对：张惠雯

PKPM2022 结构设计常见问题剖析
北京构力科技有限公司　编著

\*
中国建筑工业出版社出版、发行（北京海淀三里河路 9 号）
各地新华书店、建筑书店经销
北京红光制版公司制版
北京建筑工业印刷厂印刷
\*
开本：787 毫米×1092 毫米　1/16　印张：20¼　字数：502 千字
2022 年 12 月第一版　2022 年 12 月第一次印刷
定价：**78.00** 元
ISBN 978-7-112-28255-5
（40248）

**版权所有　翻印必究**
如有印装质量问题，可寄本社图书出版中心退换
（邮政编码 100037）

# 编 委 会

张　欣　　刘孝国　　朱恒禄　　钟朋朋　　王军芳　　黄思远

王文婷　　赵姗姗　　常丽娟　　朱贵娜　　廉　明　　孙富强

冯发阳　　祈心韵　　周子莲　　赵　蓉　　刘　琦　　高杨梅

# 前　　言

结构设计中通常会遇到各种各样的问题，尤其在使用软件进行分析设计时，往往由于不合理的建模、不正确的参数指定、未充分理解规范要求、按不同规范计算结果有别、新规范的变更执行未及时掌握及对概念设计的把握不到位等原因，导致软件计算出的结果与设计师预期的结果不符。比如，设计师按照规范条文的字面意思去校核软件计算的结果，手工校核结果与软件输出结果不一致等。或者设计师根据软件输入的相关参数，对计算结果进行手工校核，由于一些程序内部的特殊处理，发现软件计算结果与手工校核结果不符。比如，PKPM程序对于轴压比小于0.15的角柱也进行了强柱弱梁调整，这就可能导致手工校核组合弯矩与软件输出结果不同。结构设计中的各类问题贯穿建模、计算分析、基础设计、施工图、施工图审查、减隔震设计等结构设计的全过程。

本书中的常见问题均来源于一线设计师，属于高频常见问题，具有很强的代表性，PKPM结构软件事业部的同事在解决设计师的工程问题时，将这些问题及相关计算模型整理汇总，最后形成了这样一本为设计师答疑解惑的书，该书贯穿结构设计的整个环节，包含了建模、结构分析及设计、计算结果接入施工图、基础设计、钢结构设计、砌体及鉴定加固及设计、通用规范应用、减震隔震设计中及其他问题等常见问题，涉及对规范的解读、对概念设计的把控、软件对常用规范的实现、最新的通用规范在软件中的实现及对相关特殊情况的处理等，对高频问题进行逐一解答。

本书主要侧重以下几类问题。

第一类，结构建模方面的问题。比如，层间斜板的布置及计算、压型钢板组合楼盖板面荷载及板厚输入、建模中对工业设备荷载自动计算及生成、建模中梁上加节点、模型中梁上自动出现扭矩等问题。

第二类，结构分析及设计方面的问题。比如，双向受弯钢梁的强度计算、PKPM软件如何实现消防车荷载的计算分析、剪力墙边缘构件体积配箍率的计算、框架梁跨中上部配筋的计算、跃层柱的分析及配筋、地下室外墙配筋计算、施工次序错误导致构件超筋、剪力墙有面外梁搭接时面外承载力设计、考虑地震作用计算与否地下室顶板梁配筋变化不大、同一根梁的弯矩大的一端配筋反而小、高厚比小于4的一字形墙肢设计、修改混凝土强度等级导致调整系数变化、按区划图确定地震影响系数最大值、结构进行弹性屈曲分析、刚重比计算考虑填充墙刚度影响、连梁交叉斜筋、对角暗撑的计算、梁板顶面平齐中梁刚度放大系数、人防控制构件材料强度调整系数取值等问题。

第三类，施工图接入SATWE计算结果相关问题。比如，施工图中的梁实配钢筋远大于SATWE计算配筋、接入梁施工图钢筋一片飘红的问题、正方形楼板两个方向配筋不同、施工图中梁支座的判断、柱角筋的选择、施工图中梁箍筋全长加密、施工图中软件将框架梁识别为悬挑梁、梁端点铰与否在施工图中表达的问题、梁施工图中附加吊筋计算、简支梁支座配筋大、梁施工图中是否选择执行可靠性标准等问题。

第四类，基础设计问题。比如，筏板基础挑出部分覆土荷载的布置、基础设计中的活荷载折减问题、桩承台基础最大反力与平均反力一致、基础沉降问题、地基承载力修改正问题、柱墩的布置及计算问题、基础构件简化验算与有限元计算的结果差异、桩反力手算与电算不符、筏板计算板单元弯矩取平均值还是最大值问题、锚杆设计相关问题、软弱下卧层验算、桩承台计算、设缝结构框架柱下布置基础梁等问题。

第五类，钢结构设计相关问题。比如，关于钢柱长细比的相关问题、有抗风柱的门式刚架结构在抗风柱处竖向变形大、钢梁稳定应力比计算相关问题、钢框架三维计算中相同的柱长细比限值不同、钢梁下翼缘稳定验算问题、角钢焊缝高度取值的问题、钢框架有无侧移的判断、门式刚架结构防火设计、计算竖向地震导致钢结构雨棚拉杆内力过大等问题。

第六类，砌体及鉴定加固相关问题。比如，底框结构底层纵横向地震剪力放大、砌体结构顶层墙抗剪承载力不足、既有建筑采用新增剪力墙加固的计算模拟、砌体扶壁柱建模计算问题、钢筋混凝土板墙加固问题、A类建筑抗震鉴定时承载力调整系数折减、空斗墙砌体模拟计算等问题。

第七类，通用规范执行后设计相关的问题。2022年系列通用规范陆续执行，由于通用规范所有条文都是强条，在通用规范使用过程中，设计师都比较谨慎。通用规范的条文在软件中是否执行以及如何执行是设计师比较关注的问题，在使用软件进行设计时也有一些疑惑。比如，通用规范脉动风荷载的计算、楼面局部荷载准确计算、通用规范荷载分项系数取值及荷载组合、特殊情况下材料强度取值、通用规范中要求的楼板舒适度分析、通用规范中的钢支撑-混凝土框架结构的设计、通用规范要求的混凝土锚固长度等问题。

第八类，减隔震设计相关的问题。2021年9月1日《建设工程抗震管理条例》正式执行。条例要求对位于高烈度设防地区、地震重点监视防御区的新建学校、幼儿园、医院、养老机构、儿童福利机构、应急指挥中心、应急避难场所、广播电视等已经建成的建筑进行抗震加固时，应当经充分论证后采用隔震减震等技术，保证其抗震性能符合抗震设防强制性标准。大量的减隔震建筑应运而生，设计师在设计中也遇到了一系列的问题，比如，隔震结构底部剪力比的计算、隔震结构关键构件内力调整、减震结构变形限值的控制、隔震结构周期折减系数、隔震结构及减震结构最大阻尼比、隔震结构嵌固端所在层号等问题。

正是由于有这么多善于思考、提出宝贵问题的设计师为本书内容提供了大量素材，这本书才有幸能与更多的设计师见面，希望为更多的结构设计同行助一臂之力，提升设计效率。衷心感谢PKPM忠实的朋友们提出的各种有意思、值得探讨、紧跟规范更新的问题。

本书由北京构力科技有限公司PKPM结构软件事业部总经理张欣统筹，全体技术部同事参与撰写，全书由刘孝国统稿审定。

# 目　　录

# 第1章 结构建模方面的相关问题剖析

## 1.1 关于层间斜板的布置及计算问题

Q：PM建模中，能否实现层间斜板的布置？如果可以，如何进行布置以及能否输入板面上的荷载，软件后续是如何进行计算分析的？

A：随着社会发展，设计的工程越来越复杂，很多工程中就会出现层间的斜板，PKPM软件提供层间板布置功能，可以实现层间平板及层间斜板的布置及分析设计。

层间斜板的布置原理及操作方法与层间平板布置类似，需要四边的梁围成一个封闭的空间，然后在布置层间斜板的时候，选择标高为－1就能自动形成，如图1-1所示。

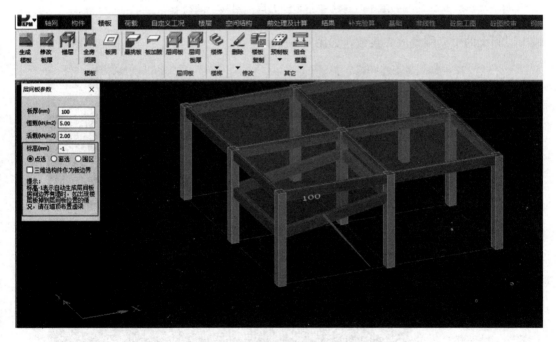

图1-1 PM建模中输入层间斜板

如果要在层间斜板上布置荷载，只需要在如图1-2所示的"局部及层间板荷"菜单下，选择需要布置层间板荷载的类型，点取层间板就可以布置上了。程序支持布置"层间板均布荷载""层间板局部面荷载""层间板线荷载"及"层间板点荷载"等多种类型的荷载形式。

后续接入SATWE软件，计算中默认夹层楼板为弹性模，并考虑其对结构整体内力的影响，程序可以按照与正常楼板一样的方式，考虑层间板对层间梁的刚度贡献，计算并

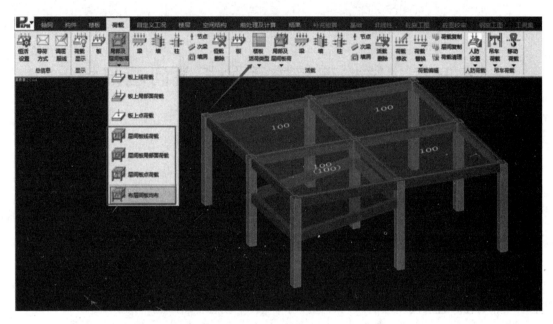

图 1-2　PM 建模中输入层间斜板上的荷载

输出层间梁的中梁刚度放大系数，如图 1-3 所示。

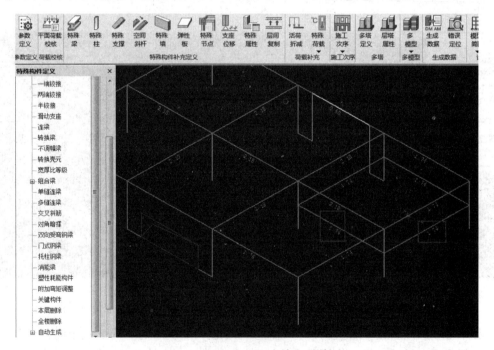

图 1-3　层间梁的刚度放大系数

　　按照层间梁、层间板输入建模与按照分层输入建模，软件在计算中均能考虑层间构件对结构的整体影响，但两种建模方式在楼层指标统计方面是有区别的。如果按照层间梁、层间板输入，在统计楼层指标时仅考虑楼层处的变形指标。

## 1.2　关于退出 PM 模型提示悬空柱的问题

Q：某工程模型，在退出 PM 时，对应需要落到地库顶板的门厅柱子总提示悬空柱，如图 1-4 所示，怎么解决？

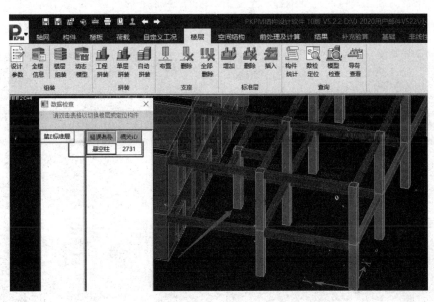

图 1-4　模型退出 PM 总提示"悬空柱"

A：查看该模型后发现，该结构中门厅处的柱子是直接在楼板上建立的。软件中柱底端是不能直接落到楼板上的，柱子下端需要有梁或柱才可以，这样才会有对应的节点。可以在柱子下端与楼板相交的位置设置虚梁（截面为 100×100）或者设置暗梁，如图 1-5 所示，

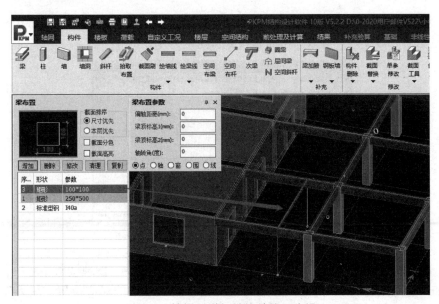

图 1-5　楼板上增加轴线并输入虚梁

模型中建模输入轴线并布置虚梁，实现正确的建模及其竖向荷载的传递，这样模型是合理的，数据检查也将是正常的，如图 1-6 所示。

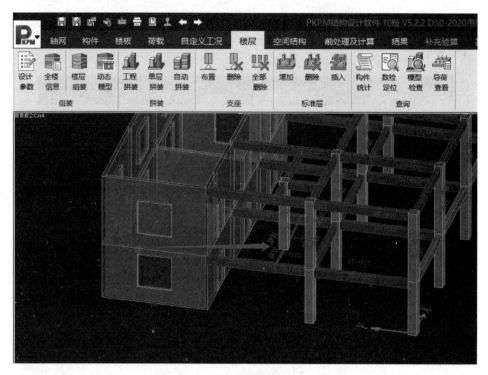

图 1-6　增加虚梁后的模型数据检查正常

## 1.3　关于钢结构压型钢板组合楼盖的布置问题

Q：某钢结构框架，顶层布置压型钢板组合楼盖时，总是弹出窗口提示输入一个 20～30 之间的数字（图 1-7），导致无法布置楼盖，这是为什么？

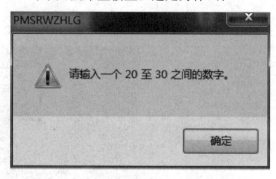

图 1-7　布置压型钢板组合楼盖时的错误提示

A：查看该钢框架的模型，检查压型钢板楼盖的相关参数，发现楼盖布置的参数存在异常，如图 1-8 所示。解决办法：打开到组合楼盖设置参数的对应位置，填入正常参数即可。

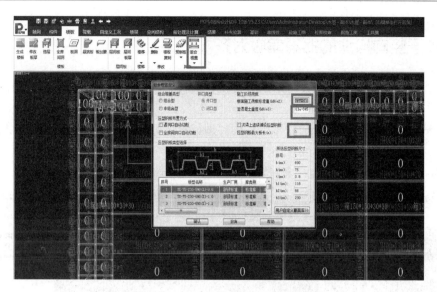

图 1-8　压型钢板楼盖参数设置图

## 1.4　关于钢结构压型钢板组合楼盖的导荷线颜色显示问题

Q：在结构建模中，布置压型钢板时，这些板上的导荷线的红色、黄色和蓝色分别代表什么意思（该模型中布置的压型钢板类型都一样）？

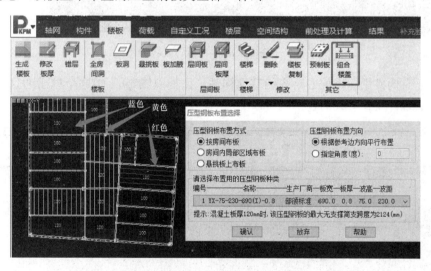

图 1-9　压型钢板楼盖布置后显示的各种颜色的导荷线

A：布置压型钢板组合楼盖时，可以直接选择软件的产品库，选择布置压型钢板后，软件会根据用户设定的施工阶段荷载自动进行施工阶段验算，并根据验算结果按不同颜色显示压型钢板线，以表示压型钢板的不同状态。其中，红色表示估算的承载力和挠度不满足要求；黄色表示挠度不满足要求；蓝色表示两项验算估算均满足要求。

当出现不满足要求的情况时，建议采取改变压型钢板布置方向、更换压型钢板种类、调整次梁位置或增设施工临时支撑等措施加以解决。

## 1.5 关于竖向构件的批量偏心对齐

Q：在结构建模中，能否实现对部分楼层柱进行批量对齐，进而提高偏心情况下的建模效率？

A：软件中可以实现对指定的楼层柱构件进行批量竖向偏心对齐的编辑，并且操作非常简单。

首先，在建模界面右上角"多层"中选择需要编辑的层，如图1-10所示。

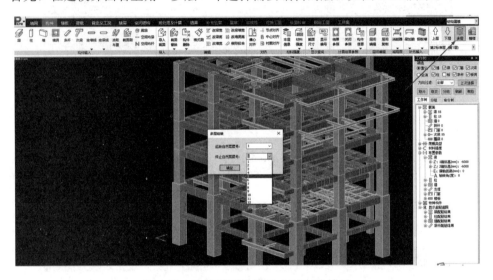

图 1-10 选择需要进行偏心对齐的楼层

然后，在构件中选择偏心对齐的基准构件，比如以图1-11中这个柱子的这条线为基准线，然后选择需要对齐的柱子就可以了。

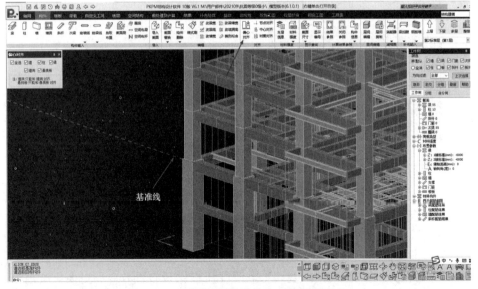

图 1-11 选择需要进行偏心对齐的基准线

最后，完成选择的楼层，柱进行批量偏心对齐之后的效果如图 1-12 所示。

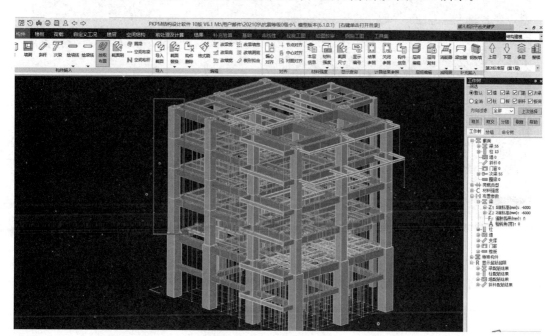

图 1-12　选择楼层柱进行批量偏心对齐后的效果

## 1.6　关于剪力墙计算长度与建模长度不一致的问题

Q：PM 建模中输入的剪力墙长度为 850mm，计算完毕后查看计算结果，发现构件信息中墙体长度变成 800mm，如图 1-13 所示，是什么原因导致墙肢长度最终计算值和建模输入值不同？

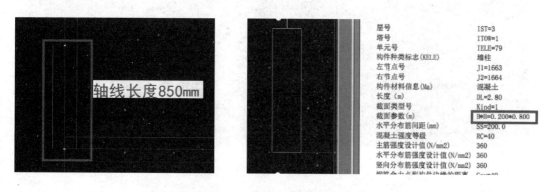

图 1-13　剪力墙建模长度与最终输出长度不一致

A：出现墙体变短的剪力墙位于第三层，产生这种情况的原因为第二层此处存在一道 X 向的墙（图 1-14），此墙的偏轴距离为 50mm，因为第二层墙偏轴，导致第二、三层此处 Y 向墙为实现上下层剪力墙的连接，被调整短了 50mm，变成了 800mm。

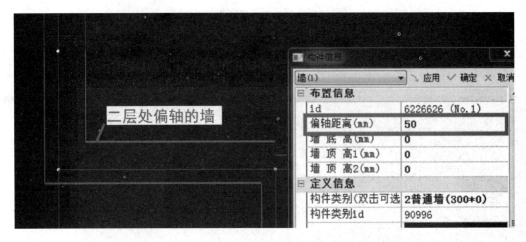

图 1-14　二层存在一道沿着 X 向偏心 50mm 的墙体

剪力墙建模长度与计算长度不同除了偏心原因，也可能是其他原因，比如上下层节点错开距离较小，导致程序将其归并。导致错层的原因一般通过查看 SATWE 前处理及计算—模型简图—空间简图查找到原因。

## 1.7　建模中输入的梁计算完毕之后丢失的问题

Q：建模中输入的梁如图 1-15 所示，计算完成之后查看结果（图 1-16），发现布置的梁丢失，也没有被识别到其他层，是什么原因？

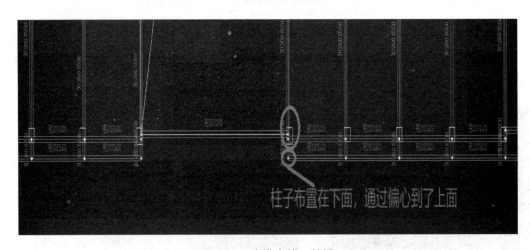

图 1-15　建模中输入的梁

A：如图 1-17 所示，查看计算模型发现，造成计算完毕梁丢失的原因是此处的柱偏心 800mm＞400mm（柱宽），偏心过大。导致程序在进行模型处理时，强制生成了刚性杆与柱连接，如图 1-18 所示，图中粗线（原界面红线）就是刚性杆，梁构件就不存在了，自然也不存在配筋。建模时柱要布置在距离柱形心最近的节点，尽量避免通过采用偏心布置到其他节点上。

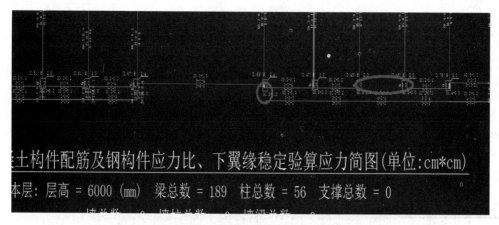

图 1-16　计算结果中显示建模中输入的梁丢失

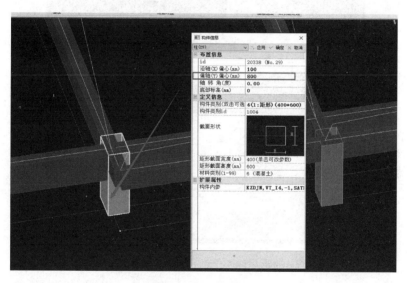

图 1-17　计算完毕梁丢失位置的柱偏心过大

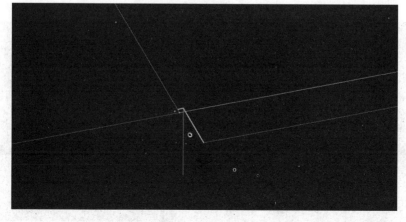

图 1-18　计算完毕梁丢失位置的柱偏心情况下的计算模型

## 1.8 关于建模中梁上加节点的问题

Q：某工程中一框架梁中间添加节点与无节点比较计算结果相差较大，请问是什么原因？

A：产生上述现象主要是因为梁上添加节点后构件被打断，造成结果与按照整根构件计算有区别。

设计人员计算时需注意以下两点：

（1）建模阶段，"楼面荷载"定义中，应勾选上"矩形房间导荷载，边被打断时，将大梁（墙）上的梯形、三角形荷载拆分到小梁（墙）上"这个参数，这样导荷的时候，将不会考虑边被节点打断的影响，如图 1-19 所示。

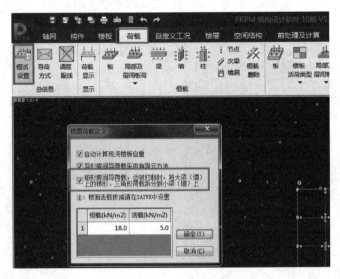

图 1-19 矩形房间被打断，按梯形、三角形导荷

当勾选了这个选项后，经对比，加节点与不加节点导荷结果一致，荷载导算的结果对比如图 1-20 所示。

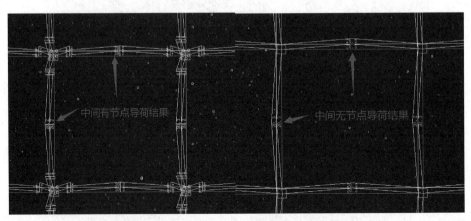

图 1-20 梁上加节点选择按梯形、三角形导荷与不加节点导荷结果对比

如果不选择按图 1-19 方式的导荷，加节点一边的梁导荷会按照均布荷载处理，不加节点的梁会按照梯形、三角形导荷，对比结果如图 1-21 所示。

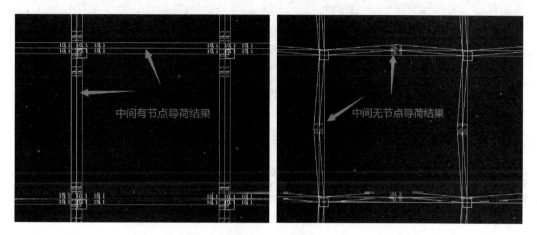

图 1-21　梁上加节点不选择按梯形、三角形导荷与不加节点导荷结果对比

（2）在 SATWE 前处理调整信息—刚度调整中勾选"梁刚度放大系数按主梁计算"，如图 1-22 所示，否则会影响梁刚度放大系数的计算。不同的刚度放大系数直接引起恒荷载、活荷载、风荷载及地震作用下的结构构件内力变化。

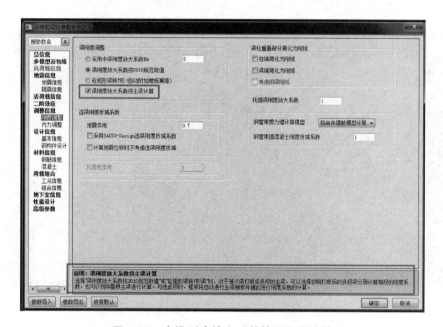

图 1-22　中梁刚度放大系数按照主梁计算

不勾选 SATWE 这个参数时，虽然荷载相同，由于刚度系数不同，弯矩还是不一样，如图 1-23 所示。

当勾选了这个选项以后，两种情况下的弯矩和配筋就一致了。对于加了节点的梁，在考虑中梁刚度放大系数时会按照整根梁考虑。

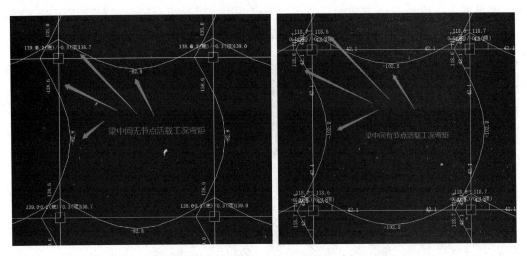

图 1-23　不按主梁确定刚度系数，梁上有无节点恒载弯矩图对比

## 1.9　关于建模中对模型编辑报错的问题

Q：某工程模型如图 1-24 所示，在结构模型编辑时，删除节点、添加轴线保存系统就崩溃，退出建模程序，且没有任何提示，是什么原因呢？

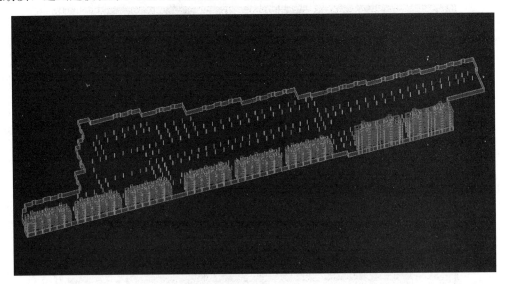

图 1-24　模型在进行删除节点等操作时崩溃退出

A：经查该工程模型，其底层为大底盘式结构，由外墙围成的单个房间无论是节点数还是房间边数都非常大，造成程序无法识别。可用 $100 \times 100$ 截面的虚梁将大块房间区域划分开，每块区域节点数控制在 60 以内，单个构件需要相互连接，如图 1-25 所示，否则结果存在局部振动，计算失真无意义。另可根据前处理—生成数据—错误定位，按提示修改模型，即可正常计算。

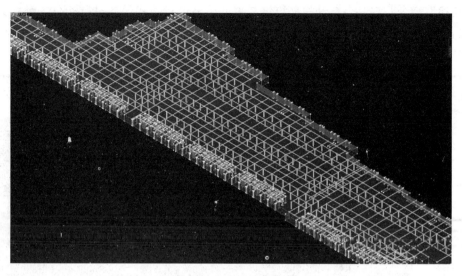

图 1-25　模型中布置虚梁

## 1.10　关于建模中对工业设备荷载自动计算及生成的问题

Q：在 PM 建模中输入了工业设备，如图 1-26 所示，SATWE 软件如何计算相关的荷载，怎样查看工业设备相关的荷载？荷载校核界面里面没有相关的导荷。

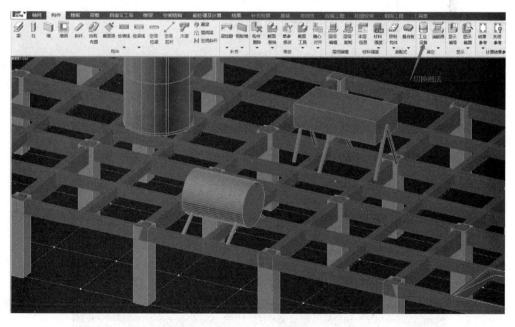

图 1-26　PM 建模中输入各种工业设备

A：程序将工业设备信息传递给 SATWE 计算模块，在进行计算分析时会自动进行拆分构件、导算荷载及处理工况等工作。在建模模块中，也可以查看构件拆分的情况，点击

"画法切换"命令，程序会自动按楼层组装表的层高值对立式设备进行切分，卧式设备及空冷设备底部按刚性杆连接到房间周边的梁上。如图 1-27 所示，在生成数据后的模型简图—恒载简图以及活载简图中可以查看相应的导荷情况。

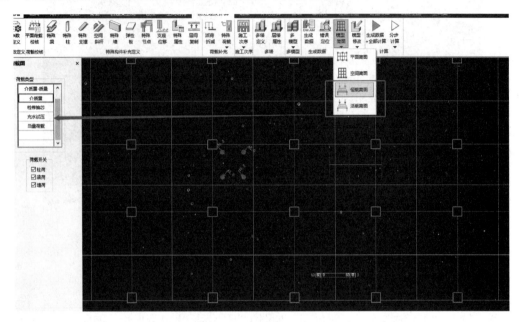

图 1-27　SATWE 模型简图下可以查看工业设备自动生成的各类荷载

## 1.11　关于模型中梁上自动出现扭矩的问题

Q：某工程，在查看梁上荷载的时候，为什么梁上出现了扭矩？如图 1-28 所示，实际并没有在该梁上布置荷载，并且该扭矩还不能删除。

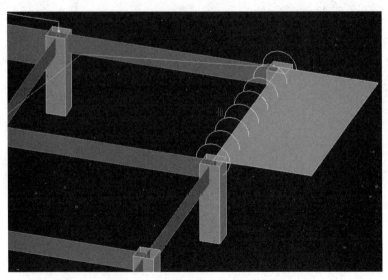

图 1-28　建模中梁上出现了扭矩

A：这种情况下梁上的扭矩是程序自动增加的。当梁边布置有悬挑板，而且与悬挑板相连的内侧楼板板厚度为 0 或者是全房间洞时，程序就会增加扭矩；当相邻房间布置了楼板，则悬挑板产生的弯矩均由楼板来承担，梁上不再施加任何扭矩。

悬挑板产生的弯矩作用到梁上的扭矩程序的计算方法是：将荷载转化成集中荷载施加在悬挑板中心线上，然后求均布扭矩，例如悬挑板面荷载为 $q$，挑出尺寸为 $l$，跨度为 $b$，则扭矩 $T = ql^2/2$。

## 1.12　关于模型中楼梯输入的问题

Q：按照《建筑抗震设计规范》GB 50011—2010（2016 年版）（以下简称《抗规》）的要求，在框架结构设计中，要考虑楼梯构件的刚度。建模时输入了楼梯，但是没有看到梯梁和梯柱等。如图 1-29 所示，绘制的楼梯三维显示里为何漏掉了楼层处的平台板、梯梁和梯柱，楼梯是否参与了整体计算，楼梯间荷载怎么输入才是准确的？

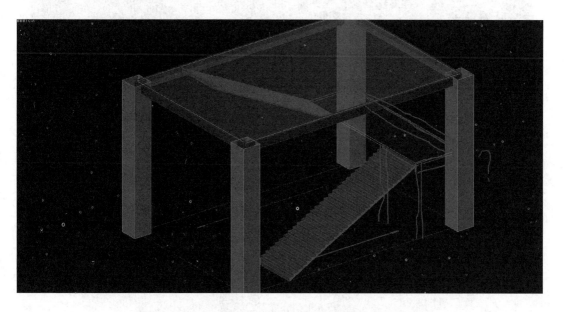

图 1-29　PM 建模输入了楼梯但看不到楼梯的梯梁及梯柱

A：要看到布置楼梯后形成的梯梁、梯柱等，可在楼板—楼梯—画法，点击切换显示（可显示三种表示方式），即可看到生成的楼梯构件，如图 1-30 所示。

如果要让楼梯参与结构整体刚度计算，需要在 SATWE 中选择"整体计算考虑楼梯刚度"，可以选按照梁单元或壳单元来模拟楼梯，如图 1-31 所示。选择整体计算生成数据后，可在 SATWE 前处理中，模型简图—空间简图中查看楼梯间模型的构件是否存在（构件为单线式简化显示），如图 1-32 所示。

对楼梯间荷载的输入，一般可采用 0 厚板外加楼梯建模进行模拟，0 厚板上布置楼梯间的活荷载及楼梯踏步重、楼梯栏杆重量及建筑做法等恒荷载。（注意：因程序自动考虑梯板、梯梁、梯柱自重，所以输入的恒荷载数值需要扣除此部分自重）。

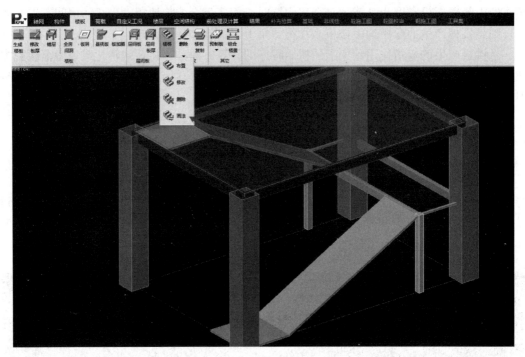

图 1-30 PM 建模输入了楼梯切换画法查看梯梁及梯柱

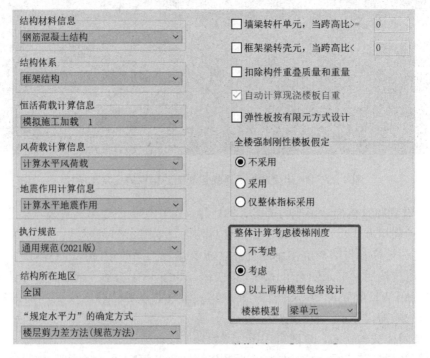

图 1-31 SATWE 参数选择整体计算考虑楼梯刚度

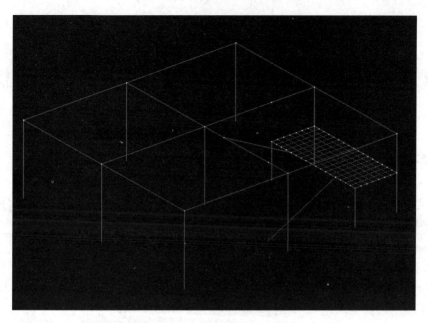

图 1-32　SATWE 模型空间简图中可以看到楼梯按照梁单元参与了整休计算

# 第 2 章　结构计算分析方面的相关问题剖析

## 2.1　关于地震作用的计算问题

Q：某框架结构，将地震参数中的场地类别由Ⅲ类场地修改为Ⅳ类场地，分别计算，发现配筋结果没有变化，是什么原因？

A：一般来说，按照概念判断，修改场地类别导致特征周期变化，进而影响地震作用，如果不是构造配筋，应该会影响构件的配筋结果。查看设计师的模型，该模型计算结果不属于构造配筋，并且配筋也属于地震组合控制。再查看该结构的模型参数"结构所在地"选择为"上海"，上海地区有关于场地类别的标准不同于国家标准，其Ⅲ、Ⅳ类场地的特征周期 $T_g$ 分别为 0.65s 和 0.9s。查看该结构的模型中的参数"周期折减系数"，设计师填写的系数为 0.8。结构的周期及振型结果如图 2-1 所示，结构一阶振型为 Y 方向的平动，周期值为 0.7383s，则折减后周期为 0.59s。由地震系数影响曲线（图 2-2）可知，无论是Ⅲ类还是Ⅳ类场地，折减后结构的周期 0.59s 均介于 0.1s～ $T_g$ 之间，则 $\alpha$ 为定值，即为 $\eta_2\alpha_{max}$。所以此时场地类别的改变并不影响地震作用的计算，也就不改变配筋结果。

地震作用的最不利方向角：-89.99°　　　0.7383×0.8=0.59s，则0.1s～$T_g$ 的区间内，$\alpha=\alpha_{max}$。

表1　结构周期及振型方向

| 振型号 | 周期(s) | 方向角(°) | 类型 | 扭振成分 | X侧振成分 | Y侧振成分 | 总侧振成分 | 阻尼比 |
|---|---|---|---|---|---|---|---|---|
| 1 | 0.7383 | 90.02 | Y | 0% | 0% | 100% | 100% | 5.00% |
| 2 | 0.7000 | 0.03 | X | 0% | 100% | 0% | 100% | 5.00% |
| 3 | 0.6682 | 162.28 | T | 100% | 0% | 0% | 0% | 5.00% |
| 4 | 0.4367 | 90.00 | Y | 0% | 0% | 100% | 100% | 5.00% |
| 5 | 0.3920 | 0.00 | X | 0% | 100% | 0% | 100% | 5.00% |
| 6 | 0.3507 | 151.92 | T | 100% | 0% | 0% | 0% | 5.00% |

图 2-1　该结构的周期及振型方向结果

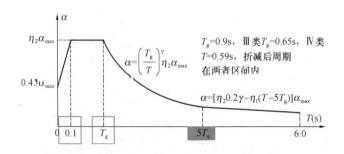

图 2-2　考虑周期折减后的结构周期小于Ⅲ、Ⅳ类场地的特征周期

## 2.2 关于结构平动周期的问题

Q：某框架剪力墙结构，计算完查看结果，新版文本查看输出的结构周期振型如图 2-3 所示，结构扭转出现在第四周期，为什么第一周期和第二周期全都是 $X$ 向平动，这个结果是否正常？

| 振型号 | 周期(s) | 方向角(度) | 类型 | 扭振成份 | X侧振成份 | Y侧振成份 | 总侧振成份 |
|---|---|---|---|---|---|---|---|
| 1 | 2.8281 | 31.42 | X | 16% | 61% | 23% | 84% |
| 2 | 2.5805 | 142.47 | X | 40% | 38% | 22% | 60% |
| 3 | 2.4956 | 98.49 | Y | 44% | 1% | 55% | 56% |
| 4 | 0.8287 | 67.36 | T | 64% | 5% | 30% | 36% |
| 5 | 0.7417 | 76.64 | Y | 35% | 3% | 61% | 65% |
| 6 | 0.6857 | 163.38 | X | 1% | 91% | 8% | 99% |
| 7 | 0.4336 | 78.71 | T | 82% | 1% | 17% | 18% |
| 8 | 0.3738 | 80.09 | Y | 17% | 2% | 80% | 83% |
| 9 | 0.3172 | 169.83 | X | 0% | 97% | 3% | 100% |
| 10 | 0.2823 | 88.56 | T | 90% | 0% | 9% | 10% |
| 11 | 0.2339 | 80.24 | Y | 9% | 3% | 88% | 91% |
| 12 | 0.2049 | 104.54 | T | 92% | 2% | 6% | 8% |
| 13 | 0.1940 | 170.85 | X | 2% | 96% | 3% | 98% |
| 14 | 0.1655 | 79.90 | Y | 6% | 3% | 91% | 94% |
| 15 | 0.1590 | 115.98 | T | 93% | 2% | 5% | 7% |

图 2-3 某框架剪力墙结构输出的结构周期及振型

A：程序输出结构的周期一般按照从大到小排列，以侧振成分 50％为界限判断某振型属于平动或者扭转，与规范所说的第一平动周期的 "第一" 不完全是同一个概念。《高层建筑混凝土结构技术规程》JGJ 3—2010（以下简称《高规》）计算周期比所说第一平动周期是指 $X$、$Y$ 向两者刚度较弱方向的以平动为主的振型下的第一周期，程序按照所有振型周期由大到小顺序排列，且程序依据平动和扭转成分判断振型，并不能确定其是否为整体振型，因此设计人员应通过振型图来确定第一平动周期和第一扭转周期。

此工程按程序输出的振型如图 2-4 所示。第 2、3、4 阶振型可以看到扭转效应明显，

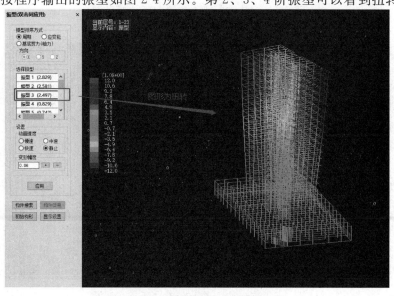

图 2-4 该结构输出的振型

只不过第 4 个周期扭转成分大于 $50\%$，第 2、3 两个振型扭转成分小于 $50\%$，程序判定第 4 周期为扭转周期。总体来看其实第 4 周期与第 2、3 个周期的扭转成分差距不大，这说明此结构扭转刚度小于两个主轴方向的抗侧刚度，建议可以减小结构中部竖向构件刚度，或者增大周边抗侧构件刚度。该结构输出的周期结果从工程角度来看是不太合理的，建议做一些方案的调整。

## 2.3 关于双向受弯钢梁的强度计算问题

Q：某两层简单的钢结构厂房，侧向荷载很小，如果不定义钢梁为双向受弯构件，构件满足验算要求，但是如果定义双向受弯钢梁，SATWE 计算不通过，这是什么原因？

A：查看这个工程，模型中存在一些问题：第一，定义的"双向受弯梁"上荷载布置得较大、较多，如图 2-5 及图 2-6 所示，且这些主梁的截面高度较大；第二，与结果超限

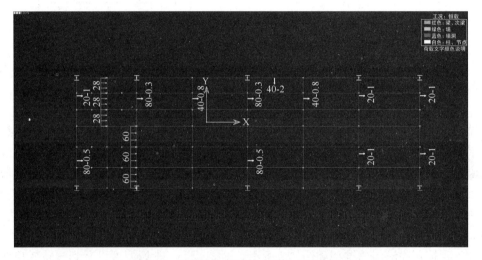

图 2-5 该结构主梁上布置的面外恒荷载

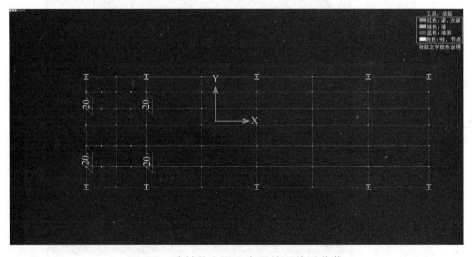

图 2-6 该结构主梁上布置的面外活荷载

的主梁连接的次梁在连接处高差较大，如图 2-7 所示，次梁端部作为主梁平面外的"约束"不够，所以主梁（钢梁）稳定性不够。定义双向受弯钢梁，软件会按照规范的要求进行双向受弯的验算。

图 2-7　该结构主次梁截面高度差异大

设计中可以采用变截面工字梁连接，如图 2-8 所示，或者直接加大次梁的梁截面高度来增强主梁平面外传力的效率。

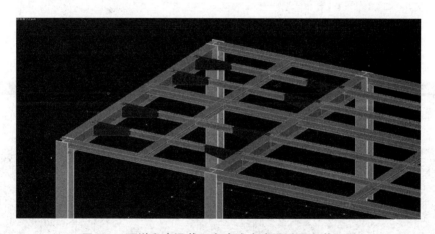

图 2-8　可增大次梁截面高度或者次梁采用变截面梁

## 2.4　关于计算完毕自动生成多组荷载的问题

Q：计算完毕后，如图 2-9 所示，某工程导出的自定义组合的说明里面，有很多符号在自定义窗口的选项里面，但是实际设计时并没有相应的选项做荷载输入，请问怎么形成这些荷载？

A：图 2-9 显示的荷载均为程序中在某些情况下可出现的荷载，不需要自定义，比如升温、降温荷载的 T01、T02 可在前处理—特殊荷载—温度荷载定义布置，如图 2-10 所示，在参数定义—组合信息中可以看到已经自动生成这两个工况，如图 2-11 所示。楼面检修为工业停产检修工况的简称，布置后在组合信息中可查看，如图 2-12 所示；介质重、

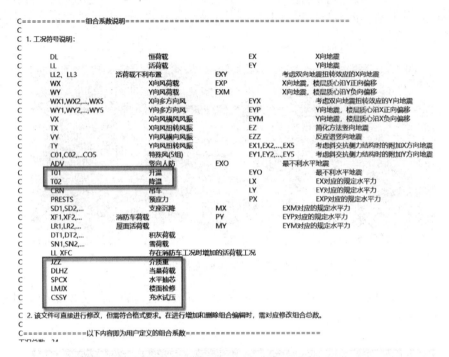

图 2-9　某工程计算完毕导出的各种荷载工况

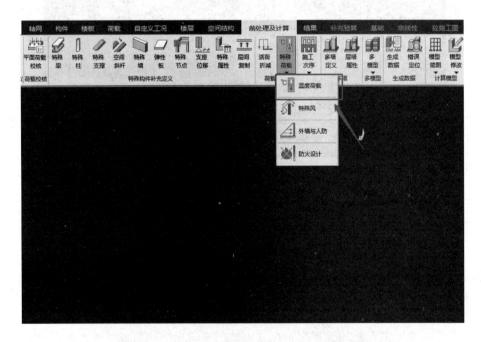

图 2-10　SATWE 特殊荷载下定义升温及降温

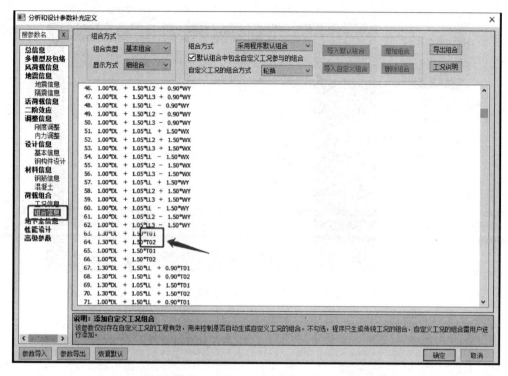

图 2-11　SATWE 自动生成升温及降温两个工况并自动进行相应的组合

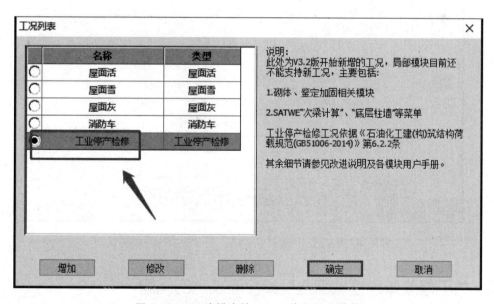

图 2-12　PM 建模中输入工业停产检修荷载

当量荷载、水平抽芯、充水试压等荷载均为构件中布置了工业设备的情况下自动生成的荷载工况，如图 2-13 所示为工业设备布置图，布置完成后，同样可以在组合信息中看到，如图 2-14 所示。

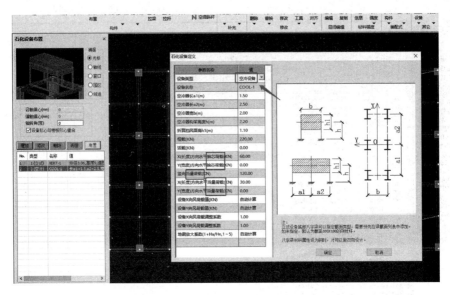

图 2-13　PM 建模中输入工业设备

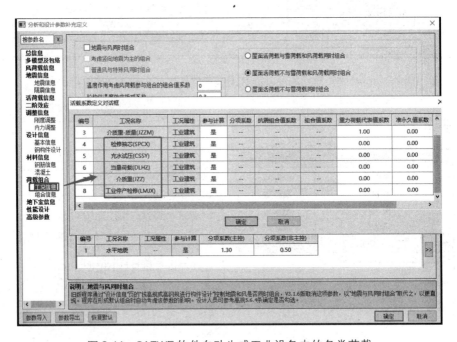

图 2-14　SATWE 软件自动生成工业设备中的各类荷载

## 2.5　关于修改增大柱截面但是梁配筋减小的问题

Q：某工程计算完毕后，由于首层部分柱轴压比不满足要求，就调整了首层柱的截面，但是截面变大后，发现首层梁的配筋比柱截面修改前减少了，这是什么原因？图 2-15 为柱截面不做调整时首层局部位置梁柱配筋结果，图 2-16 为柱截面增大时首层局部位置梁柱配筋结果。

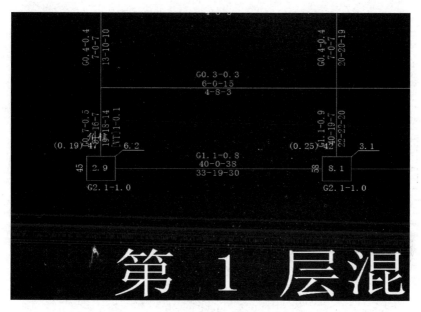

图 2-15　柱截面不做调整时首层局部位置梁、柱配筋结果

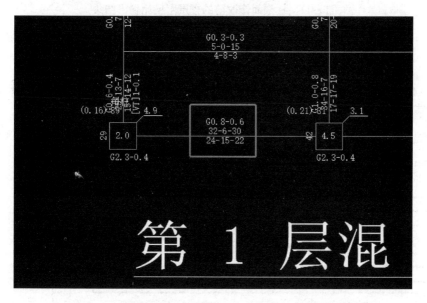

图 2-16　柱截面增大时首层局部位置梁、柱配筋结果

　　A：查看该工程修改柱截面前的计算结果，如图 2-17 所示，该结构的首层与第二层的地震剪力/层间位移刚度比不满足规范，软件判定这两层为薄弱层，程序执行《高规》第 3.5.8 条，对首层地震作用标准值的剪力进行调整，放大系数为 1.25。

　　未修改首层柱截面时，从此工程的计算结果来看，该结构首层刚度比为 0.99，接近规范要求，增大首层部分柱的截面尺寸使得首层抗侧刚度增加，从而满足规范对刚度比的要求，如图 2-18 所示，程序不再执行对首层地震力放大 1.25 倍，致使结构地震作用下的内力减少，地震作用控制的梁的配筋就减少了。

[楼层剪力/层间位移]刚度

《高规》3.5.2-1条规定：对框架结构，楼层与其相邻上层的侧向刚度比，本层与相邻上层的比值不宜小于0.7，与相邻上部三层刚度平均值的比值不宜小于0.8。

结构有些楼层侧向刚度比不满足规范要求，具体见下表刚度比1

Ratx1,Raty1(刚度比1):X、Y 方向本层塔侧移刚度与上一层相应塔侧移刚度70%的比值或上三层平均侧移刚度80%的比值中之较小
         值(按抗规3.4.3;高规3.5.2-1)

Rat2_min:        按刚度比2判断的限值

RJX, RJY:        结构总体坐标系中塔的侧移刚度

表1 楼层刚度及刚度比

| 层号 | RJX(kN/m) | RJY(kN/m) | Ratx1 | Raty1 |
|------|-----------|-----------|--------|--------|
| 5 | 1.09e+5 | 1.01e+5 | 1.00 | 1.00 |
| 4 | 7.65e+5 | 7.20e+5 | 9.99 | 10.14 |
| 3 | 3.75e+6 | 3.98e+6 | 7.00 | 7.89 |
| 2 | 2.41e+6 | 2.60e+6 | *0.92* | *0.93* |
| 1 | 1.84e+6 | 1.92e+6 | *0.99* | *0.99* |

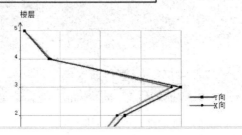

图 2-17 柱截面修改前的楼层刚度比输出结果

[楼层剪力/层间位移]刚度

《高规》3.5.2-1条规定：对框架结构，楼层与其相邻上层的侧向刚度比，本层与相邻上部三层刚度平均值的比值不宜小于0.8。

结构有些楼层侧向刚度比不满足规范要求，具体见下表刚度比1

Ratx1,Raty1(刚度比1):X、Y 方向本层塔侧移刚度与上一层相应塔侧移刚度70%的比值或上三层平均侧移
         值(按抗规3.4.3;高规3.5.2-1)

Rat2_min:        按刚度比2判断的限值

RJX, RJY:        结构总体坐标系中塔的侧移刚度

表1 楼层刚度及刚度比

| 层号 | RJX(kN/m) | RJY(kN/m) | Ratx1 | Raty1 |
|------|-----------|-----------|--------|--------|
| 5 | 1.08e+5 | 1.05e+5 | 1.00 | 1.00 |
| 4 | 8.99e+5 | 8.71e+5 | 11.86 | 11.88 |
| 3 | 4.15e+6 | 4.44e+6 | 6.60 | 7.28 |
| 2 | 2.46e+6 | 2.64e+6 | *0.85* | *0.85* |
| 1 | 2.15e+6 | 2.26e+6 | 1.07 | 1.07 |

楼层

图 2-18 首层柱截面增大后的楼层刚度比输出结果

## 2.6 关于 SATWE 网格剖分停止无法进行后续计算问题

Q：某框架-核心筒结构在进行计算时，工程进行到第 4 层墙元网格划分处程序计算停止，如图 2-19 所示，无法继续进行后续的计算，但是检查模型并没有任何提示如图 2-20 所示，这种情况该怎么办？

图 2-19　某框筒结构 SATWE 计算到第四层网格剖分时停止

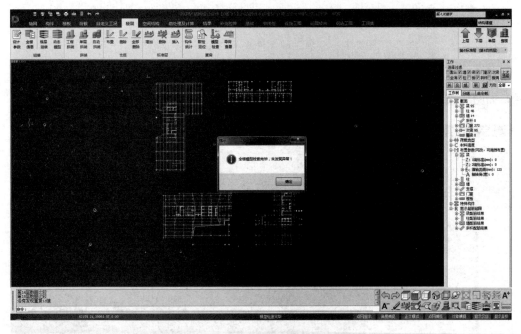

图 2-20　SATWE 数据检测未发现异常

A：这类问题模型由于没有完成生成数据的主要步骤，因此在错误定位中无法直观地查看到异常位置。目前可以通过工程目录下的 fort.199 文件来实时查看计算出问题的部位，最后一行代表的就是计算终止的位置，如图 2-21 所示。

| WALL | SpasID= | 4000749 | IST= | 4 | IDINLAYER= | 95 |
| WALL | SpasID= | 4000757 | IST= | 4 | IDINLAYER= | 96 |
| WALL | SpasID= | 4000758 | IST= | 4 | IDINLAYER= | 97 |
| WALL | SpasID= | 4000762 | IST= | 4 | IDINLAYER= | 98 |
| WALL | SpasID= | 4000770 | IST= | 4 | IDINLAYER= | 99 |
| WALL | SpasID= | 4000771 | IST= | 4 | IDINLAYER= | 100 |
| WALL | SpasID= | 4000779 | IST= | 4 | IDINLAYER= | 101 |
| WALL | SpasID= | 4000780 | IST= | 4 | IDINLAYER= | 102 |
| WALL | SpasID= | 4000783 | IST= | 4 | IDINLAYER= | 103 |
| WALL | SpasID= | 4000788 | IST= | 4 | IDINLAYER= | 104 |
| WALL | SpasID= | 4000793 | IST= | 4 | IDINLAYER= | 105 |
| WALL | SpasID= | 4000795 | IST= | 4 | IDINLAYER= | 106 |
| WALL | SpasID= | 4000805 | IST= | 4 | IDINLAYER= | 107 |
| WALL | SpasID= | 4000808 | IST= | 4 | IDINLAYER= | 108 |
| WALL | SpasID= | 4000811 | IST= | 4 | IDINLAYER= | 109 |
| WALL | SpasID= | 4000813 | IST= | 4 | IDINLAYER= | 110 |
| WALL | SpasID= | 4000814 | IST= | 4 | IDINLAYER= | 111 |
| WALL | SpasID= | 4000816 | IST= | 4 | IDINLAYER= | 112 |
| WALL | SpasID= | 4000817 | IST= | 4 | IDINLAYER= | 113 |
| WALL | SpasID= | 4000819 | IST= | 4 | IDINLAYER= | 114 |
| WALL | SpasID= | 4000823 | IST= | 4 | IDINLAYER= | 115 |
| WALL | SpasID= | 4000832 | IST= | 4 | IDINLAYER= | 116 |
| WALL | SpasID= | 4000850 | IST= | 4 | IDINLAYER= | 117 |
| WALL | SpasID= | 4000851 | IST= | 4 | IDINLAYER= | 118 |
| WALL | SpasID= | 4000853 | IST= | 4 | IDINLAYER= | 119 |
| WALL | SpasID= | 4000856 | IST= | 4 | IDINLAYER= | 120 |
| WALL | SpasID= | 4000857 | IST= | 4 | IDINLAYER= | 121 |
| WALL | SpasID= | 4000859 | IST= | 4 | IDINLAYER= | 122 |
| WALL | SpasID= | 4000867 | IST= | 4 | IDINLAYER= | 123 |
| WALL | SpasID= | 4000869 | IST= | 4 | IDINLAYER= | 124 |
| WALL | SpasID= | 4000872 | IST= | 4 | IDINLAYER= | 125 |
| WALL | SpasID= | 4000873 | IST= | 4 | IDINLAYER= | 126 |
| WALL | SpasID= | 4000876 | IST= | 4 | IDINLAYER= | 127 |
| WALL | SpasID= | 4000881 | IST= | 4 | IDINLAYER= | 128 |
| WALL | SpasID= | 4000887 | IST= | 4 | IDINLAYER= | 129 |
| WALL | SpasID= | 4000907 | IST= | 4 | IDINLAYER= | 130 |
| WALL | SpasID= | 4000908 | IST= | 4 | IDINLAYER= | 131 |
| WALL | SpasID= | 4000909 | IST= | 4 | IDINLAYER= | 132 |
| WALL | SpasID= | 4000910 | IST= | 4 | IDINLAYER= | 133 |
| WALL | SpasID= | 4000911 | IST= | 4 | IDINLAYER= | 134 |
| WALL | SpasID= | 4000912 | IST= | 4 | IDINLAYER= | 135 |
| WALL | SpasID= | 4000913 | IST= | 4 | IDINLAYER= | 136 |

图 2-21　查看工程文件夹下的 fort. 199 文件

根据文件中的最后一行墙体的编号，在前处理菜单"错误定位"菜单下，输入墙板编号，如图 2-22 所示，并进行相应定位，如图 2-23 所示。

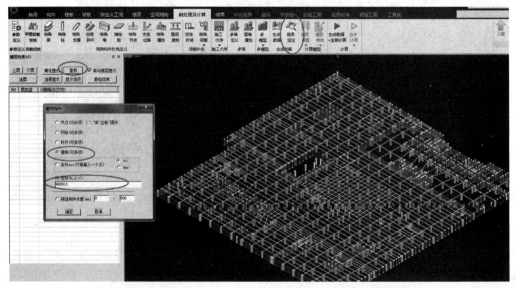

图 2-22　根据墙板编号在"错误定位"下输入墙板编号

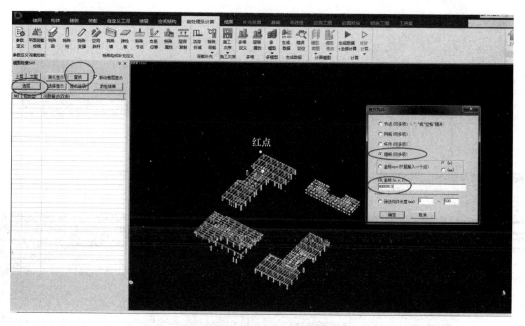

图 2-23　"错误定位"中根据输入墙板的编号红点显示定位的位置

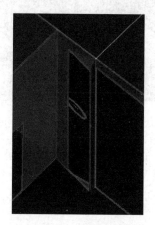

图 2-24　放大"错误定位"中显示的位置

再根据红点定位位置返回到模型，可以看到此片墙与下层各层轴线并不对应，如图 2-25 及图 2-26 所示，进而导致墙体上下层节点不对应，通过调整轴线保持对齐即可顺利计算。

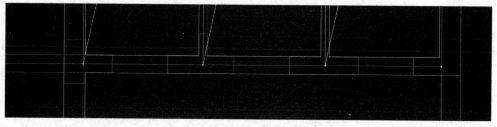

图 2-25　下层轴线及墙体的布置

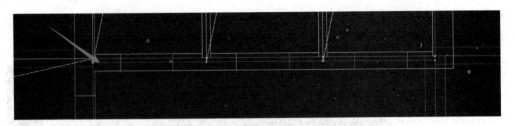

图 2-26   本层轴线及墙体的布置

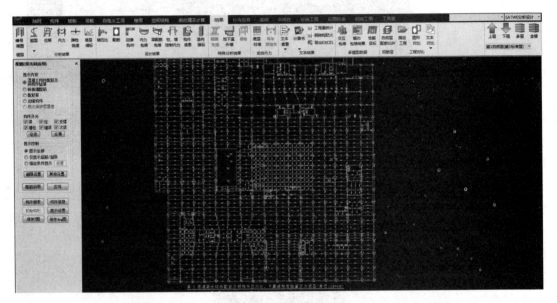

图 2-27   调整上下层节点对齐后正常计算的首层配筋结果

此操作主要是给用户提供一个可以在程序运行出错时高效定位杆件位置的方法，以便查找在建模中不合理的地方，灵活应用程序自带的记录文档 fort.199 准确定位，快速完成对模型的修改。

## 2.7   关于 SATWE 模态分析报错的问题

Q：某钢框架支撑结构，SATWE 计算时出错，卡顿后提示模型模态求解错误，如图 2-28 所示，这是什么原因？如何找到错误？

A：查看框架支撑模型，发现模型中存在屋面水平支撑构件，该斜撑构件的截面采用圆形实心截面模拟，如图 2-29 所示。对比其他钢框架梁、柱等，该支撑的刚度过小，计算时存在局部振动，造成程序分析出错。

删除此类圆形实心构件（程序对此类实心钢构件也不进行设计）即可正常计算；若需要将此类构件建入模型中真实模拟，或可更改为圆管截面，在地震信息—特征值分析参数中选择"多重里兹向量法"勾选"计算振型个数"自定义，过滤地震能量贡献不大的振型，忽略局部振动，即可正常计算。

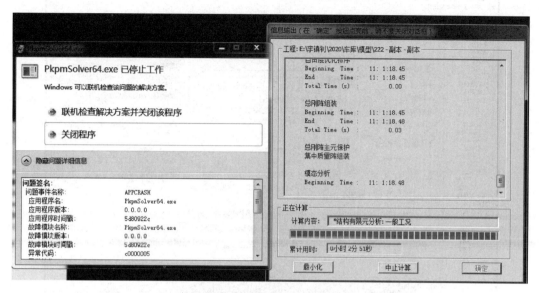

图 2-28　SATWE 模态分析时候报错

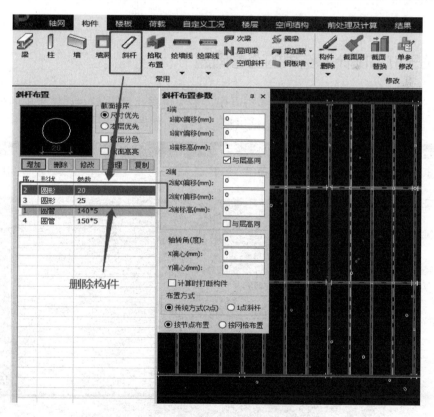

图 2-29　模型中输入了实心圆管截面的钢支撑

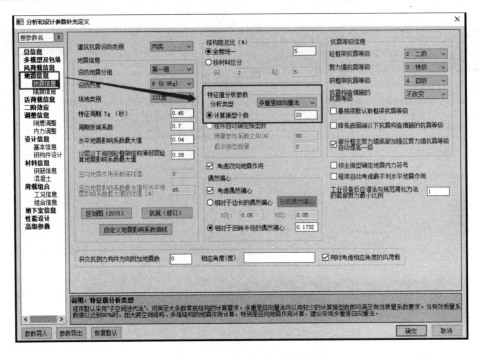

图 2-30　特征值分析参数的选择

## 2.8　关于位移比计算结果的查看问题

Q：SATWE 计算结果的旧版文本查看中，最大位移比是 1.47，而结果中的楼层指标的位移图显示最大位移比是 1.34，应该以哪一个结果为准按照规范控制限值？

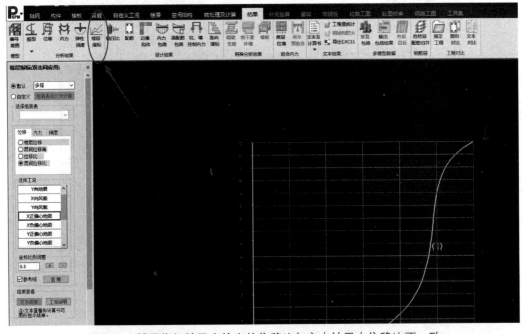

图 2-31　楼层指标结果中输出的位移比与文本结果中位移比不一致

A：出现此类情况通常是因为没有确定好对应关系。《高规》第 3.4.5 条对位移比做了明确要求，给定了结构在考虑偶然偏心影响的规定水平力作用下的位移比限值和层间位移比限值。这里需要注意，程序中与规范要求对应的工况名称为"XY 正负偏心静震"，即"X+−、Y+−偶然偏心地震作用规定水平力下的楼层最大位移"，并非是"XY 正负偏心地震"，即"X+−、Y+−偶然偏心地震作用下的楼层最大位移"。可在工况说明中查看各工况全称，如图 2-32 所示。

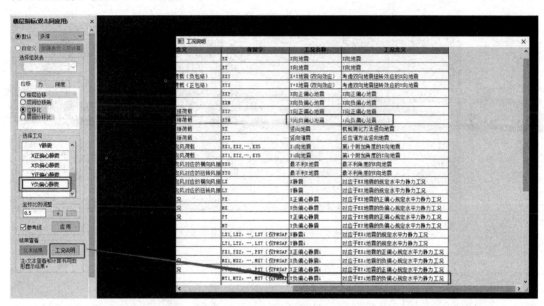

图 2-32　工况名称对应的工况意义

另外可以在新版文本查看指标汇总信息，或者在变形验算中查看最大位移比与最大层间位移比的数值，更加方便快捷。

指标汇总信息

表1　指标汇总

| 指标项 | | 汇总信息 |
|---|---|---|
| 总质量(t) | | 44388.57 |
| 质量比 | | 1.17 < [1.5] (18层 1塔) |
| 最小刚度比1 | X向 | 1.00 >= [1.00] (19层 1塔) |
| | Y向 | 1.00 >= [1.00] (19层 1塔) |
| 最小刚度比2 | X向 | 1.00 > [1.00] (19层 1塔) |
| | Y向 | 1.00 > [1.00] (19层 1塔) |
| 最小楼层受剪承载力比值 | X向 | 0.89 > [0.80] (3层 1塔) |
| | Y向 | 0.92 > [0.80] (3层 1塔) |
| 结构自振周期(s) | | T1 = 1.9110(X) |
| | | T2 = 1.7356(Y) |
| | | T3 = 1.5828(T) |
| 有效质量系数 | X向 | 98.28% > [90%] |
| | Y向 | 98.55% > [90%] |
| 最小剪重比 | X向 | 2.23% > [1.60%] (3层 1塔) |
| | Y向 | 2.34% > [1.60%] (3层 1塔) |
| 最大层间位移角 | X向 | 1/1424 < [1/800] (10层 1塔) |
| | Y向 | 1/1611 < [1/800] (10层 1塔) |
| 最大位移比 | X向 | 1.14 < [1.50] (5层 1塔) |
| | Y向 | 1.44 < [1.50] (4层 1塔) |
| 最大层间位移比 | X向 | 1.16 < [1.50] (5层 1塔) |
| | Y向 | 1.47 < [1.50] (4层 1塔) |
| 刚重比 | X向 | 4.83 > [1.40] |
| | Y向 | 5.88 > [1.40] |

图 2-33　软件在指标汇总中输出了符合规范要求的最大位移比及最大层间位移比

## 2.9　关于对称结构内力及配筋不满足预期的问题

Q：某模型结构是左右对称的，但是计算完毕发现结构第二周期是扭转，如图 2-34 所示，由结构位移图发现左半部分刚度比右半部分小，核对确定梁板柱结构左右都是对称的，这是什么原因？

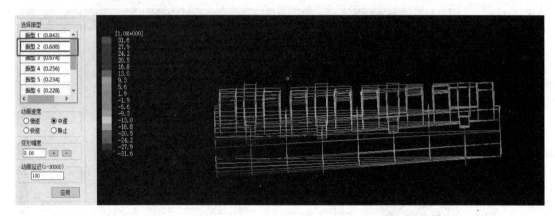

图 2-34　对称结构第二振型明显表现出非对称的趋势

A：如图 2-35 所示，在结果—新文本查看中可以看到，程序根据侧振成分确定（以 50% 为界限）结构振型类形，第二周期是 Y 向振型，程序按照周期从大到小排序，不根据第一平动周期或者扭转周期排序。从图 2-34 中可以看到，第二振型左侧结构位移大于右侧结构位移，这是因为左侧荷载大于右侧荷载，通过对比各层荷载图，发现第 2、3、4 层的板上局部线荷载，梁上（墙上）线荷载左右并不对称，左侧荷载总体较大，如图 2-36 所示。

地震作用的最不利方向角：-0.47°

### 表1　结构周期及振型方向

| 振型号 | 周期(s) | 方向角(°) | 类型 | 扭振成分 | X侧振成分 | Y侧振成分 | 总侧振成分 | 阻尼比 |
|---|---|---|---|---|---|---|---|---|
| 1 | 0.8427 | 179.37 | X | 0% | 100% | 0% | 100% | 5.00% |
| 2 | 0.6880 | 87.31 | Y | 29% | 0% | 71% | 71% | 5.00% |
| 3 | 0.6736 | 94.51 | T | 71% | 0% | 29% | 29% | 5.00% |
| 4 | 0.2556 | 177.49 | X | 0% | 100% | 0% | 100% | 5.00% |
| 5 | 0.2339 | 87.51 | Y | 13% | 0% | 87% | 87% | 5.00% |
| 6 | 0.2278 | 86.74 | T | 87% | 0% | 13% | 13% | 5.00% |
| 7 | 0.1373 | 4.85 | T | 95% | 5% | 0% | 5% | 5.00% |
| 8 | 0.1341 | 93.18 | Y | 13% | 0% | 87% | 87% | 5.00% |
| 9 | 0.1317 | 126.45 | T | 85% | 5% | 10% | 15% | 5.00% |

单位:s

图 2-35　对称结构周期及振型结果输出

设计师有时会忽略结构对称荷载不对称的情况，造成实际结果与主观判断的偏差，荷载也是作为结构整体质量参与计算的一部分，地震效应受各层荷载的影响是很大的，若荷载布置无误，此计算结果是真实可用的。

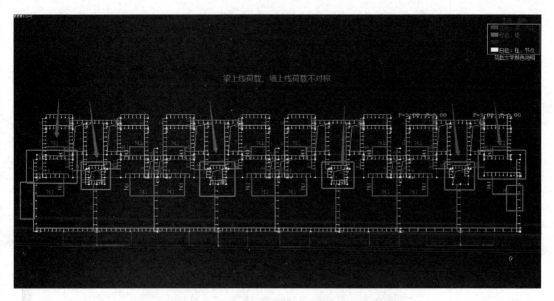

图 2-36　楼层上对称位置的板、梁、墙上线荷载不对称

## 2.10　关于施工次序错误导致构件超筋的问题

Q：某工程中有三层悬挑梁用斜杆相连，模型如图 2-37 所示，计算完毕查看结果发现最下层的梁端部严重超筋，如图 2-38 所示，概念判断该梁受到支撑的约束，不应该存在超筋，是什么原因引起的？如何处理？

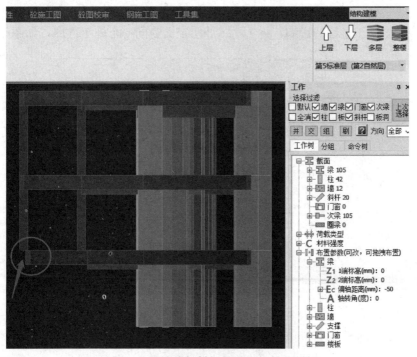

图 2-37　悬臂梁与斜杆相连三维结构模型

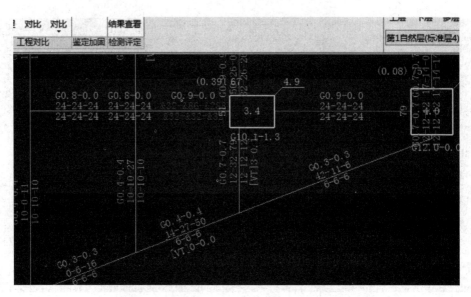

图 2-38　最底部悬臂梁端部配筋很大且超筋

A：如图 2-37 所示的悬挑结构，其 1、2、3 层如果采用正常的施工次序，会出现承载体系不合理，受力性质与最终的真实情况相去甚远的情况。对这种结构，不能简单地采用正常结构内力分析中的模拟施工 3，而是需要做特殊的施工次序指定。

如果采用模拟施工 3 的逐层施工，由于缺少上部构件刚度贡献将会导致最下层梁独立承担上部荷载，没有考虑到由上下层梁和腹杆形成的空腹桁架的整体受力，引起超筋，这是问题的主要原因。下层悬臂梁的受力必须在上一层的斜撑杆件刚度形成后才可以得到正确的结果。

所以应考虑施工过程的影响，将 1、2、3 层定义为同一个施工次序，如图 2-39 所示，

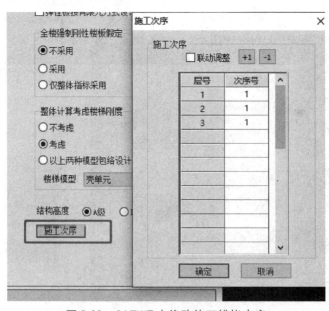

图 2-39　SATWE 中修改施工模拟次序

这样可以正确计算出斜杆的作用。修改施工顺序后内力计算结果就正常了，对该结构也可以直接采用一次性加载来进行恒荷载的施工模拟。

## 2.11　关于框架梁跨中上部配筋的计算问题

Q：图 2-40 为某框架结构的配筋计算结果，查看图中对应的某框架梁配筋，其抗震等级为三级，该框架梁的上部跨中纵向钢筋面积 420mm² 是如何计算出来的？

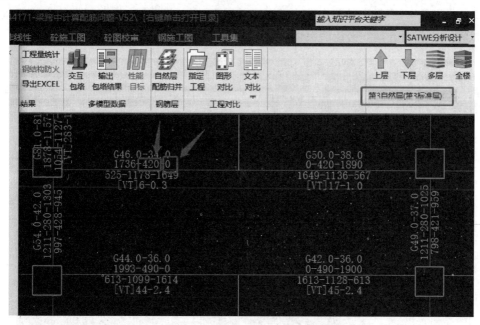

图 2-40　某框架结构 SATWE 计算配筋结果输出

A：对图 2-40 中的框架梁，由于有次梁，该框架梁计算时按照两段分别考虑，该框架梁的左侧梁段跨中靠近左端框架柱支座，截面存在负弯矩，这个梁截面的配筋由构造控制，根据《混凝土结构设计规范》GB 50010—2010（2015 年版，以下简称《混规》）第 8.5.1、11.3.6 条及《高规》第 6.3.2 条，软件中框架梁纵向受拉钢筋最小配筋率按规范对应的要求取值，如图 2-41 所示。

**11.3.6 框架梁的钢筋配置应符合下列规定：**

1 纵向受拉钢筋的配筋率不应小于表 11.3.6-1 规定的数值；

表 11.3.6-1　框架梁纵向受拉钢筋的最小配筋百分率（%）

| 抗震等级 | 梁中位置 | |
|---|---|---|
| | 支　座 | 跨　中 |
| 一 级 | 0.40 和 80 $f_t/f_y$ 中的较大值 | 0.30 和 65 $f_t/f_y$ 中的较大值 |
| 二 级 | 0.30 和 65 $f_t/f_y$ 中的较大值 | 0.25 和 55 $f_t/f_y$ 中的较大值 |
| 三、四级 | 0.25 和 55 $f_t/f_y$ 中的较大值 | 0.20 和 45 $f_t/f_y$ 中的较大值 |

图 2-41　《混规》第 11.3.6 条的规定

已知梁截面 $300\text{mm}\times700\text{mm}$，其混凝土强度等级为 C30，$f_t$ 取 $1.43\text{N/mm}^2$，钢筋抗拉强度设计值为 $360\text{N/mm}^2$。抗震等级为三级的框架梁的上部跨中纵向钢筋面积按 0.2 和 $45f_t/f_y$ 两者的大值来取值，$5\times1.43/360=0.18<0.2$，所以框架梁上部跨中纵向钢筋面积取值为 $0.2\%\times300\times700=420\text{mm}^2$。

## 2.12 关于剪力墙边缘构件设置的问题

Q：如图 2-42 所示，某剪力墙工程嵌固端层下一层的边缘构件全部是约束边缘构件，不是按轴压比判断的，如何让该层边缘构件按规范要求的轴压比进行判断分类？

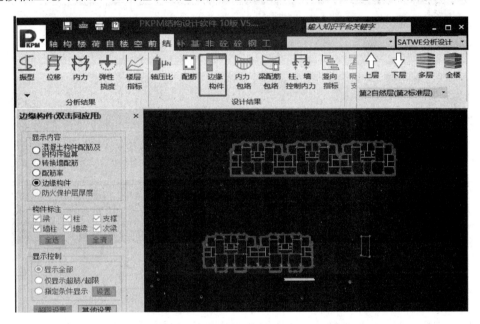

图 2-42 嵌固端下一层设置了约束边缘构件

A：按照《抗规》第 6.4.5 条，抗震墙两端和洞口两侧应设置边缘构件，边缘构件包括暗柱、端柱和翼墙，并应符合下列要求：底层墙肢底截面的轴压比大于表 6.4.5-1 (图 2-43)规定的一、二、三级抗震墙，以及部分框支抗震墙结构的抗震墙，应在底部加强部位及相邻的上一层设置约束边缘构件，在以上的其他部位可设置构造边缘构件。

表6.4.5-1 抗震墙设置构造边缘构件的最大轴压比

| 抗震等级或烈度 | 一级（9度） | 一级（7、8度） | 二、三级 |
|---|---|---|---|
| 轴压比 | 0.1 | 0.2 | 0.3 |

图 2-43 《抗规》第 6.4.5 条对剪力墙设置构造边缘构件最大轴压比的要求

为遵循规范要求，SATWE 软件中设置了相应的选项。如图 2-44 所示，在参数的基本信息中勾选"轴压比小于《抗规》第 6.4.5 条规定的限值时一律设置构造边缘构件"时，对于约束边缘构件楼层的墙肢，程序自动判断其底层墙肢底截面的轴压比，以确定采用约束边缘构件或构造边缘构件。如不勾选，则对于判断为底部加强部位而设置约束边缘

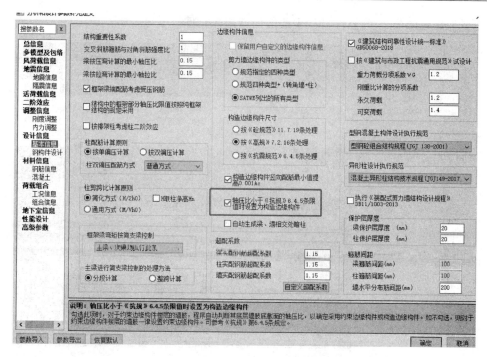

图 2-44　SATWE 参数轴压比小于规范限值时设置构造边缘构件

构件楼层的墙肢，一律设置约束边缘构件。

　　查看该工程，有 2 层地下室，嵌固端在地上 1 层，按《抗规》第 6.4.5 条对底部加强部位及相邻的上一层有效，所以如果确定需要考虑此条则需要将该层定义为底部加强部位的楼层，如图 2-45 所示，定义后轴压比计算结果满足要求时，是构造边缘构件，反之是

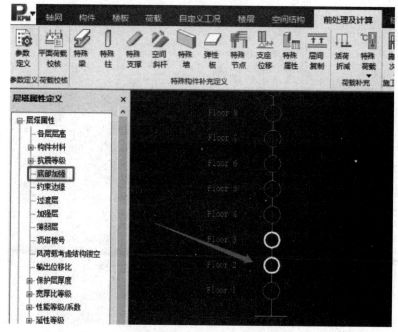

图 2-45　SATWE 层塔属性定义中指定底部加强部位楼层

约束边缘构件，图 2-46 为软件自动生成的构造边缘构件。

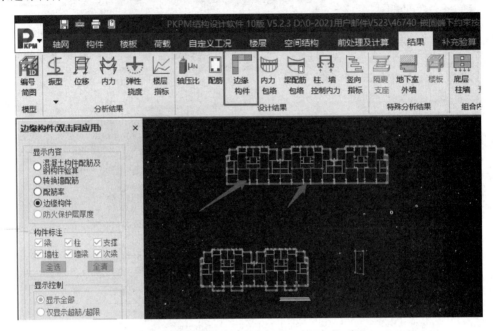

图 2-46　选择对应参数及修改底部加强部位后生成了构造边缘构件

## 2.13　关于两端铰接的支撑构件有弯矩的问题

Q：某钢结构工程，其中屋面有水平支撑构件，在分析及设计时默认按照两端铰接处理，但是计算完毕后发现杆件还存在弯矩，如图 2-47 所示，这是什么原因造成的呢？

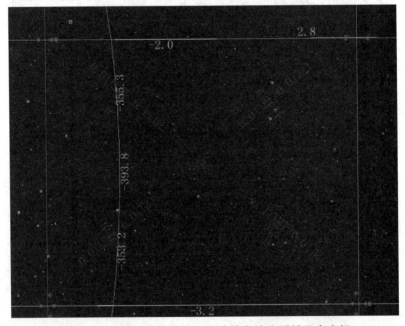

图 2-47　两端铰接的支撑构件计算完毕查看结果有弯矩

A：查看该钢框架模型，屋面的水平支撑仅在恒载下存有弯矩，如图 2-48 所示。两个支撑交叉处程序将自动识别为刚接节点，此时弯矩由支撑杆件的自重产生（程序无法忽略）。试算如下，可修改模型结构，删除其中一根支撑，使两根支撑之间没有节点，可参见对比结果，无节点支撑则不存在弯矩，如图 2-49 所示。两根支撑交叉处支撑自重产生的弯矩一般对结构影响较小。

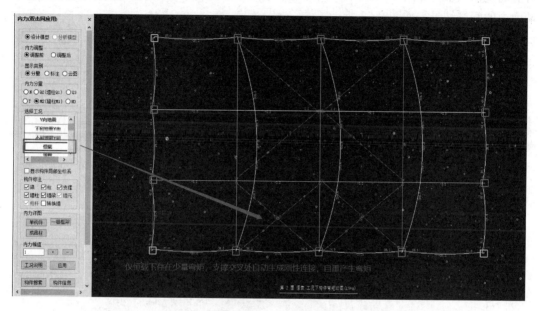

图 2-48　两端铰接的支撑构件仅恒载下有弯矩

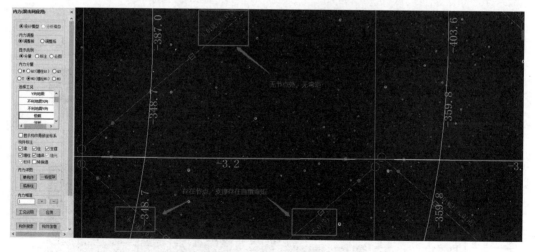

图 2-49　删除交叉支撑其中一根支撑后无节点时无弯矩

## 2.14　关于地下室外墙配筋计算的问题

Q：SATWE 软件提供地下室外墙考虑平面外荷载作用以及墙平面内计算结果，在墙施工图软件中配筋如何考虑？

A：SATWE 前处理中，对地下室外墙面外设计方法采用"有限元方法"，如图 2-50 所示，然后指定地下室外墙后，根据定义的相关地下室参数，在 SATWE 前处理中自动生成地下室外墙的土、水、堆载等荷载，并且可以对软件自动生成的荷载进行编辑修改，如图 2-51 所示，进行 SATWE 计算后，在特殊分析结果中输出地下室墙平面有限元方法计算的配筋结果，如图 2-52 所示；同时在 SATWE 结果模块的配筋中可以查看地下室外墙面内的配筋结果，如图 2-53 所示。

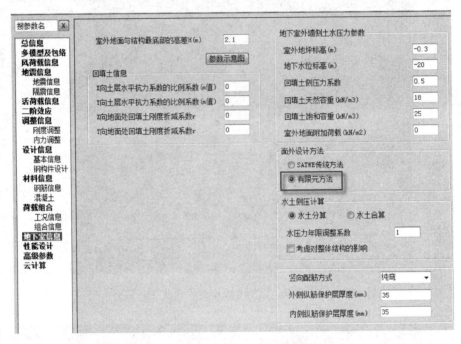

图 2-50  SATWE 中选择地下室外墙面外设计采用"有限元方法"

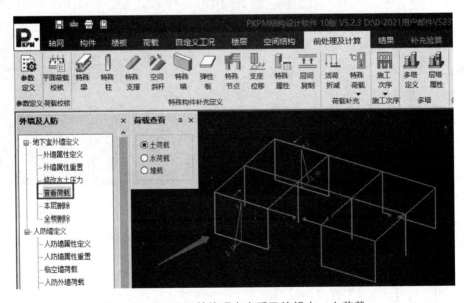

图 2-51  SATWE 前处理中查看及编辑水、土荷载

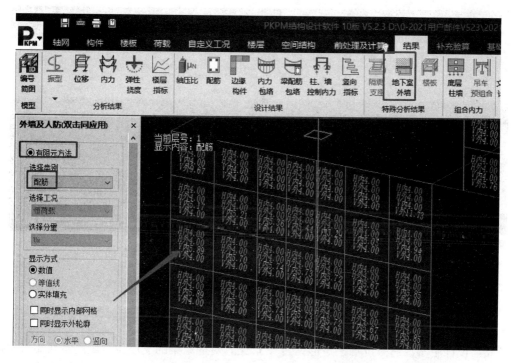

图 2-52　SATWE 地下室外墙面外按"有限元方法"计算输出的配筋结果

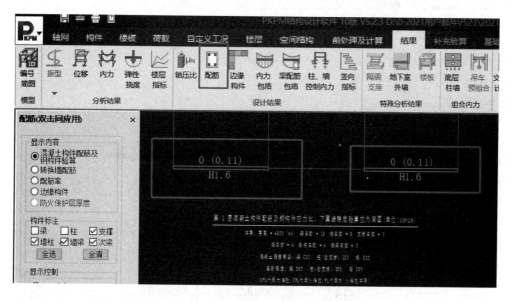

图 2-53　SATWE 地下室外墙输出的墙面内配筋结果

接入到施工图中，进行墙配筋时，施工图软件读取的是 SATWE 提供的平面外和墙平面内计算结果以及按照传统算法的三者的大值，如图 2-54 所示。其中传统算法的结果在"旧版文本查看"的"地下室外墙计算文件 DXSWQ＊.OUT"中，查看相应楼层的结果文件"dxswq＊.OUT"。

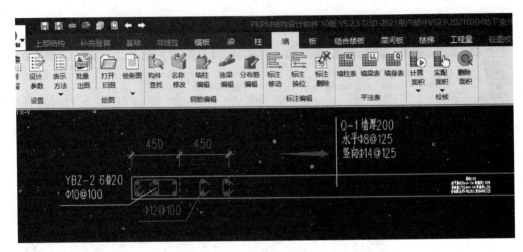

图 2-54　墙施工图中按照三种算法的大值生成地下室外墙配筋结果

## 2.15　关于 T 形梁支座截面配筋的问题

Q：设计中参数选择设置了矩形梁转 T 形梁，对框架梁的支座位置配筋是按矩形截面还是按 T 形截面计算？按照规范支座部位应该按照矩形截面计算，但查看软件的计算结果，构件信息显示已按照 T 形截面做了输出，如图 2-55 所示。

| | |
|---|---|
| 层号 | IST=1 |
| 塔号 | ITOW=1 |
| 单元号 | IELE=1645 |
| 构件种类标志(KELE) | 梁 |
| 左节点号 | J1=11875 |
| 右节点号 | J2=12063 |
| 构件材料信息(Ma) | 混凝土 |
| 长度（m） | DL=8.10 |
| 截面类型号 | Kind=1 |
| 截面参数(m) | B*H*B1*B2*H1=0.550*0.900*1.075*1.075*0.350 |
| 混凝土强度等级 | RC=40 |
| 主筋强度设计值(N/mm2) | 360 |
| 箍筋强度设计值(N/mm2) | 360 |
| 保护层厚度(mm) | Cov=20 |

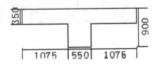

图 2-55　矩形梁转 T 形截面构件信息中已经输出了 T 形截面的信息

A：对于框架梁而言，其支座位置受力状态为上部受拉，下部受压，即翼缘位于受拉区，所以从概念角度理解，梁的支座截面设计不考虑受拉翼缘作用，因此，截面承载力验算等同于矩形截面。图 2-56 所示为该框架梁的组合内力及配筋结果输出，利用 PKPM 工具箱校核该框架梁的 J 端截面的配筋，可以发现该截面的配筋是按照矩形截面计算的，如图 2-57 所示。

| | -I- | -1- | -2- | -3- | -4- | -5- | -6- | -7- | -J- |
|---|---|---|---|---|---|---|---|---|---|
| -M | -1316.05 | -342.11 | -0.00 | -0.00 | -0.00 | -0.00 | -0.00 | -549.13 | -1595.33 |
| LoadCase | 10 | 10 | 0 | 0 | 0 | 0 | 0 | 0 | 10 |
| TopAst | 4531.54 | 1485.00 | 3742.50 | 3742.50 | 3742.50 | 3742.50 | 3742.50 | 1846.98 | 5743.63 |
| Rs | 0.96% | 0.30% | 0.76% | 0.76% | 0.76% | 0.76% | 0.76% | 0.39% | 1.25% |
| +M | 0.00 | 451.90 | 833.98 | 1089.48 | 1209.37 | 1090.27 | 835.56 | 453.28 | 0.00 |
| LoadCase | 0 | 0 | 0 | 0 | 10 | 0 | 0 | 0 | 0 |
| BtmAst | 1528.71 | 1485.00 | 2731.97 | 3581.44 | 3982.15 | 3584.08 | 2737.20 | 1485.00 | 1723.09 |
| Re | 0.31% | 0.30% | 0.58% | 0.76% | 0.84% | 0.76% | 0.58% | 0.30% | 0.35% |
| Shear | 986.49 | 902.97 | 686.26 | 362.98 | -55.06 | -442.41 | -765.73 | -985.77 | -1070.41 |
| LoadCase | 10 | 10 | 10 | 10 | 2 | 10 | 10 | 10 | 10 |
| Asv | 136.64 | 109.58 | 73.17 | 73.17 | 73.17 | 73.17 | 73.17 | 136.41 | 163.82 |
| Rsv | 0.25% | 0.20% | 0.13% | 0.13% | 0.13% | 0.13% | 0.13% | 0.25% | 0.30% |
| N-T | 0.00 | 0.00 | 0.00 | 0.00 | 0.00 | 0.00 | 0.00 | 0.00 | 0.00 |
| N-C | 0.00 | 0.00 | 0.00 | 0.00 | 0.00 | 0.00 | 0.00 | 0.00 | 0.00 |

剪扭配筋　(10)　T=42.73　V=-1070.41　Astt=0.00　Astv=163.82　Astl=0.00
非加密区箍筋面积(1.5H处)　Asvm=115.33

(10)　V=-1070.4　JYB = 0.12 ≤ 0.25
《高规》6.2.6、7.2.22条：框架梁、连梁受剪截面应符合下列要求：
持久、短暂设计状况

图 2-56　T 形截面梁配筋结果的输出

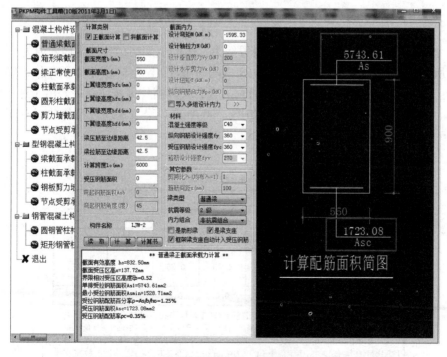

图 2-57　该梁 J 端配筋结果使用工具箱按照矩形截面校核

## 2.16 关于楼梯间短柱轴压比限值的问题

Q：某框架结构，抗震等级及抗震构造措施的抗震等级均为三级，计算分析时楼梯参与整体分析，计算完毕后查看计算结果，如图 2-58 所示，发现楼梯间的短柱轴压比超限，其限值为什么比一般柱轴压比限值减小了 0.1？

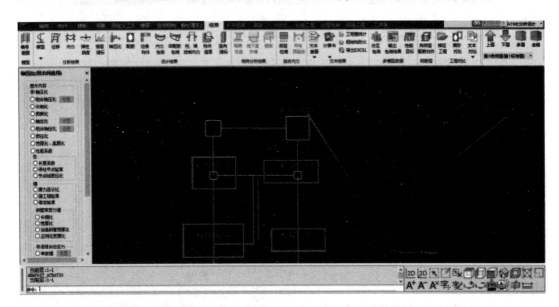

图 2-58 楼梯间柱轴压比超限且比一般柱轴压比限值小 0.1

A：按照《抗规》第 6.3.6 条，抗震等级为三级的框架结构柱轴压比限值为 0.85，如图 2-59 所示，可以看到此表格下面注释 2，对于剪跨比小于 2 的轴压比减小 0.05，对于剪跨比小于 1.5 的轴压比限值需要专门研究。查看楼梯间柱剪跨比结果，由于梯梁将框架柱打断，每一段柱的剪跨比均不一样，如图 2-60 所示，程序处理是简化的，对于剪跨比小于 1.5 的柱，轴压比限值直接按照减小 0.1 控制。

表 6.3.6 柱轴压比限值

| 结 构 类 型 | 抗 震 等 级 | | | |
|---|---|---|---|---|
| | 一 | 二 | 三 | 四 |
| 框架结构 | 0.65 | 0.75 | 0.85 | 0.90 |
| 框架-抗震墙，板柱-抗震墙、框架-核心筒及筒中筒 | 0.75 | 0.85 | 0.90 | 0.95 |
| 部分框支抗震墙 | 0.6 | 0.7 | — | |

注：1 轴压比指柱组合的轴压力设计值与柱的全截面面积和混凝土轴心抗压强度设计值乘积之比值；对本规范规定不进行地震作用计算的结构，可取无地震作用组合的轴力设计值计算；

2 表内限值适用于剪跨比大于2、混凝土强度等级不高于C60的柱；剪跨比不大于2的柱，轴压比限值应降低0.05；剪跨比小于1.5的柱，轴压比限值应专门研究并采取特殊构造措施；

图 2-59 《抗规》第 6.3.6 条对柱轴压比限值的控制

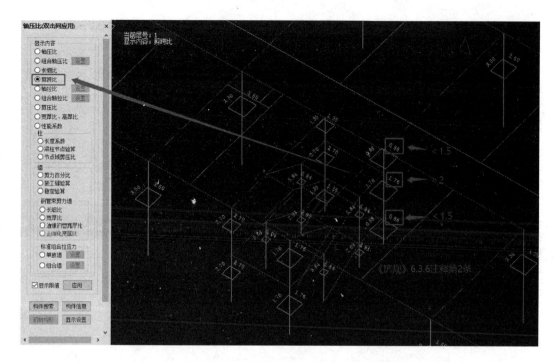

图 2-60　楼梯间柱被梯梁打断按照每一段计算剪跨比

## 2.17　关于剪力墙有面外梁搭接时面外承载力设计的问题

Q：对于剪力墙结构，当剪力墙面外有梁搭接时，采用补充计算菜单中梁墙搭接局部设计和平面外承载力计算同一个位置的墙体平面外配筋率差别比较大，两种算法分别是如何考虑的，实际设计中应该采用哪个结果？

A：对于剪力墙，在分析时考虑其面内面外刚度，但是在设计时一般仅进行剪力墙面内的承载力设计，对剪力墙面外不做设计。如果剪力墙的面外有梁刚接相连，此时梁端有一定的弯矩，该弯矩要传给剪力墙的面外，此时剪力墙需要进行面外的压弯补充设计。

在 PKPM 软件中提供了梁墙搭接局部设计功能，此配筋结果为填充（原界面玫红色）面积内的墙面外配筋结果，是局部集中配筋，如图 2-61 所示，考虑梁端弯矩、轴力，按该区域与墙面积比确定该区域轴力，再计算压弯构件墙面外承载力。

SATWE 整体模型中默认不对剪力墙进行面外设计，但是会输出面外内力，若设计师认为面外内力不容忽视，则可在补充验算中进行墙面外承载力设计，程序将各段剪力墙作为设计对象，以面外弯矩和轴力作为设计内力，计算其偏心受压状态下的配筋作为面外设计结果，如图 2-62 所示。由于规范并未对此类设计做出明确要求，因此程序按照非抗震要求进行配筋设计，并忽略轴力二阶效应的影响，结果仅供参考。两种对剪力墙面外设计的方法是明显不同的，梁墙搭接局部设计主要关心剪力墙局部位置，剪力墙面外设计关注整片剪力墙。

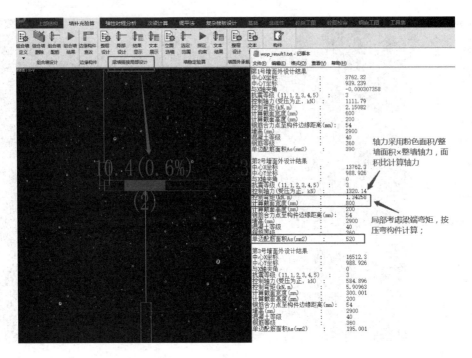

图 2-61　梁墙搭接局部设计

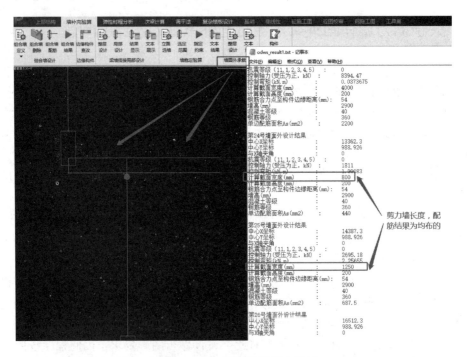

图 2-62　剪力墙面外承载力设计

## 2.18  关于消防车荷载下梁端弯矩调幅的问题

Q：计算完毕后查看内力计算结果，发现消防车荷载工况下梁端调整前后内力差别较大，图 2-63 为消防车荷载调整前梁端的弯矩，图 2-64 为消防车荷载调整后梁端的弯矩，消防车荷载进行了哪些调整？

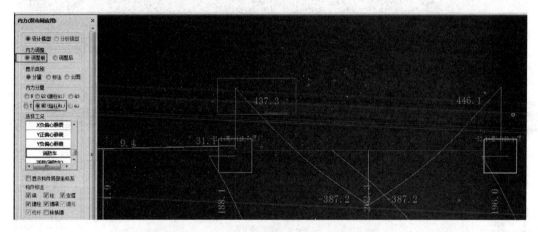

图 2-63　消防车荷载调整前的梁端弯矩

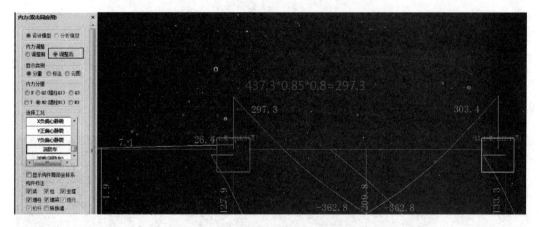

图 2-64　消防车荷载调整后的梁端弯矩

A：消防车荷载属于竖向可变荷载，根据《建筑结构荷载规范》GB 50009—2012（以下简称《荷载规范》）第 5.1.2 条要求，需要考虑消防车作为活荷载的折减；根据《混规》第 5.4.3 条要求，梁的支座部位在竖向荷载下要进行弯矩调幅，消防车荷载作用下也需要进行调幅；综合考虑后，消防车荷载下梁端调整弯矩调幅要考虑活荷载折减系数与负弯矩调幅系数的连乘。梁端调整后的弯矩 $M$＝调整前弯矩 $M$×负弯矩调幅系数×消防车荷载折减系数；梁调整后的剪力 $V$＝调整前剪力 $V$×消防车荷载折减系数。

查看该结构中的参数设置，消防车荷载的折减系数为 0.8，如图 2-65 所示。该结构中梁端弯矩调幅系数为 0.85，如图 2-66 所示。

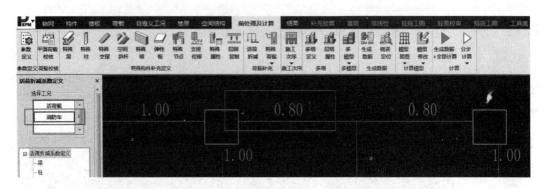

图 2-65　消防车荷载作为活荷载的折减系数

图 2-66　梁端弯矩调幅系数

　　上述梁端消防车荷载下的弯矩调整后的结果 $M = 473.3 \times 0.85 \times 0.8 = 297.3 \text{kN} \cdot \text{m}$，与软件输出的调整后结果完全一致。查看对应该梁调整前后的剪力，分别如图 2-67 及图 2-68 所示，调整后的剪力需要考虑消防车荷载折减系数 0.8，调整后的剪力 $V = 285.7 \times 0.8 = 228.6 \text{kN}$，与软件输出调整后的剪力一致。

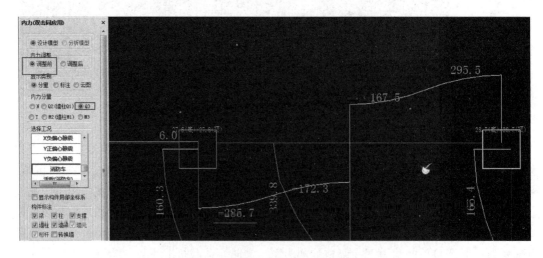

图 2-67　消防车荷载调整前梁端剪力

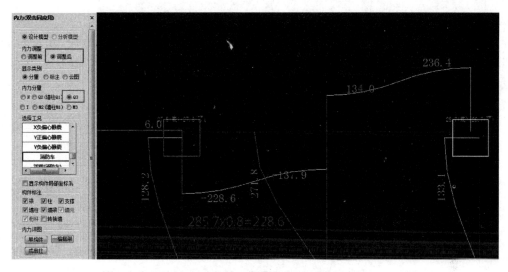

图 2-68　消防车荷载调整后梁端剪力

## 2.19　关于人防组合的梁如何考虑延性比的问题

Q：SATWE 软件计算中，对于人防组合控制的梁，当受拉钢筋的配筋率大于 1.5％时，是否考虑了延性比的控制要求？

A：《人民防空地下室设计规范》GB 50038—2005（以下简称《人防规范》）第 4.10.3 条规定，结构构件按弹塑性工作阶段设计时，受拉钢筋配筋率不宜大于 1.5％。当大于 1.5％时，受弯构件或大偏心受压构件的允许延性比 $[\beta]$ 值应满足以下公式，如图 2-69 所示，且受拉钢筋最大配筋率不宜大于《人防规范》表 4.11.8（图 2-71）的规定。

$$[\beta] \leqslant \frac{0.5}{x/h_0} \qquad (4.10.3-1)$$

$$x/h_0 = (\rho - \rho')f_{yd}/(\alpha_c f_{cd}) \qquad (4.10.3-2)$$

式中　　$x$ ——混凝土受压区高度(mm)；

$h_0$ ——截面的有效高度(mm)；

$\rho$、$\rho'$ ——纵向受拉钢筋及纵向受压钢筋配筋率；

$f_{yd}$ ——钢筋抗拉动力强度设计值(N/mm²)；

$f_{cd}$ ——混凝土轴心抗压动力强度设计值(N/mm²)；

$\alpha_c$ ——系数，应按表 4.10.3 取值。

图 2-69　《人防规范》对受弯构件或大偏心受压构件的允许延性比要求

按照《人防规范》要求，人防组合控制的梁，当受拉钢筋的配筋率大于 1.5％时，规范要求容许延性比为 $[\beta] \leqslant 0.5/\xi$，SATWE 软件在做人防构件设计时，取容许延性比 $[\beta]=3$ 代入计算，这样就得到相对受压区高度 $\xi \leqslant 0.5/3 = 0.166$。

软件计算时取截面相对界限受压区高度 $\xi_b = 0.166$ 进行截面承载力配筋计算，所以理论上不存在梁人防组合延性比超限的问题。但是由于软件计算时存在四舍五入进位产生的误差，在少数情况下软件会出现人防延性比超限的提示，这种情况只是巧合，用户一般不必处理。

软件取容许延性比 $[\beta]=3$ 的依据是《人防规范》第 4.6.2 条,按照密闭防水要求一般的核武器爆炸动荷载工作状态的结构构件的允许延性比取值,做了简化处理,如图 2-70 所示。

表4.6.2  钢筋混凝土结构构件的允许延性比 $[\beta]$ 值

| 结构构件使用要求 | 动荷载类别 | 受 力 状 态 | | | |
|---|---|---|---|---|---|
| | | 受 弯 | 大偏心受压 | 小偏心受压 | 轴心受压 |
| 密闭、防水要求高 | 核武器爆炸动荷载 | 1.0 | 1.0 | 1.0 | 1.0 |
| | 常规武器爆炸动荷载 | 2.0 | 1.5 | 1.2 | 1.0 |
| 密闭、防水要求一般 | 核武器爆炸动荷载 | 3.0 | 2.0 | 1.5 | 1.2 |
| | 常规武器爆炸动荷载 | 4.0 | 3.0 | 1.5 | 1.2 |

图 2-70 《人防规范》对钢筋混凝土结构构件允许延性比的要求

同时软件按照《人防规范》第 4.11.8 条的规定(图 2-71),防空地下室结构梁(人防梁)的纵向受拉钢筋最大配筋率满足规范的限值。

表4.11.8  受拉钢筋的最大配筋百分率(%)

| 混凝土强度等级 | C25 | ≥C30 |
|---|---|---|
| HRB335级钢筋 | 2.2 | 2.5 |
| HRB400级钢筋 | 2.0 | 2.4 |
| RRB400级钢筋 | | |

图 2-71 《人防规范》对受拉钢筋最大配筋率的要求

## 2.20 关于程序输出柱配筋结果与工具软件校核有差异的问题

Q:某框架结构,其中地下一层柱子的配筋显示配筋率超限,图 2-72 是某最大配筋率超限的柱构件配筋信息,但是提取组合内力,使用 PKPM 工具集和理正工具箱核算柱子是构造配筋(图 2-73),为何 SATWE 整体计算中柱配筋结果超筋了?

A:该工程中提取的某最大配筋率超限的柱子,其轴力不大,弯矩也很小,使用 PKPM 的工具集—混凝土构件核算出来柱子配筋是构造配筋,但是其最大配筋率却超限。往往很多设计人员一看到红色,并且看到在弯矩及轴力均很小的情况下,配筋却很大,就容易怀疑软件算错了。而忘记了规范的一个规定,那就是《抗规》第 6.1.14 条"当地下室顶板作为结构上部嵌固端的时候,应符合下列要求……"其中有一条便是地下一层柱截面每侧纵向钢筋不应小于地上一层柱对应纵向钢筋的 1.1 倍,如图 2-74 所示。软件不但执行了这一条规定,并且在构件信息中也有输出,如图 2-75 所示,这个也是很多设计人员经常想求证的问题,通过查看图 2-76 所示的地上一层柱的配筋信息可以发现,地上一层的配筋很大确实是造成地下一层超筋的根本原因,$1.1×4044.49=4448.94\text{mm}^2$,与软件输出结果一致。

| 项目 | 内容 |
|---|---|
| 轴压比： | (78)　N=-1742.5　Uc=0.49 ≤ 0.75(限值) |
| | 《高规》6.4.2条给出轴压比限值。 |
| 剪跨比(简化算法)： | Rmd=4.43 |
| | 《高规》6.2.6条：反弯点位于柱高中部的框架柱，剪跨比可取柱净高与计算方向2倍柱截面有效高度之比值 |
| 主筋： | B边底部(1)　N=-2037.65　Mx=8.34　My=8.46　Asxb=4448.94　Asxb0=0.00 |
| | B边顶部(1)　N=-2037.65　Mx=17.51　My=16.63　Asxt=4448.94　Asxt0=0.00 |
| | H边底部(1)　N=-2037.65　Mx=8.34　My=8.46　Asyb=4580.77　Asyb0=0.00 |
| | H边顶部(120)　N=-1457.48　Mx=-34.22　My=218.10　Asyt=4580.77　Asyt0=9.62 |
| 箍筋： | (1)　N=-2037.65　Vx=6.27　Vy=-6.46　Asvx=146.28　Asvx0=0.00 |
| | (1)　N=-2037.65　Vx=6.27　Vy=-6.46　Asvy=146.28　Asvy0=0.00 |
| 角筋： | Asc=201.00 |
| 全截面配筋率： | Rs=6.90% > 5.00% |
| | 《高规》6.4.4-3条：全部纵向钢筋的配筋率，非抗震设计时不宜大于5%，不应大于6%，抗震设计时不应大于5% |
| 体积配筋率： | Rsv=0.68% |
| X向剪压比： | (84)　Vx=104.5　JYBx = 0.032 ≤ 0.235 |
| Y向剪压比： | (99)　Vy=-100.9　JYBy = 0.031 ≤ 0.235 |
| | 《高规》6.2.6条：框架柱受剪截面应符合下列要求：<br>持久、短暂设计状况<br>$V \leq 0.25\beta_c f_c bh_0$ |

图 2-72　地下一层某最大配筋率超限的柱构件信息输出

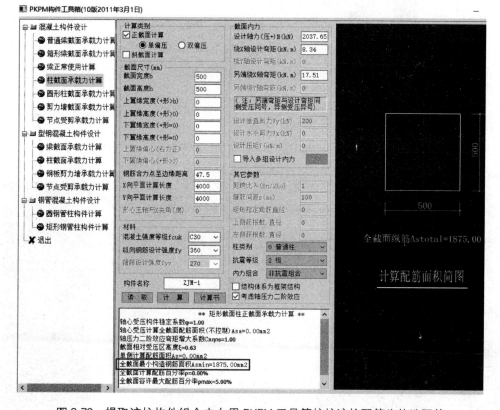

图 2-73　提取该柱构件组合内力用 PKPM 工具箱校核该柱配筋为构造配筋

6.1.14 地下室顶板作为上部结构的嵌固部位时，应符合下列要求：

1 地下室顶板应避免开设大洞口；地下室在地上结构相关范围的顶板应采用现浇梁板结构，相关范围以外的地下室顶板宜采用现浇梁板结构；其楼板厚度不宜小于180mm，混凝土强度等级不宜小于C30，应采用双层双向配筋，且每层每个方向的配筋率不宜小于0.25%。

2 结构地上一层的侧向刚度，不宜大于相关范围地下一层侧向刚度的0.5倍；地下室周边宜有与其顶板相连的抗震墙。

3 地下室顶板对应于地上框架柱的梁柱节点除应满足抗震计算要求外，尚应符合下列规定之一：

1）地下一层柱截面每侧纵向钢筋不应小于地上一层柱对应纵向钢筋的1.1倍，且地下一层柱上端和节点左右梁端实配的抗震受弯承载力之和应大于地上一层柱下端实配的抗震受弯承载力的1.3倍；

2）地下一层梁刚度较大时，柱截面每侧的纵向钢筋面积应大于地上一层对应柱每侧纵向钢筋面积的1.1倍；同时梁端顶面和底面的纵向钢筋面积均应比计算增大10%以上；

4 地下一层抗震墙墙肢端部边缘构件纵向钢筋的截面面积，不应少于地上一层对应墙肢端部边缘构件纵向钢筋的截面面积。

图 2-74 《抗规》第6.1.14条对地下室顶板作为上部结构嵌固部位时对柱配筋的放大要求

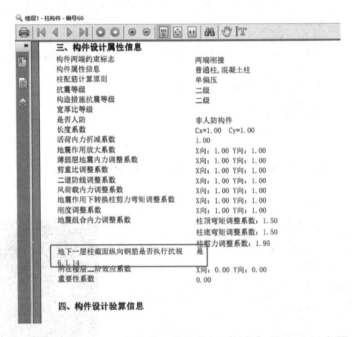

图 2-75 超筋的柱输出地下一层柱截面纵筋执行《抗规》第6.1.14条要求的信息

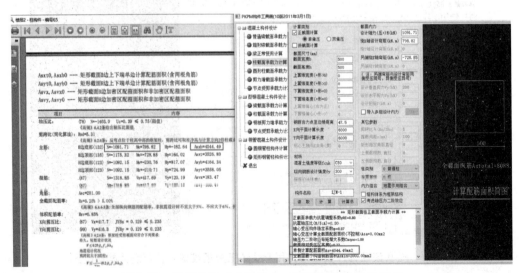

图 2-76 超筋的柱对应位置上一层柱配筋的输出结果

## 2.21　关于剪力墙约束边缘构件体积配箍率的计算问题

　　Q：框剪结构中某段一字形墙肢，长度 1700mm，该剪力墙边缘构件属性为约束边缘构件，混凝土强度等级为 C30，箍筋等级为 HPB300，抗震等级为二级，轴压比为 0.32，SATWE 后处理"边缘构件简图"中一端边缘构件暗柱尺寸及配筋结果如图 2-77 所示，请问图中计算体积配箍率 0.742% 是如何得到的？

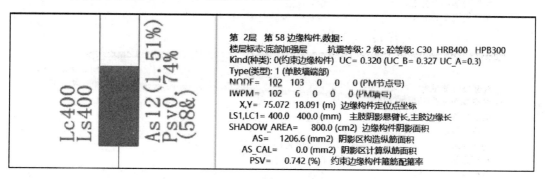

第 2 层　第 58 边缘构件,数据:
楼层标志:底部加强层　　抗震等级: 2 级;砼等级: C30　HRB400　HPB300
Kind(种类): 0(约束边缘构件)　UC= 0.320　(UC_B=0.327 UC_A=0.3)
Type(类型): 1 (单肢墙端部)
NODE=　102　103　0　0　0 (PM节点号)
IWPM=　102　0　0　0　0 (PM墙号)
　　X,Y=　75.072　18.091 (m)　边缘构件定位点坐标
LS1,LC1 = 400.0　400.0 (mm)　主肢阴影面臂长,主肢边缘长
SHADOW_AREA=　800.0 (cm2)　边缘构件阴影面积
　　　　AS=　1206.6 (mm2)　阴影区构造纵筋面积
AS_CAL=　　0.0 (mm2)　阴影区计算纵筋面积
　　　PSV=　0.742 (%)　约束边缘构件箍筋配箍率

图 2-77　某剪力墙约束边缘构件输出的详细信息

　　A：计算剪力墙约束边缘构件体积配箍率，软件是根据《高规》第 7.2.15 条第 1 款公式计算得到的，具体计算过程如下：

　　剪力墙的抗震等级为二级，轴压比 0.32，故查表得 $\lambda_v = 0.12$。

　　混凝土强度等级低于 C35 时，按 C35 取值，$f_c = 16.7 \text{N/mm}^2$；箍筋强度 $f_{yv} = 270 \text{N/mm}^2$

则：$\rho_v = \lambda_v \dfrac{f_c}{f_{yv}} = 0.12 \times \dfrac{16.7}{270} = 0.74\%$

　　手算结果与软件计算输出的结果一致。

## 2.22　关于Ⅳ类场地较高建筑轴压比限值减小 0.05 的问题

　　Q：某框架剪力墙结构，框架柱抗震等级为四级，混凝土强度等级为 C50。计算完毕查看其中某柱，如图 2-78 所示，发现剪跨比大于 2，轴压比限值为 0.85，该限值与规范要求不符，这是为什么？

　　A：查看该工程模型，框架剪力墙结构，框架柱抗震等级为四级，剪跨比大于 2，混凝土强度等级为 C50，根据《抗规》表 6.3.6（图 2-79），框架-抗震墙结构柱轴压比限值应该为 0.95。

　　继续查看模型中的相关参数。首先，在参数定义里面模型勾选了"结构中的框架部分轴压比限值按照纯框架结构的规定采用"，如图 2-80 所示，柱轴压比限值按照框架取限值为 0.9。

　　其次，如图 2-79 所示，《抗规》第 6.3.6 条规定：对建筑于Ⅳ类场地且较高的高层建筑，柱轴压比限值应适当减小。程序在处理时，将框架结构高度大于 40m，其他结构高度大于 60m 时，判定为较高的高层建筑，柱轴压比限值执行减小 0.05。

| 项目 | 内容 |
|---|---|
| 轴压比： | (102)  N=-11076.0   Uc=0.86 > 0.85(限值) |
| | 《高规》6.4.2条给出轴压比限值. |
| 剪跨比(简化算法)： | Rmd=3.18 |
| | 《高规》6.2.6条，反弯点位于柱高中部的框架柱，剪跨比可取柱净高与计算方向2倍柱截面有效高度之比值 |
| 主筋： | B边底部(36)  N=-13857.42   Mx=430.87   My=100.83   Asxb=4392.68   Asxb0=4392.68 |
| | B边顶部(36)  N=-13857.42   Mx=202.84   My=110.55   Asxt=3457.12   Asxt0=3457.12 |

## 三、构件设计属性信息

| | |
|---|---|
| 构件两端约束标志 | 两端刚接 |
| 构件属性信息 | 普通柱,混凝土柱 |

| | |
|---|---|
| 柱配筋计算原则 | 单偏压 |
| 抗震等级 | 四级 |
| 构造措施抗震等级 | 四级 |
| 宽厚比等级 | |
| 是否人防 | 非人防构件 |
| 长度系数 | Cx=1.25   Cy=1.25 |
| 活荷内力折减系数 | 1.00 |

图 2-78　框架剪力墙结构中某剪跨比大于 2 的柱信息

**6.3.6** 柱轴压比不宜超过表 6.3.6 的规定；建造于Ⅳ类场地且较高的高层建筑，柱轴压比限值应适当减小。

**表 6.3.6　柱轴压比限值**

| 结　构　类　型 | 抗　震　等　级 | | | |
|---|---|---|---|---|
| | 一 | 二 | 三 | 四 |
| 框架结构 | 0.65 | 0.75 | 0.85 | 0.90 |
| 框架-抗震墙，板柱-抗震墙、框架-核心筒及筒中筒 | 0.75 | 0.85 | 0.90 | 0.95 |
| 部分框支抗震墙 | 0.6 | 0.7 | — | |

注：1　轴压比指柱组合的轴压力设计值与柱的全截面面积和混凝土轴心抗压强度设计值乘积之比值；对本规范规定不进行地震作用计算的结构，可取无地震作用组合的轴力设计值计算；

2　表内限值适用于剪跨比大于2、混凝土强度等级不高于C60的柱；剪跨比不大于2的柱，轴压比限值应降低0.05；剪跨比小于1.5的柱，轴压比限值应专门研究并采取特殊构造措施；

图 2-79　《抗规》第 6.3.6 条对柱轴压比限值的要求

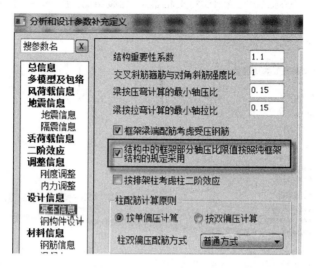

图 2-80　SATWE 参数中选择"框架部分轴压比限值按纯框架采用"

本模型场地为Ⅳ类，高度大于 60m，符合程序执行要求。所以，该模型结构柱轴压比的限值实际应为：0.9－0.05＝0.85，手工校核限值与软件输出结果一致。

## 2.23　关于型钢混凝土柱节点域剪压比结果校核问题

Q：某型钢混凝土柱节点域剪压比软件计算输出的结果与手动核算值不同。图 2-81 为某型钢混凝土柱输出的构件信息，根据规范要求，手动核算结果为 9095.625kN，而程序计算结果却是 6774kN，这是为什么？是否软件计算结果有误？

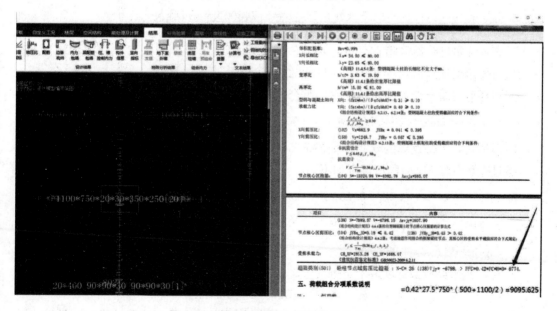

图 2-81　某型钢混凝土柱输出的构件信息

57

A：图 2-82 为该型钢混凝土柱的相关信息，抗震等级为一级，上侧连接为钢筋混凝土梁，截面尺寸 500mm×700mm，下侧为 H 形钢梁，截面尺寸为 300mm×500mm，程序计算出柱节点域 Y 向剪压比超限。

**一、构件几何材料信息**

| | |
|---|---|
| 层号 | IST=10 |
| 塔号 | ITOW=1 |
| 单元号 | IELE=26 |
| 构件种类标志(KELE) | 柱 |
| 上节点号 | J1=7787 |
| 下节点号 | J2=7144 |
| 构件材料信息(Ma) | 混凝土 |
| 长度（m） | DL=5.45 |
| 截面类型号 | Kind=20 |
| 截面参数(m) | B\*H\*U\*T\*D\*F\*U1\*T1\*D1\*F1 |
| | =1.100\*0.750\*0.020\*0.030\*0.350\*0.250\*0.020\*0.030\*0.700\*0.250 |
| 箍筋间距(mm) | SS=100.0 |
| 混凝土强度等级 | RC=60 |
| 型钢钢号 | 345 |
| 主筋强度设计值(N/mm2) | 435 |
| 箍筋强度设计值(N/mm2) | 360 |
| 保护层厚度(mm) | Cov=20 |

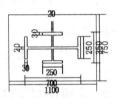

图 2-82　型钢混凝土柱的相关信息

根据《组合结构设计规范》JGJ 138—2016 第 6.6.2 条，先反算出型钢混凝土柱 Y 向的节点有效截面宽度。$f_c = 27.5\text{N/mm}^2$，$h_j = 750\text{mm}$

根据 $V \leqslant \dfrac{0.36}{0.85}(1.0 \times 27.5 \times b_j \times 750) = 6774000\text{N} = 6774\text{kN}$

反算程序最终计算取值，可得 $b_j \approx 775.5\text{mm}$

当与型钢梁连接时：$b_j = b_c/2 = 1100/2 = 550\text{mm}$

当与钢筋混凝土梁连接，梁柱中心重合，且 $b_b \leqslant b_c/2$，则：

$$b_j = \min(b_b + 0.5h_c, b_c) = (500 + 750/2 = 875, 1100) = 875\text{mm}$$

显而易见，上面反算的 $b_j$ 既不是按 875mm 取，也不是按 550mm 取。

通过查询程序知，$b_j$ 取值规则如下：

$$b_j = \min(b_c, b_b + 0.5h_c, 0.5b_c + 0.5b_b + 0.25h_c - e_0)$$

$$= \min(1100, 400 + 0.5 \times 750, 0.5 \times 1100 + 0.5 \times 400 + 0.25 \times 750 - 0)$$

$$= 775\text{mm}$$

并且，其中梁截面宽度取上下侧均值，即：

$$b_b = (500 + 300)/2 = 400\text{mm}$$

综上，程序是按照 $b_j = 775\text{mm}$ 进行节点域抗剪验算的，手工验算结果与软件输出结果一致。

## 2.24　关于梁柱节点核心区抗剪验算的问题

Q：某框架结构，计算完毕查看第二层框架梁柱节点核心区的抗剪验算结果，如图 2-83 所示，仔细查看 PKPM 输出的计算书，发现二层和三层的边柱和中柱抗剪验算的限值有区别，按规范理解限值应该是一样的，软件边柱和中柱计算结果不同的原因是什么？

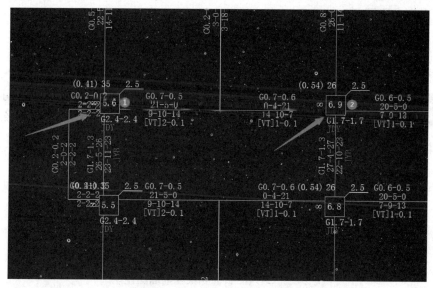

图 2-83　计算完毕后查看第二层梁柱节点核心区验算的结果

A：查看模型中二层两个节点核心区抗剪验算超限且限值不同的柱子，截面大小及位置布置如图 2-84 所示，二层柱混凝土强度等级 C35，梁混凝土柱强度等级 C30。

按《抗规》附录 D 式（D.1.2-3）计算，左侧的边柱 $b_j = 0.5 \times (250 + 600) + 0.25 \times$

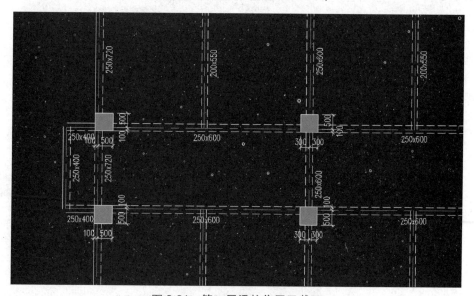

图 2-84　第二层梁柱位置及截面

$600-175=400\text{mm}$

右侧的中柱 $b_j=250+0.5\times600=550\text{mm}$

代入《抗规》式（D.1.3）：边柱抗剪验算限值为 $0.3\times16.7\times600\times400/0.85=1415\text{kN}$

中柱抗剪验算限值为 $0.3\times16.7\times600\times550/0.85=1945\text{kN}$

综上，由于两柱的偏心不一样，所以取的计算宽度 $b_j$ 取值不同，节点核心区抗剪验算的限值自然也不同。

## 2.25 关于剪力墙混凝土强度等级的问题

Q：某剪力墙结构，计算完毕后查看 SATWE 配筋简图说明，如图 2-85 所示，参数设置本层墙混凝土强度等级为 C35，但配筋简图中却出现了未定义的 C30，是什么原因？

第 8 层混凝土构件配筋及钢构件应力比、下翼缘稳定验算应力简图(单位:cm*cm)

本层：层高 = 4000（mm） 梁总数 = 483 柱总数 = 39 支撑总数 = 0

墙总数 = 22 墙柱总数 = 14 墙梁总数 = 2

混凝土强度等级：梁 C30 柱(含支撑) C35 墙 C35/C30

主筋强度：梁 360 柱(含支撑) 360 墙 360

(DPL代表大偏拉,XPL代表小偏拉,PL代表大\小偏拉并存)

图 2-85 SATWE 计算结果配筋简图说明

A：查看该剪力墙结构模型，参数设置中本层的剪力墙混凝土等级为 C35，但是配筋简图中的确出现了 C30，查看某些连梁的构件信息，发现其混凝土强度等级变为 C30。查看模型的参数，发现设计师勾选了"框架梁转壳元"，如图 2-86 所示，导致按照框架梁输

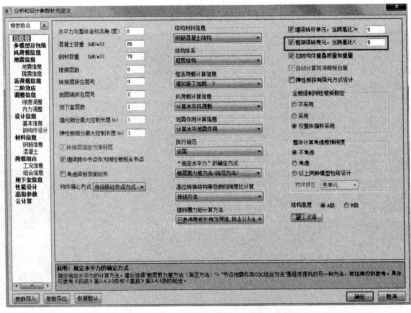

图 2-86 SATWE 参数中选择"框架梁转壳元"

入的连梁跨高比小于该参数设置的限值时，按框架梁输入的连梁转化成墙开洞形式的连梁。而按框架梁输入的连梁强度等级与框架梁的混凝土强度等级 C30 一致。

按照框架梁输入的连梁转化成按照墙开洞形式形成的连梁以后，分析时不会再按照杆系模型，而是会按照壳单元的方式参与网格剖分，并且在做相关指标统计时，将其统计到墙内，因此，在配筋简图中会出现 C30 的混凝土，图 2-87 为混凝土强度等级查看到的信息。

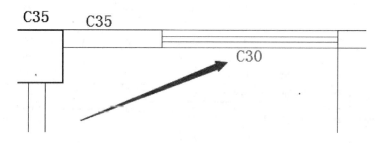

图 2-87　本层混凝土强度等级信息查看到连梁的混凝土强度等级为 C30

## 2.26　关于剪力墙组合内力输出结果与手工校核结果有差异的问题

Q：提取 SATWE 计算的某剪力墙的构件信息如图 2-88 所示，按该剪力墙的控制组合号以及单工况内力进行校核，图 2-89 为该剪力墙单工况内力，图 2-90 为该剪力墙对应的组合号，组合弯矩 $M=1.0\times(-307.65)+0.5\times(-27.65)-1.0\times(-5034.94)=4713.465 \mathrm{kN\cdot m}$，程序输出的组合内力 $4702.15 \mathrm{kN\cdot m}$ 结果总是与手工校核的结果不一致，但总是只差一点，是否是由于误差引起的？

$$V^{c} h_{w0}$$

主筋：　　　　　　(16)N=3811.36　　　　　M=4702.15　　　　As=8841.89

图 2-88　某剪力墙输出配筋的控制组合号及组合内力

| 荷载工况 | MX-Bottom | MY-Bottom | MX-Top | MY-Top | Shear-X | Shear-Y | Axial |
|---|---|---|---|---|---|---|---|
| (1)DL | -307.65 | -332.36 | -588.24 | -475.18 | 174.43 | -432.78 | -13604.02 |
| (2)LL | -27.65 | 31.79 | -50.25 | -54.42 | 9.51 | 6.58 | -1053.90 |
| (3)EXY | -5921.13 | -694.54 | -2136.27 | -156.33 | 1549.35 | -590.07 | -17348.08 |
| (4)EYX | -5034.94 | -789.67 | -1819.12 | -159.95 | 1335.66 | -653.76 | -18373.48 |
| (5)U01 | -0.18 | 0.34 | 0.47 | 0.13 | 0.24 | 0.41 | 0.25 |
| (6)U02 | -0.00 | -0.00 | 0.00 | 0.00 | 0.00 | 0.00 | 0.00 |
| (7)EX | -5921.13 | -694.54 | -2136.27 | -156.33 | 1549.35 | -590.07 | -17348.08 |
| (8)EY | -5034.94 | -789.67 | -1819.12 | -159.95 | 1335.66 | -653.76 | -18373.48 |

图 2-89　某剪力墙输出配筋的控制组合号及组合内力

A：查看该设计师的组合过程，基本是没有问题的。但是在进行组合过程首先要注意区分该组合是否有地震参与；如果是地震作用参与的组合，还需要注意对于重力荷载代表值的组合。程序在构件信息中输出的活荷载内力是考虑折减以后的单工况内力，而计算地

| 编号 | 基本组合系数 | | | | | | | |
|---|---|---|---|---|---|---|---|---|
| | DL | LL | LL2 | LL3 | EXY | EYX | U01 | U02 |
| 6 | 1.00 | 0.00 | 0.00 | 1.50 | 0.00 | 0.00 | 0.00 | 0.00 |
| 7 | 1.00 | 0.50 | 0.00 | 0.00 | 1.00 | 0.00 | 0.00 | 0.00 |
| 8 | 1.00 | 0.00 | 0.50 | 0.00 | 1.00 | 0.00 | 0.00 | 0.00 |
| 9 | 1.00 | 0.00 | 0.00 | 0.50 | 1.00 | 0.00 | 0.00 | 0.00 |
| 10 | 1.00 | 0.50 | 0.00 | 0.00 | -1.00 | 0.00 | 0.00 | 0.00 |
| 11 | 1.00 | 0.00 | 0.50 | 0.00 | -1.00 | 0.00 | 0.00 | 0.00 |
| 12 | 1.00 | 0.00 | 0.00 | 0.50 | -1.00 | 0.00 | 0.00 | 0.00 |
| 13 | 1.00 | 0.50 | 0.00 | 0.00 | 0.00 | 1.00 | 0.00 | 0.00 |
| 14 | 1.00 | 0.00 | 0.50 | 0.00 | 0.00 | 1.00 | 0.00 | 0.00 |
| 15 | 1.00 | 0.00 | 0.00 | 0.50 | 0.00 | 1.00 | 0.00 | 0.00 |
| 16 | 1.00 | 0.50 | 0.00 | 0.00 | 0.00 | -1.00 | 0.00 | 0.00 |
| 17 | 1.00 | 0.00 | 0.50 | 0.00 | 0.00 | -1.00 | 0.00 | 0.00 |
| 18 | 1.00 | 0.00 | 0.00 | 0.50 | 0.00 | -1.00 | 0.00 | 0.00 |
| 19 | 1.30 | 1.50 | 0.00 | 0.00 | 0.00 | 0.00 | 1.30 | 1.50 |
| 20 | 1.30 | 0.00 | 1.50 | 0.00 | 0.00 | 0.00 | 1.30 | 1.50 |
| 21 | 1.30 | 0.00 | 0.00 | 1.50 | 0.00 | 0.00 | 1.30 | 1.50 |

图 2-90　某剪力墙组合号组合情况

震参与组合的组合内力时，需要用折减前的活荷载单工况内力值进行组合。注意：构件信息中输出了该剪力墙的活荷载折减系数 0.55，如图 2-91 所示。

### 三、构件设计属性信息

| | |
|---|---|
| 构件属性信息 | 普通墙，钢筋混凝土墙 |
| 是否按柱设计 | 否 |
| 抗震等级 | 特一级 |
| 构造措施抗震等级 | 特一级 |
| 是否人防 | 非人防墙 |
| 是否属于加强区 | 是 |
| 墙柱配筋考虑翼缘共同工作 | 否 |
| 活荷内力折减系数 | 0.55 |
| 地震组合内力调整系数 | 弯矩调整系数：1.00 剪力调整系数：1.00 |
| 地震作用放大系数 | X向：1.00 Y向：1.00 |
| 薄弱层地震内力调整系数 | X向：1.00 Y向：1.00 |
| 剪重比调整系数 | X向：1.00 Y向：1.00 |
| 二道防线调整系数 | X向：1.00 Y向：1.00 |
| 风荷载内力调整系数 | X向：1.10 Y向：1.10 |
| 刚度调整系数 | 1.00 |
| 所在楼层二阶效应系数 | X向：0.00 Y向：0.00 |
| 重要性系数 | 1.00 |

图 2-91　该剪力墙输出的详细的构件调整系数

以上述图 2-88 的剪力墙配筋对应的组合号 16 进行该墙肢弯矩的组合，则组合弯矩为：$M = 1.0 \times (-307.65) + 0.5 \times (-27.65)/0.55 - 1.0 \times (-5034.94) = 4702.15 \mathrm{kN \cdot m}$，与程序输出结果完全一致。内力组合时要注意软件输出的活荷载单工况内力结果是已经考虑了活荷载折减系数以后的结果。

## 2.27　关于不同的板厚 SATWE 计算处理的问题

Q：对于 PMCAD 建模时输入的不同厚度的板，SATWE 分析模型处理的原则与厚度有一定的关系，SATWE 如何考虑不同厚度的？

A：PMCAD 建模中分别输入 1~4mm、5~9mm、10mm 及以上厚度的板，SATWE 有着不同的处理方式，对应不同的力学分析模型，往往会导致整体结构不同的内力与配筋。注意，PM 模型中创建的构件未必都会参与结构的整体分析，最好的方法就是检查 SATWE 模型空间简图，进一步明确定义的构件是否参与了整体分析。

举例总结如下：创建 1~11mm 和 110mm 厚度的楼板，分别布置在模型中，如图 2-92 所示。

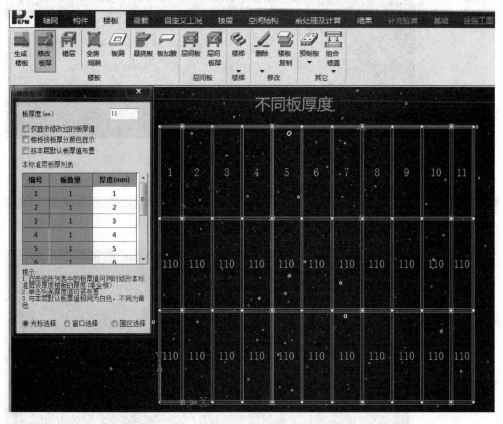

图 2-92　PM 建模中输入了不同厚度的楼板

为了考察这些不同厚度的板是否参与了计算，可先查看 SATWE 中的"特殊构件补充定义"，如图 2-93 所示。可以看到，对于 1~4mm 厚度板，SATWE 程序强制认定其为 0 厚度板，且不可人工更改；5~10mm（不含 10mm）的板可以人工定义为弹性板；10mm 及以上厚度的板也允许人工定义为弹性板。

然后在"特殊构件补充定义"—"弹性板"将所有的楼板人工定义为弹性板。通过 SATWE 生成数据后，查看模型简图，如图 2-94 所示，发现对于 1~4mm 厚度板，SATWE

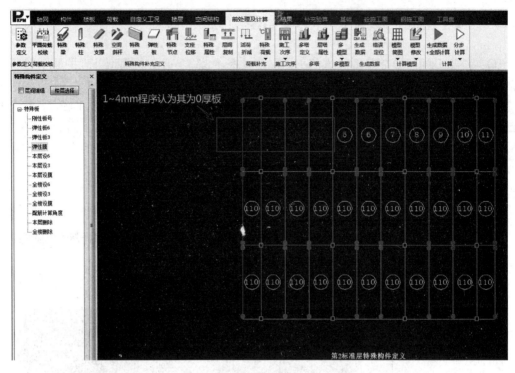

图 2-93 特殊构件补充定义下 1~4mm 的板显示为 0 板厚

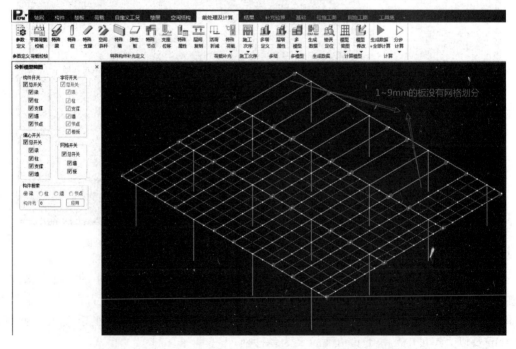

图 2-94 SATWE 模型空间简图中查看定义的弹性板剖分情况

程序强制认定其为 0 厚度板，且不可人工更改，模型空间简图中其没有网格剖分，不会参与结构整体分析；也就是说，对小于 5mm 的板虽然建模时可以输入，但后续计算时软件按照没有楼板进行整体计算。对于 5～10mm（不含 10mm）的板虽允许人工定义为弹性板，但模型空间简图中未对其网格剖分，也不会参与结构整体分析。对于 10mm 及以上厚度的板允许人工定义为弹性板，查看模型空间简图中有网格剖分，该楼板会参与结构整体分析。

总结，对于 10mm 厚以下的板，SATWE 程序结构整体分析时忽略了其刚度和质量，但其板上的荷载会导到梁或墙上。对于 10mm 及以上厚度的板，SATWE 程序结构整体分析时会考虑其刚度和质量，也会考虑板上荷载。

在设计中，如果楼板不做特殊指定的话，SATWE 默认所有的楼板（除斜板以外）为分块刚性板，对于 5mm 及以上厚度的板，程序会认定其为分块刚性板；如果没有任何开洞，分块刚性板会连成一整块刚性板，如图 2-95 所示。注意：0～4mm 的楼板默认为 0 板厚。

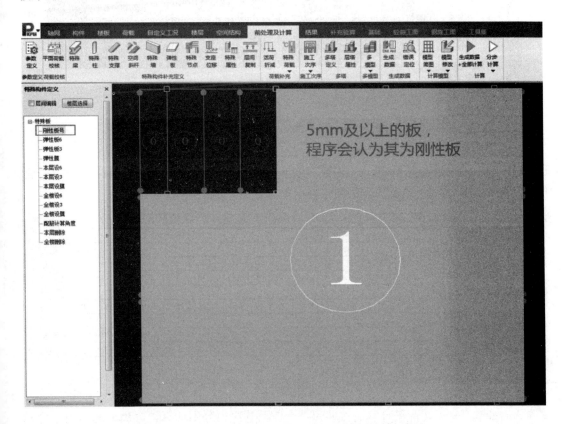

图 2-95　SATWE 中查看分块刚性板下的刚性楼板板号

如果在 SATWE 总参数勾选"全楼强制刚性楼板假定"时，楼层处不管多厚的板（包括 0 厚板和开洞），都会被强制认定为刚性楼板，查看刚性板号发现，楼层中所有楼板形成一个刚性板，如图 2-96 所示。

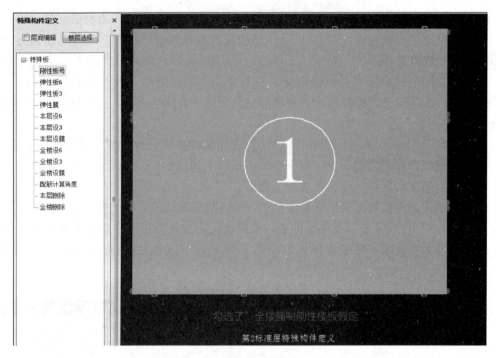

图 2-96　SATWE 中查看强制刚性楼板下的刚性楼板板号

## 2.28　关于同一根梁的两端弯矩大一端配筋反而小的问题

Q：某工程计算完毕发现，某根梁 i 端的弯矩大于 j 端，但是 i 端的配筋反而比 j 端配筋小，这是为什么呢？该梁的配筋结果输出如图 2-97 所示。

|  | -I- | -1- | -2- | -3- | -4- | -5- | -6- | -7- | -J- |
|---|---|---|---|---|---|---|---|---|---|
| -M | -504.09 | -236.63 | -33.94 | -0.00 | -0.00 | -0.00 | -21.93 | -281.73 | -451.03 |
| LoadCase | 84 | 121 | 121 | 0 | 0 | 0 | 118 | 82 | 28 |
| TopAst | 1469.62 | 676.05 | 600.00 | 0.00 | 0.00 | 0.00 | 600.00 | 811.20 | 1768.40 |
| Rs | 0.65% | 0.30% | 0.25% | 0.00% | 0.00% | 0.00% | 0.25% | 0.36% | 0.78% |
|  |  |  |  |  |  |  |  |  |  |
| +M | 162.11 | 256.16 | 356.91 | 350.64 | 376.65 | 312.00 | 236.07 | 127.23 | 0.00 |
| LoadCase | 119 | 83 | 83 | 17 | 17 | 0 | 0 | 0 | 0 |
| BtmAst | 720.00 | 734.30 | 1041.56 | 1393.07 | 1506.67 | 1227.37 | 911.59 | 600.00 | 720.00 |
| Rs | 0.30% | 0.32% | 0.46% | 0.61% | 0.66% | 0.54% | 0.40% | 0.25% | 0.30% |

地震组合 ←

考虑承载力抗震调整系数，实际配筋用的弯矩为：0.75*504.09＝378＜451

非地震组合 →

图 2-97　同一根梁弯矩大的一端配筋反而小

A：对于梁来说，配筋计算时按照每一个断面的内力分别计算，弯矩大的内力组合对应的配筋不一定就大，还要考虑是地震组合还是非地震组合等。依据《混规》第 6.2.10 条与第 11.1.6 条可知，用于配筋设计的最不利弯矩＝max（$\gamma_0 \times S$，$\gamma_{RE} \times S_E$）。本工程中对比的梁配筋 i 端由于是 84 组合，该组合对应为地震作用参与的组合，虽然组合弯矩比较大，但是相比 j 端的 28 组合为非地震组合，其 i 端的设计的最大弯矩为

$$M_i = 0.75 \times 504.09 = 378 \mathrm{kN \cdot m} < 451.03 \mathrm{kN \cdot m}$$

如上可知，对该梁而言，实际上用于配筋设计的 j 端弯矩更大，故 j 端配筋更大。

## 2.29　关于同一根柱两个方向剪压比限值不同的问题

Q：某工程计算完毕后，发现其中某根柱配筋超限显红，如图 2-98 所示。点取构件信息查看（图 2-99），发现正方形截面的柱两个方向的剪压比限值不同，这是为什么呢？

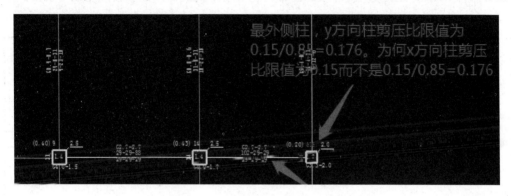

最外侧柱，y方向柱剪压比限值为 0.15/0.85=0.176。为何x方向柱剪压比限值为0.15而不是0.15/0.85=0.176

图 2-98　计算结果中柱配筋超筋显红

| 项目 | 内容 |
|---|---|
| 剪跨比(简化算法)： | Rmd=4.98 |
| | 《高规》6.2.6条：反弯点位于柱高中部的框架柱，剪跨比可取柱净高与计算方向2倍柱截面有效高度之比值 |
| 主筋： | B边底部(83)　N=-560.54　Mx=386.33　My=563.89　Asxb=1558.50　Asxb0=1558.50 |
| | B边顶部(83)　N=-560.54　Mx=385.55　My=541.56　Asxt=1554.18　Asxt0=1554.18 |
| | H边底部(107)　N=-716.98　Mx=75.42　My=790.07　Asyb=4533.84　Asyb0=4533.84 |
| | H边顶部(107)　N=-716.98　Mx=86.84　My=759.76　Asyt=4325.97　Asyt0=4325.97 |
| 箍筋： | (107)　N=-716.98　Vx=447.73　Vy=-46.62　Asvx=322.50　Asvx0=199.45 |
| | (107)　N=-716.98　Vx=447.73　Vy=-46.62　Asvy=322.50　Asvy0=199.45 |
| 角筋： | Asc=201.00 |
| 全截面配筋率： | Rs=4.55% ＞ 4.00% |
| | 《高规》10.2.11-7条：抗震设计时，**转换柱柱内全部纵向钢筋配筋率不宜大于4.0%** |
| 体积配筋率： | Rsv=1.50% |
| X向剪压比： | (107)　Vx=447.7　JYBx = 0.138 ≤ 0.150 |
| Y向剪压比： | (51)　Vy=-228.0　JYBy = 0.070 ≤ 0.176 |

**《高》10.2.11剪压比限值**

107仅竖向地震组合，γRE=1.0

51地震组合，γRE=0.85

《高规》6.2.6条：框架柱受剪截面应符合下列要求：
持久、短暂设计状况

$$V \leq 0.25 \beta_c f_c b h_0$$

地震设计状况
剪跨比大于2的柱：

$$V \leq \frac{1}{\gamma_{RE}} (0.2 \beta_c f_c b h_0)$$

剪跨比不大于2的柱：

$$V \leq \frac{1}{\gamma_{RE}} (0.15 \beta_c f_c b h_0)$$

图 2-99　该柱构件详细的构件信息输出结果

A：查看该工程中配筋超筋的柱构件信息，发现该柱剪压比限值验算的两个组合是不同的，其中 X 向剪压比对应的剪力为竖向地震控制的组合，Y 向剪压比对应的剪力为 51 号组合，该组合为水平地震作用的组合。根据《建筑与市政工程抗震通用规范》GB 55002—2021 第 4.3.1 条，当仅计算竖向地震作用时，各类结构构件承载力抗震调整系数均应采用 $\gamma_{RE}=1.0$，如下：

**4.3.1** 结构构件的截面抗震承载力，应符合下式规定：

$$S \leq R/\gamma_{RE} \tag{4.3.1}$$

式中：$S$——结构构件的地震组合内力设计值，按本规范 4.3.2 条的规定确定；

$R$——结构构件承载力设计值，按结构材料的强度设计值确定；

$\gamma_{RE}$——承载力抗震调整系数，除本规范另有专门规定外，应按表 4.3.1 采用。

**表 4.3.1 承载力抗震调整系数**

| 材料 | 结构构件 | 受力状态 | $\gamma_{RE}$ |
|---|---|---|---|
| 钢 | 柱，梁，支撑，节点板件，螺栓，焊缝 | 强度 | 0.75 |
| | 柱，支撑 | 稳定 | 0.80 |
| 砌体 | 两端均有构造柱、芯柱的承重墙 | 受剪 | 0.90 |
| | 其他承重墙 | 受剪 | 1.00 |
| | 组合砖砌体抗震墙 | 偏压、大偏拉和受剪 | 0.90 |
| | 配筋砌块砌体抗震墙 | 偏压、大偏拉和受剪 | 0.85 |
| | 自承重墙 | 受剪 | 0.75 |
| 混凝土 钢-混凝土组合 | 梁 | 受弯 | 0.75 |
| | 轴压比小于 0.15 的柱 | 偏压 | 0.75 |
| | 轴压比不小于 0.15 的柱 | 偏压 | 0.80 |
| | 抗震墙 | 偏压 | 0.85 |
| | 各类构件 | 受剪、偏拉 | 0.85 |
| 木 | 受弯、受拉、受剪构件 | 受弯、受拉、受剪 | 0.90 |
| | 轴压和压弯构件 | 轴压和压弯 | 0.90 |
| | 木基结构板抗震墙 | 强度 | 0.80 |
| | 连接件 | 强度 | 0.85 |
| 竖向地震为主的地震组合内力起控制作用时 | | | 1.00 |

## 2.30 关于楼层受剪承载力与其他软件计算结果不一致的问题

Q：某工程为超高层框筒结构，三维模型局部如图 2-100 所示，首层层高 16.5m，二

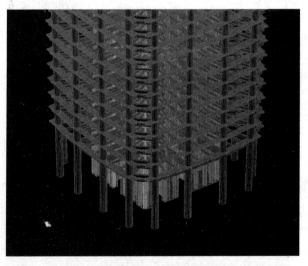

图 2-100 超高层框筒结构底部局部部分三维模型图

层 4.5m。使用 PKPM 结构软件计算，首层受剪承载力比的结果是满足要求的，但是采用其他软件计算，发现其计算的首层受剪承载力比只有 0.63，不满足要求，那么 PKPM 软件是怎么考虑的？两软件计算结果有差异，实际结构首层与上层的受剪承载力之比能否满足规范要求？

A：查看该超高层框筒结构的计算结果，由于受剪承载力不满足要求，就需要查看对应与薄弱层判断相关的参数，在如图 2-101 所示的内力调整菜单中，PKPM 软件按刚度比判断薄弱层，默认勾选了"**按高规和抗规从严判断**"。

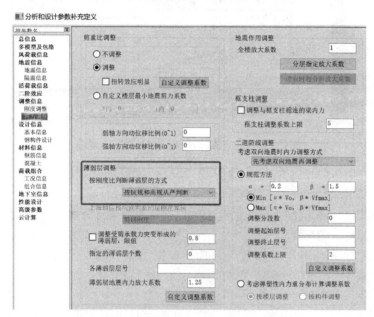

图 2-101　SATWE 参数薄弱层调整

进一步查看刚度比的计算结果，如图 2-102 所示，在结果中显示，依据《抗规》表3.4.3-2 的判定条件，首层的竖向刚度不规则，程序判定该层为软弱层（《高规》第 3.5.8

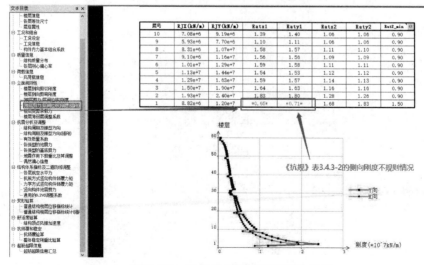

图 2-102　软件输出的楼层刚度比结果

条文说明），执行《高规》第3.5.8条的地震作用标准值的剪力放大1.25倍，图2-103为楼层薄弱层放大系数。

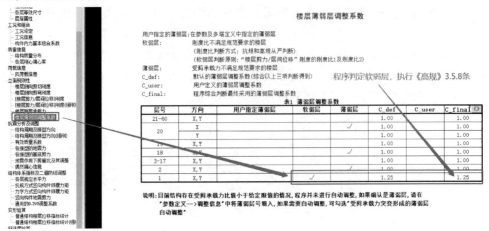

图 2-103　软件输出的楼层薄弱层放大系数

首层判断为薄弱层，内力进行了放大1.25倍，构件计算配筋亦变大，且程序验算楼层受剪承载力采用实配钢筋取计算配筋乘以超配系数后的数值（超配系数全楼有效，默认值1.15，但SATWE配筋结果输出的是未乘以超配系数的计算配筋值），所以调整后的楼层受剪承载力提高，满足要求。

若调整SATWE薄弱层的参数，勾选"仅按高规判断"重新计算，如图2-104所示，即按《高规》第3.5.2条第2款判断刚度比，满足要求，并不自动执行《高规》

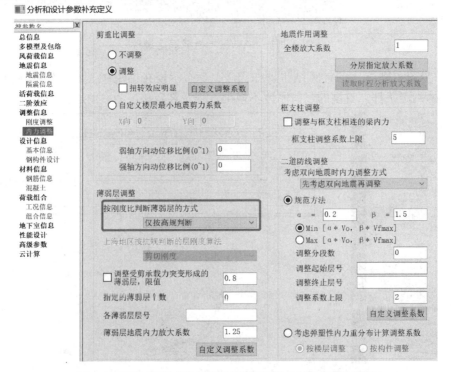

图 2-104　SATWE 参数薄弱层调整选择"仅按高规判断"

第 3.5.8 条的要求，如图 2-105 和图 2-106 所示，首层受剪承载力不足，与另一软件结果趋势一致。

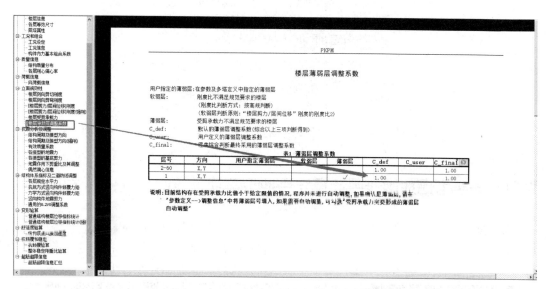

图 2-105　软件输出的楼层薄弱层放大系数首层不是薄弱层

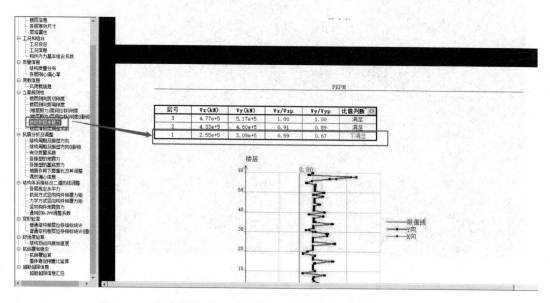

图 2-106　修改参数后 PKPM 软件输出的楼层受剪承载力也显示超限

　　而另一软件中也具有类似的选项，如图 2-107 所示，比较两模型，设计人员在另一软件参数中勾选了"仅按高规"。这也是结果与 PKPM 结构软件计算结果有差异的根本原因，在进行多软件校核时，设计人员需要注意计算条件的一致性。

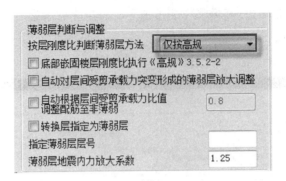

图 2-107　另一软件刚度比判断薄弱层的方法为"仅按高规"

## 2.31　关于考虑地震作用计算与否地下室顶板梁配筋变化不大的问题

Q：某框架结构，地上两层，地下一层，图 2-108 为地下一层的梁柱局部布置图，抗震设防烈度为 8 度 0.2g，地下室顶板嵌固，计算完毕查看地下室顶板主梁的配筋结果与不考虑地震作用计算时一致，如图 2-109 所示，是程序计算有误还是其他什么原因？

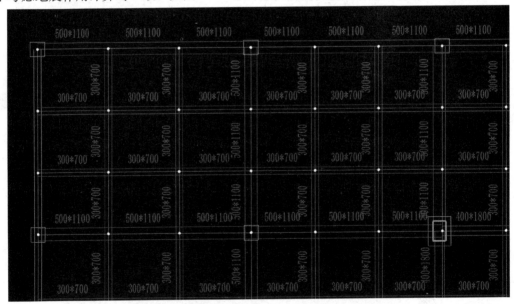

图 2-108　某框架结构地下一层的梁柱局部布置图

A：查看该地下一层、地上两层的框架结构，竖向构件均匀连续，地下室顶板作为嵌固端，分别计算了不考虑地震作用和考虑 8 度 0.2g 的地震作用，从输出的配筋结果来看确实没有发生变化，但可以从构件信息中看到梁的内力控制工况以及内力值是有变化的，考虑了地震作用的构件内力由地震工况控制，比不考虑地震作用的弯矩值大很多，但是由于地下室主梁截面较大，地震控制的组合内力计算的配筋小于构造配筋，因此程序输出的均是构造配筋。这就是最终看到计算地震与不计算地震时，地下室顶板主梁配筋差异不明显甚至无变化的原因。

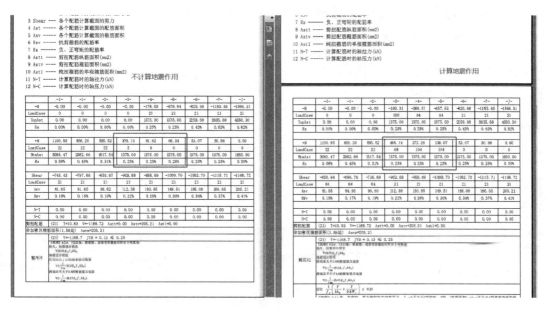

图 2-109　该框架结构地下一层的某根梁考虑地震作用计算与否配筋结果对比

地震作用效应主要影响的是上部结构的抗侧力构件的内力,上部结构中梁内力与竖向构件进行变形协调从而发生内力变化,对结构地上首层的影响最大;对于地下室,由于存在侧土约束力,其地震作用效应主要来自于上部结构向下的传递,按照绝大多数工程经验来看,对高烈度地区的结构,考虑地震作用时结构构件内力均由地震工况控制且配筋通常比不考虑地震作用时大很多,但是也会有特殊情况,例如本工程。

## 2.32　关于内力基本相同的两根柱配筋差异大的问题

Q:某框架结构,计算完毕查看地下室首层柱的配筋,为什么这两根柱内力看起来差别不大,而且截面也一致,但是它们的配筋差别却很大?如图 2-110 所示。

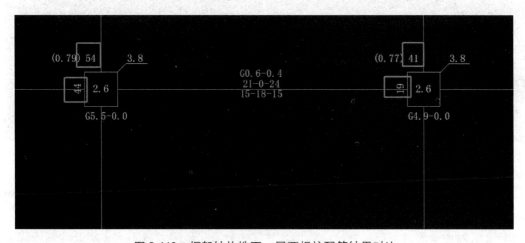

图 2-110　框架结构地下一层两根柱配筋结果对比

A：查看该地下室的两根柱配筋的详细结果，如图 2-111 所示，对比后发现，所提到的地下室柱的配筋结果差异有两点原因：

图 2-111  框架结构地下一层两根柱配筋详细结果输出对比

第一，H 边差异原因来源于地上首层柱按《抗规》第 6.1.14 条第 3 款第 1 项中规定，地下一层柱截面每侧纵向钢筋不应小于地上一层柱对应纵向钢筋的 1.1 倍；地下室柱的配筋若按计算配筋，没有达到上层柱配筋的 1.1 倍，则自动按上层柱单侧配筋的 1.1 倍取值，如图 2-112 所示。

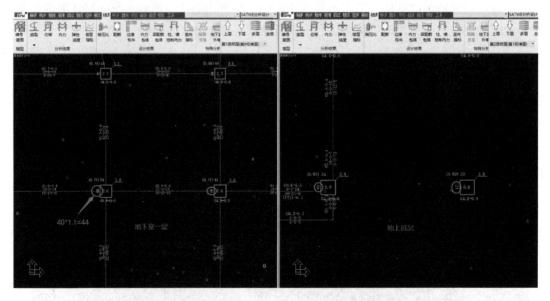

图 2-112  框架结构地上一层两根柱的配筋结果与地下一层对应位置配筋结果对比

第二，B 边配筋是程序按照《混规》第 6.2.17 条，用最不利内力组合计算的结果。两柱轴力 $N$ 相差约 1000kN，弯矩 $M_x$ 相差约 100kN·m，虽然主观感觉两柱内力差别不大，但实际上，按照《混规》配筋公式中各项参数代入计算，结果差异不小。所以并不能因为"看起来"相差不大，就觉得结果一定相差不大，要经过计算后才能确定差异大小。

## 2.33　关于一榀框架用 PK 计算与采用工具箱计算配筋差异大问题

Q：地下室底层墙柱内力基本组合里面有一个柱子（只有这一个柱子）存在拉力，情况如图 2-113 所示，但是上面有 1m 多的覆土，按道理该柱不应该出现拉力的，是什么原因？

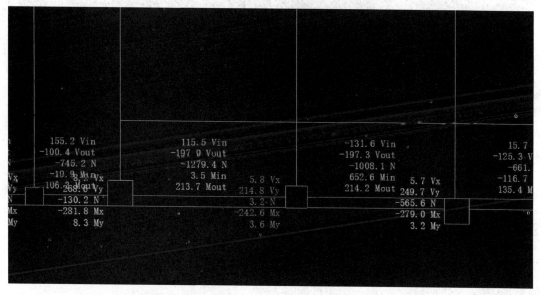

图 2-113　地下室底层墙柱组合内力结果柱显红表示受拉

A：查看该结构对应地下室底层的配筋结果，如图 2-114 所示，对应组合内力显示红色的柱子，配筋结果显示［DPL］，表示该柱配筋对应的控制组合存在大偏心受拉。查看模型地下室顶板在各个荷载工况下的变形，发现在对应该柱的位置布置了局部消防车荷载，在消防车单工况下可以看到结构位移图，如图 2-115 所示。在局部消防车荷载的作用

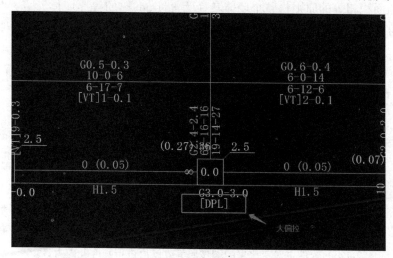

图 2-114　地下室底层柱配筋结果输出该柱显示 DPL

下，通过梁端向下的挠曲使得柱也存在向上受拉的趋势，出现柱受拉也就不难理解了。

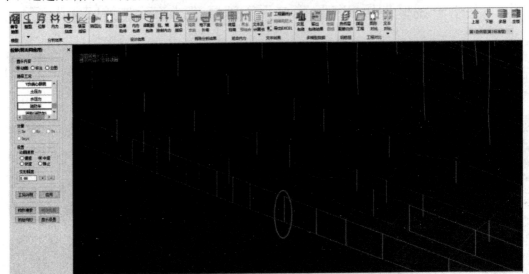

图 2-115　消防车荷载作用下底部楼层的梁柱变形图

## 2.34　关于剪力墙端柱建模计算的问题

Q：剪力墙端柱在建模时，用框架柱模拟和直接用截面相同的剪力墙输入，对结果计算有影响吗，区别是什么，哪一个更准确？

A：对于剪力墙端柱的建模，建议采用框架柱模拟，同时需要注意调整框架柱抗震等级同剪力墙，设计中柱计算配筋与墙计算配筋是分开设计的，边缘构件配筋采用两者叠加的结果，一般查看边缘构件中的配筋即可。

若采用剪力墙模拟，程序将采用面积等效为宽度一致、厚度不一致的矩形截面剪力墙进行计算与设计，如图 2-116 所示。将 800mm×800mm 的端柱输入为 800mm 厚的墙体之后，程序按照面积相等的原则将整个墙体转换为 384mm 厚的等厚墙体计算，与实际存在较大差异，可以说从计算角度看，这种等效方式是一种不正确的模拟方式，按框架柱建模相对合理。

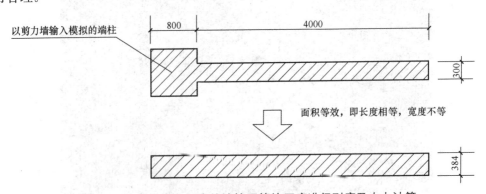

图 2-116　软件中对变厚度的墙按照等效厚度进行刚度及内力计算

## 2.35　关于剪力墙稳定验算等效荷载取值的问题

Q：如图 2-117 所示剪力墙，在 SATWE 补充验算中验算电梯井剪力墙稳定性时，程序算的墙顶等效竖向均布荷载设计值较大，如图 2-118 所示，设计上该剪力墙顶部荷载不大，这种情况是什么原因造成的呢？

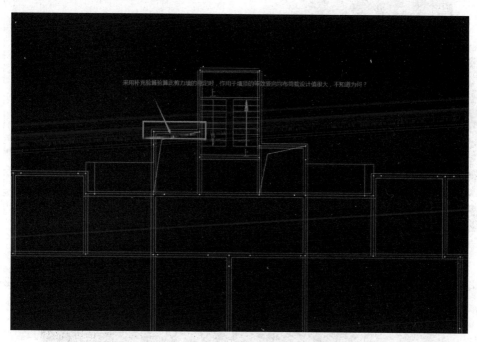

图 2-117　进行稳定验算的剪力墙位置图

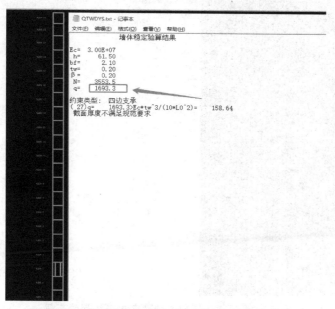

图 2-118　进行稳定验算的剪力墙输出的等效荷载 $q$

A：按照图中所示剪力墙的位置，选定该片楼梯间的剪力墙验算范围为首层至 20 层，验算的 q 取首层剪力墙底部的最大组合轴力作为等效竖向均布荷载设计值。

一般情况下有关墙体稳定性的压坏总是出现在结构最底层，所以不管验算多高的墙体，均采用验算位置剪力墙最底层最大组合内力的等效 q，如图 2-119 所示。

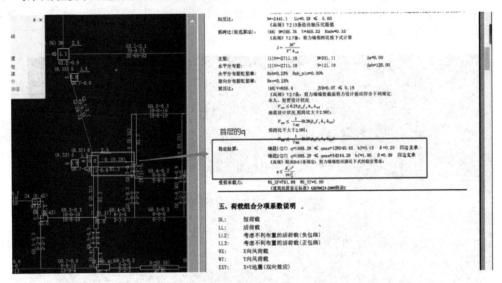

图 2-119　进行稳定验算的剪力墙取墙最底部最大的轴力对应的等效荷载 q

如果仅仅验算顶层剪力墙，上述墙稳定验算取顶层剪力墙底部的力计算，如图 2-220 所示。鉴于模型结构布置，电梯井位于建筑物边缘处并采用剪力墙结构进行外围封闭，验

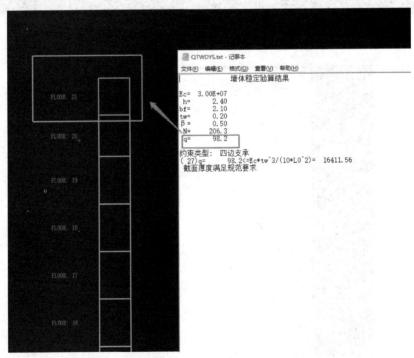

图 2-120　最顶部一层剪力墙稳定验算的等效荷载 q

算的剪力墙为"超高跃层墙",根据《高规》附录 D 的验算公式,$h$ 值很大,如果没有其他加强剪力墙侧边约束的有效措施,那么整片墙的稳定验算是很难满足的,应采取相应措施进行限制。按照规范对剪力墙稳定验算的公式来看,把剪力墙底部最大的轴力按照等效荷载方式全部加到墙顶部是否合理也有待商榷。

## 2.36　关于楼盖舒适度验算的问题

Q：按照《建筑楼盖结构振动舒适度技术标准》JGJ／T 441—2019（以下简称《楼盖舒适度标准》）计算楼板舒适度时,程序是否根据该标准第 3.1.3 条要求,自动放大了钢筋混凝土楼板的弹性模量？

A：《楼盖舒适度标准》第 3.1.3 规定：舒适度计算时,楼盖采用钢筋混凝土楼盖和钢-混凝土组合楼盖时,混凝土的弹性模量可按《混规》的规定数值分别放大 1.20 倍和 1.35 倍。

SLABCAD 程序进行楼盖舒适度分析时默认对混凝土弹性模量放大 1.2 倍,并在舒适度验算计算书中输出放大系数,如图 2-121 所示。

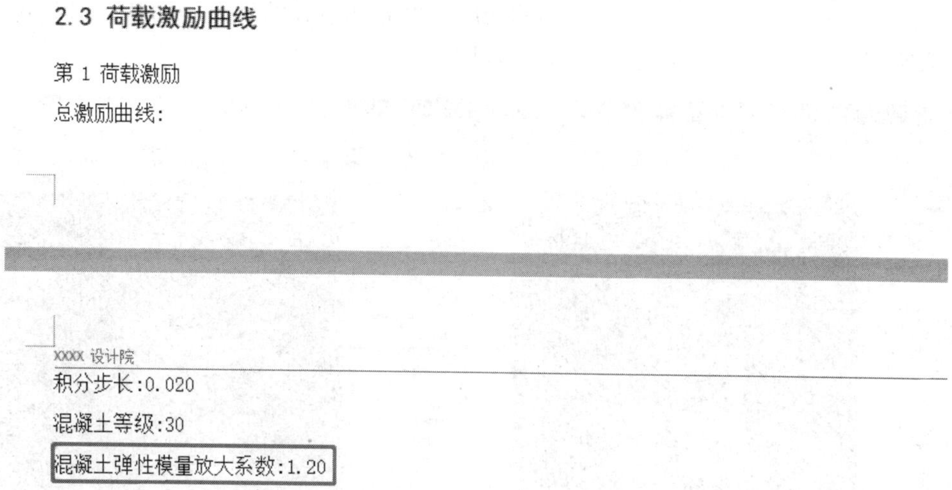

**2.3　荷载激励曲线**

第 1 荷载激励

总激励曲线：

XXXX 设计院

积分步长：0.020

混凝土等级：30

混凝土弹性模量放大系数：1.20

图 2-121　楼盖舒适度验算 SALBCAD 自动考虑混凝土弹性模量放大

## 2.37　关于底层墙柱内力与 D+L 轴力不一致的问题

Q：SATWE 底层柱墙内力图中,查看某边框柱的标准组合下的 D（恒载）+L（活载）轴力（−438kN）,为什么与构件信息输出的 D+L 轴力（−672.75kN）不一致,如图 2-122 所示？

A：与剪力墙相连的边框柱在分析及设计时比较特殊。边框柱和相连的剪力墙在剪力墙水平网格剖分点处是变形协调的,所以程序在计算边框柱内力时是按照这些剖分点分段之后的各段柱计算的,该构件信息输出的是最顶部的截面内力,底层柱墙输出的是最底部截面的内力。

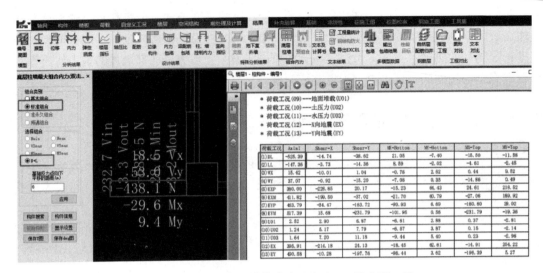

图 2-122　边框柱底层墙柱内力图与 D+L 轴力不一致

如图 2-123 所示，内力图中该边框柱的顶部恒载和活载轴力分别是 −525.4kN 和 −147.4kN，与构件信息输出一致。边框柱的底部恒载和活载的轴力分别是 −342.3kN 和 −95.8kN，D+L 等于 −438.1kN，与底层柱墙内力结果输出一致。

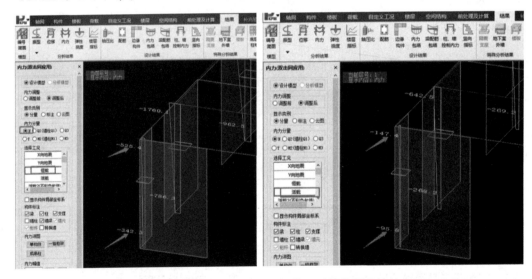

图 2-123　边框柱柱底及柱顶在恒载、活载作用下的轴力图

## 2.38　关于底层墙柱内力结果显红的问题

Q：这个工程 SATWE 计算后，点击底层柱墙，如图 2-124 所示，查看发现很多地方剪力墙对应的组合内力都显示红色（图中方框处）了，可是在配筋中查看没看到任何超筋信息，如图 2-125 所示，为什么组合内力是红色呢？

A：这是因为在选择的组合下，这些墙体出现了受拉，N 为正值表示受拉，在底层柱墙菜单中，如果墙体受拉，就是红色显示的，并不是超筋超限。换某个组合，比如选 $N_{max}$，$N$ 为压力，即负值，就不是红色显示了，图 2-126 即无红色显示。

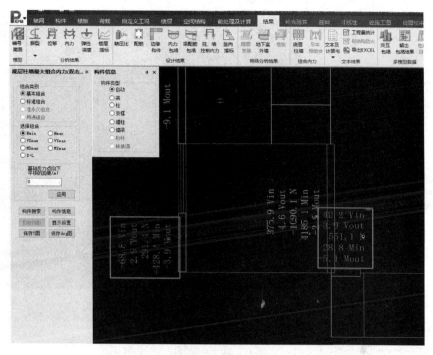

图 2-124　底层墙柱组合内力某些墙肢显红

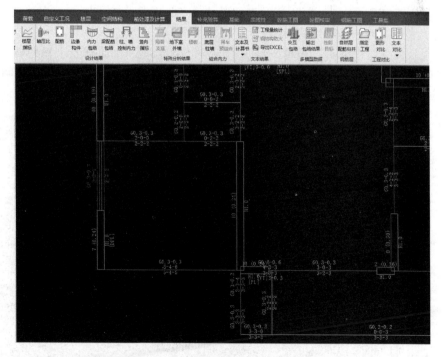

图 2-125　查看墙配筋均没有超筋

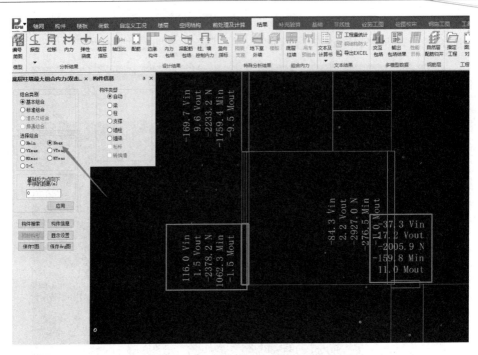

图 2-126　查看底层墙柱最大轴力组合内力

## 2.39　关于一边与柱相连的梁抗震等级取值的问题

Q：如图 2-127 所示，中间红框圈出的梁并没有人工修改抗震等级，为什么程序自动识别为非抗震，显示抗震等级为 5 级？

A：在软件中，程序可以根据与竖向构件的连接情况，自动判断水平构件的抗震等

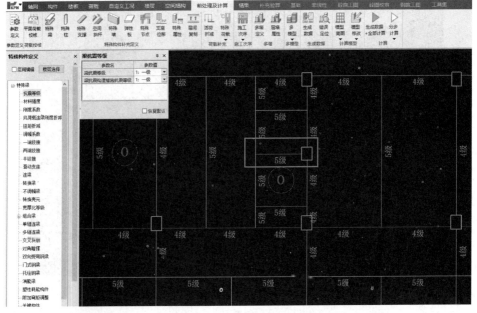

图 2-127　一边与框架柱相连的某梁抗震等级判定为 5 级

级。但是有些情况下，如果连接过于复杂，程序判断的结果未必和设计师预期的完全一致，这就需要设计师做相应的修改。

在 SATWE 前处理的参数定义—地震信息中，可以定义悬挑梁默认取框架梁抗震等级，如图 2-128 所示，勾选了以后，这种一端搭在竖向构件一端搭在梁上的梁就会等同于框梁的抗震等级，否则程序按次梁，取抗震等级 5 级。可以在特殊构件定义中查看抗震等级，如图 2-129 所示。

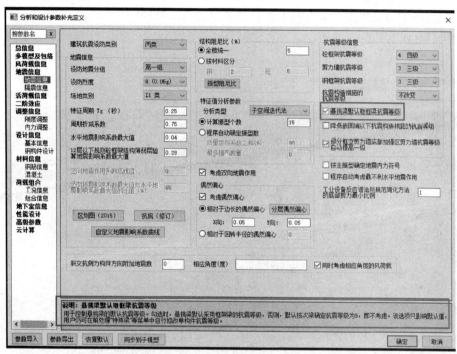

图 2-128 选择 SATWE 参数"悬挑梁默认取框架梁抗震等级"

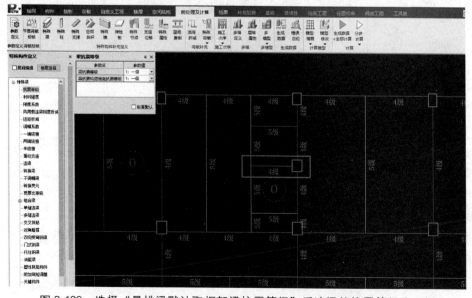

图 2-129 选择"悬挑梁默认取框架梁抗震等级"后该梁的抗震等级为 4 级

## 2.40 关于截面相同的两根梁一根配筋率超限一根正常的问题

Q：某工程中的两根梁，截面一样，弯矩包络图也基本一致，如图 2-130 所示，但是其中一根梁配足了受压钢筋以满足相对受压区高度的要求，另一个梁由于没有配足受压钢筋，导致软件输出中显示配筋率超限，如图 2-131 所示。请问为什么会出现这种情况呢？是否配足受压钢筋是根据什么判断的？技术条件上写的抗震时跨中配筋率限值是 4%，可是这个梁远远没有达到这个数。

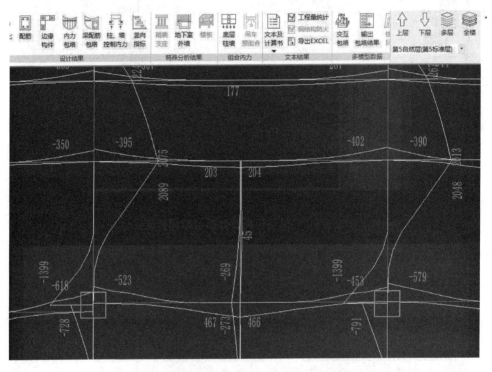

图 2-130 截面相同左右两根梁弯矩包络图基本一致

A：查看这个工程中的两根梁的构件信息，发现左边梁由于弯矩比右边的稍微大一些，导致软件判断超筋。程序处理的原则是：先计算截面能承受的最大弯矩，即极限弯矩，如果超过这个弯矩，就会提示超筋，不再进行其他计算，如果小于这个弯矩，那么会根据受压钢筋继续计算。

如图 2-132 所示，其他条件都一样，只有弯矩值不同，左边梁弯矩是 2089kN·m，右边梁弯矩是 2048kN·m，截面所能承受的最大弯矩是 2055.87kN·m，所以结果就出现了左右两根梁完全不同的情况。按照工具箱校核右边梁弯矩为 2048kN·m 时对应的配筋结果，如图 2-133 所示，发现虽然软件通过迭代计算出了受拉筋的结果，但是受拉钢筋已经双排配置，配筋率很大，计算结果已经不太符合实际工程。软件对梁截面做最大弯矩验算的目的是：提示设计师对此种情况下的梁要做相应的截面调整或方案调整。

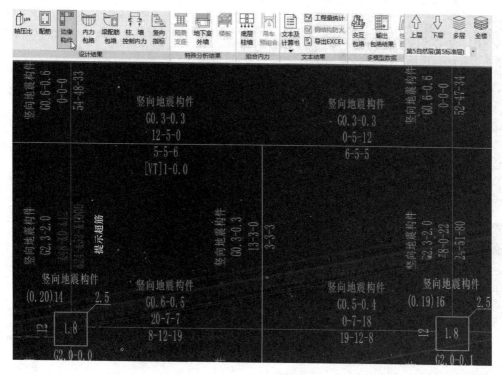

图 2-131　截面相同，左边梁显示配筋率超限右边梁正常

## 1 已知条件

　　梁截面宽度b=500mm，高度h=800mm，受压钢筋合力点至截面近边缘距离a'$_s$=42.5mm，受拉钢筋合力点到截面近边缘距离a$_s$=42.5mm，计算跨度l$_0$=3880mm，混凝土强度等级C30，纵向受拉钢筋强度设计值f$_y$=435MPa，纵向受压钢筋强度设计值f'$_y$=360MPa，1级抗震，非地震组合，设计截面位于框架梁梁端，自动计入受压钢筋控制受压区高度，截面设计弯矩M=2089kN·m，截面下部受拉。

## 2 配筋计算

　　构件截面特性计算

$$A=400000mm^2, \quad I_x=21333334016.0mm^4$$

　　查混凝土规范表4.1.4可知

$$f_c=14.3MPa \qquad f_t=1.43MPa$$

　　由混凝土规范6.2.6条可知

$$\alpha_1=1.0 \qquad \beta_1=0.8$$

　　由混凝土规范公式(6.2.1-5)可知混凝土极限压应变

$$\varepsilon_{cu}=0.0033$$

　　由混凝土规范表4.2.5可得钢筋弹性模量

$$E_s=200000MPa$$

　　相对界限受压区高度

$$\xi_b=0.482$$

　　截面有效高度

$$h_0=h-a_s=800-42.5=757.5mm$$

　　为避免钢筋布置过于拥挤，特规定截面所能承受的最大弯矩

$$M_u=0.5f_cbh_0^2$$
$$=0.5\times14.3\times500\times757.5^2$$
$$=2055.87kN\cdot m<M$$

　　截面尺寸太小，请重新输入。

## 3 计算配筋面积简图

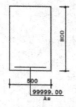

图 2-132　工具箱验算该截面的梁所能承受的最大弯矩

85

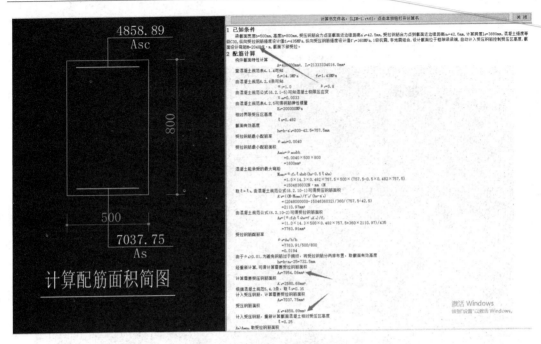

图 2-133　工具箱验算右边梁的配筋结果

## 2.41　关于剪力墙构造边缘构件设置的问题

　　Q：为什么剪力墙结构，抗震等级及抗震构造措施的抗震等级均为三级，如图 2-134 所示，其中某片剪力墙第三层轴压比是 0.27，小于 0.3，为什么软件生成的边缘构件还是约束边缘构件呢？如图 2-135 所示。

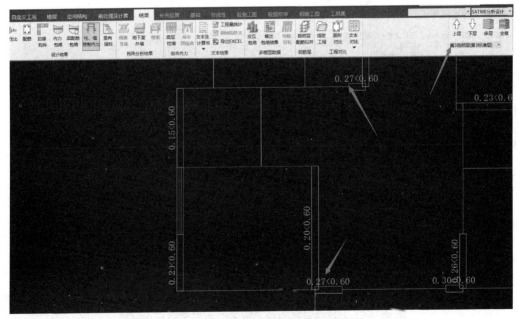

图 2-134　第三层某剪力墙墙肢轴压比小于 0.3

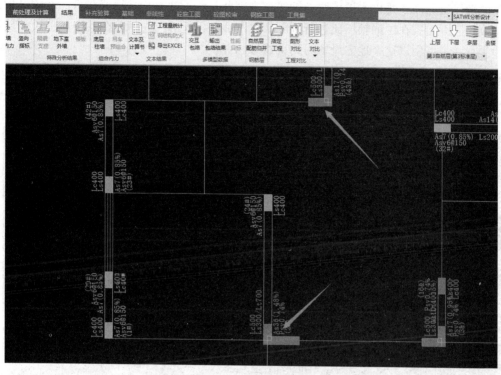

图 2-135　第三层某剪力墙轴压比小于 0.3 的墙肢设置了约束边缘构件

A：经查该模型在"基本信息"参数中勾选了"轴压比小于《抗规》第 6.4.5 条限值时设置为构造边缘构件"，如图 2-136 所示，程序根据规范中的规定判断"底层墙肢底截

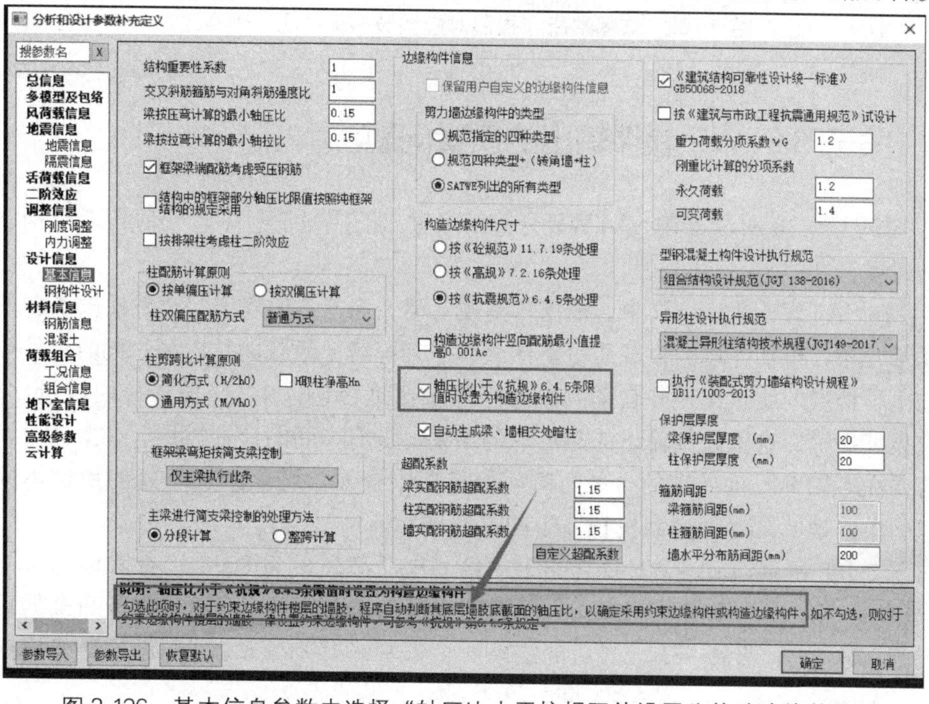

图 2-136　基本信息参数中选择"轴压比小于抗规限值设置为构造边缘构件"

面"的轴压比，而不是以本层墙肢的轴压比来判断是约束还是构造边缘构件。对该结构而言，按照嵌固端所在层的轴压比进行判断。如图 2-137 所示，嵌固端在一层，一层的轴压比大于 0.3 了，所以这个地方设置为约束边缘构件。

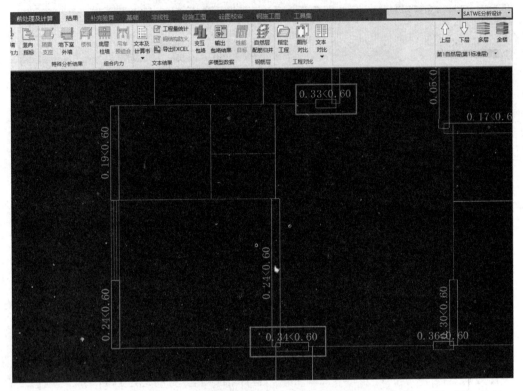

图 2-137　嵌固端所在楼层对应墙肢的轴压比大于 0.3

## 2.42　关于 SATWE 软件输出的质量问题

Q：如图 2-138 所示，在 SATWE 计算结果输出的质量信息中，如何核对结构质量分布的活载质量？

A：在 SATWE 计算结果中，根据《高规》第 3.5.6 条的规定，软件输出了各楼层的结构质量分布，包括各层的恒载质量、活载质量和恒载＋活载的总质量，同时也按照规范要求输出了楼层的质量比，并自动判断楼层质量比是否超过 1.5。如果楼层质量比超限，软件会显红提示。这里软件输出的是汇总的结果，没有中间的计算过程，如果需要核对的话，需要在 SATWE 前处理的"平面荷载校核"中查看。需要注意两处的单位不同，质量信息的单位是 t，"平面荷载校核"中的单位是 kN。

以图 2-138 所示，SATWE 计算结果中第一层活载质量为 30.8t，查看该结构"平面荷载校核"中第一层楼面活载总值 615.6kN，如图 2-139 所示，需要考虑活荷载的重力荷载代表值系数 0.5，折算一下，最后的结果 0.5×615.6/10＝30.8t，与结构质量输出的结果一致。

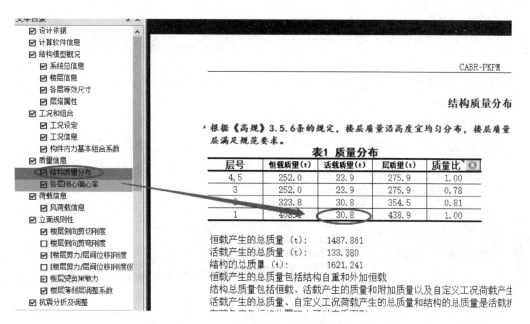

图 2-138　SATWE 计算结果输出的活载质量

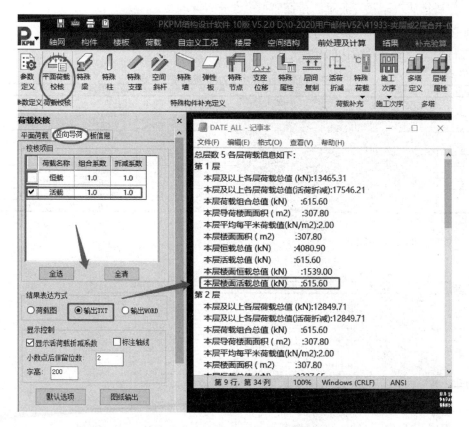

图 2-139　前处理中该结构平面荷载校核首层的活载总值

## 2.43 关于 SATWE 软件输出的位移指标手工校核的问题

Q：SATWE 计算结果中的位移指标参数是如何计算得到的，比如对于楼层位移比如何进行手工核算？

A：SATWE 软件输出的位移结果中各参数含义

（1）最大（水平）位移：墙顶、柱顶节点的最大水平位移（绝对位移）。

（2）最小（水平）位移：墙顶、柱顶节点的最小水平位移（绝对位移）。

（3）最大层间位移：楼层间相对位移的最大值。

（4）最小层间位移：楼层间相对位移的最小值。

（5）平均层间位移：基于质量加权方法计算得到层间位移。

下列指标可以通过手工核算，具体核算如下：

（1）平均（水平）位移 $=\dfrac{最大（水平）位移+最小（水平）位移}{2}$

（2）最大层间位移角 $=\dfrac{最大层间位移}{层高}$ （非静震）

（3）位移比 $=\dfrac{最大（水平）位移}{平均（水平）位移}$ （静震）

如图 2-140 所示，以某结构计算完毕输出的楼层位移及位移比的结果为例，来对计算结果进行手工校核（该结构的楼层层高 3m，有 2 层地下室）。

**表1 X向静震（规定水平力）工况的楼层位移**

| 层号 | 最大位移(节点号) | 最小位移(节点号) | 平均位移 | 最大层间位移 | 平均层间位移 | 位移比 |
|---|---|---|---|---|---|---|
| 10 | 2.93354(8163) | 2.31841(7542) | 2.62597 | 0.18632 | 0.12875 | 1.11712 |
| 9 | 2.58927(7099) | 2.18059(7053) | 2.38493 | 0.20362 | 0.18148 | 1.08568 |
| 8 | 2.38565(6294) | 2.01086(6248) | 2.19825 | 0.26242 | 0.23647 | 1.08525 |
| 7 | 2.12323(5493) | 1.79172(5447) | 1.95748 | 0.31989 | 0.28981 | 1.08468 |
| 6 | 1.80334(4692) | 1.52495(4646) | 1.66415 | 0.36765 | 0.33410 | 1.08364 |
| 5 | 1.43569(3891) | 1.21875(3845) | 1.32722 | 0.40059 | 0.36534 | 1.08173 |
| 4 | 1.03510(3090) | 0.88461(3044) | 0.95986 | 0.41098 | 0.37726 | 1.07839 |
| 3 | 0.62412(2289) | 0.53934(2243) | 0.58173 | 0.37714 | 0.34975 | 1.07287 |
| 2 | 0.24698(1473) | 0.00591(1137) | 0.16621 | 0.16621 | 0.08397 | 1.00000 |
| 1 | 0.08077(761) | 0.00264(425) | 0.04170 | 0.08077 | 0.04170 | 1.00000 |

本工况下全楼最大楼层位移= 2.93（发生在10层1塔）
本工况下全楼最大位移比 = 1.12（发生在10层1塔）
有蓝色底色标识位置双击可以查看图形

**表2 X向静震（规定水平力）工况的楼层层间位移**

| 层号 | 最大层间位移角(节点号) | 平均层间位移角 | 层间位移比 |
|---|---|---|---|
| 10 | 1/9999(7575) | 1/9999 | 1.44710 |
| 9 | 1/9999(7099) | 1/9999 | 1.12203 |
| 8 | 1/9999(6294) | 1/9999 | 1.10974 |
| 7 | 1/9378(5493) | 1/9999 | 1.10380 |
| 6 | 1/8159(4692) | 1/8979 | 1.10041 |
| 5 | 1/7489(3891) | 1/8211 | 1.09647 |
| 4 | 1/7299(3090) | 1/7952 | 1.08938 |
| 3 | 1/7054(2289) | 1/8577 | 1.07833 |
| 2 | 1/9999(1473) | 1/9999 | 1.00000 |
| 1 | 1/9999(761) | 1/9999 | 1.00000 |

本工况下全楼最大层间位移角= 1/7299（发生在4层1塔）
本工况下全楼最大层间位移比= 1.45（发生在10层1塔）
有蓝色底色标识位置双击可以查看图形

图 2-140 计算结果中输出的结构楼层变形等指标

例如：最大层间位移＝$\dfrac{最大层间位移}{层高}$（数值小于 1/9999 时，默认为 1/9999）

| 层号 | 最大层间位移 | 最大层间位移角 |
| --- | --- | --- |
| 10 | 0.18632 | 1/9999 |
| 9 | 0.20362 | 1/9999 |
| 8 | 0.26242 | 1/9999 |
| 7 | 0.31989 | 1/9378 |
| 6 | 0.36765 | 1/8159 |
| 5 | 0.40059 | 1/7489 |
| 4 | 0.41098 | 1/7299 |
| 3 | 0.37714 | 1/7954 |

## 2.44　关于简化算法与通用算法计算剪跨比导致剪压比不同的问题

Q：SATWE 程序计算求解柱的剪跨比时，选择简化算法与通用算法的计算过程有何不同，为什么不同的算法对于剪压比的限值判断也可能不同？

A：程序对于柱的剪跨比计算提供两种选项：简化算法和通用算法（规范算法）。简化算法的依据是《高规》第 6.2.6 条：反弯点位于柱高中部的框架柱，剪跨比可取柱净高与计算方向 2 倍柱截面有效高度之比。

下面以某工程案例中的框架柱（剪跨比＞2）作为校核对象来校核该框架柱的剪压比，采用简化算法及采用通用算法分别计算该柱剪跨比，输出的具体剪跨比及剪压比限值信息如图 2-141 及图 2-142 所示。

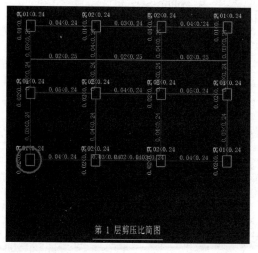

图 2-141　按照简化算法计算的柱剪跨比及剪压比限值

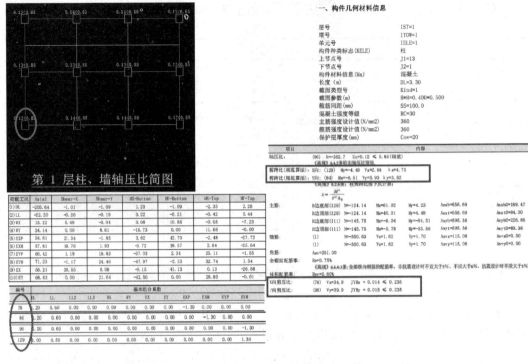

图 2-142 按照通用算法计算的柱剪跨比及剪压比限值

1）采用简化算法计算框架柱的剪跨比时，软件中可以选择按照层高也可以按照净高计算。

（1）如果按楼层层高计算剪跨比

$$\lambda = \frac{H}{2h_0} = \frac{3300}{2 \times (500 - 42.5)} = 3.60656 > 2$$

（2）如果按楼层净高（搭接柱两侧的梁高分别为 650mm 和 500mm）

$$\lambda = \frac{H}{2h_0} = \frac{3300 - \dfrac{(650 + 500)}{2}}{2 \times (500 - 42.5)} = 2.978 > 2$$

不论按照楼层层高，还是按照楼层净高，该柱的剪跨比均大于 2，则该柱两个方向的剪压比及限值分别为：

$X$ 向剪压比　$\dfrac{V_x}{f_c b h_0} = \dfrac{34.9 \times 1000}{14.3 \times 400 \times (500 - 42.5)} \approx 0.0133 \leqslant \dfrac{0.2}{\gamma_{RE}} \approx 0.24$

$Y$ 向剪压比　$\dfrac{V_y}{f_c b h_0} = \dfrac{39.9 \times 1000}{14.3 \times 400 \times (500 - 42.5)} \approx 0.01525 \leqslant \dfrac{0.2}{\gamma_{RE}} \approx 0.24$

手工校核与软件输出的结果是一致的。

2）如果采用通用算法来计算柱的剪跨比，软件会按照规范的要求，计算不同方向、不同组合的剪跨比。这里 $X$、$Y$ 向的剪跨比和剪压比为不同荷载组合，程序根据剪压比对应的荷载组合（78）、（96）判断剪跨比大小后，再控制剪压比限值。

（1）78 号荷载组合作用下的柱底及柱顶的弯矩及剪力分别如下：

柱底部

$M_{xb}=1.23×1.2+0.22×0.6+3.62×(-1.3)=-3.098\text{kN}\cdot\text{m}$

$M_{yb}=1.2×(-1.09)+0.6×(-0.21)+42.7×(-1.3)=39.966\text{kN}\cdot\text{m}$

柱顶部

$M_{xt}=1.2×(-2.35)+0.6×(-0.42)+(-2.48)×(-1.3)=0.152\text{kN}\cdot\text{m}$

$M_{yt}=1.2×2.26+0.6×0.44+(-27.72)×(-1.3)=39.012\text{kN}\cdot\text{m}$

78 号荷载组合作用下框架柱的剪力为：

$V_x=1.2×(-1.01)+0.6×(-0.2)+21.34×(-1.3)=-29.074\text{kN}$

$V_y=1.2×(-1.09)+0.6×(-0.19)+(-1.85)×(-1.3)=0.983\text{kN}$

该柱按照通用算法计算 78 号荷载组合作用下两个方向的剪跨比为：

$$\lambda_x=\frac{M_y}{V_x h_0}=\frac{39.966}{29.074×(0.5-0.0425)}=3.0>2$$

$$\lambda_y=\frac{M_x}{V_y h_0}=\frac{3.098}{0.983×(0.5-0.0425)}=6.89>2$$

（2）96 号荷载组合作用下的柱底及柱顶的弯矩及剪力分别如下：

柱底部

$M_{xb}=1.23×1.2+0.22×0.6+(-47.97)×(-1.3)=63.969\text{kN}\cdot\text{m}$

$M_{yb}=1.2×(-1.09)+0.6×(-0.21)+(-2.33)×(-1.3)=1.595\text{kN}\cdot\text{m}$

柱顶部

$M_{xt}=1.2×(-2.35)+0.6×(-0.42)+32.74×(-1.3)=-45.634\text{kN}\cdot\text{m}$

$M_{yt}=1.2×2.26+0.6×0.44+1.54×(-1.3)=0.974\text{kN}\cdot\text{m}$

96 号荷载组合作用下框架柱的剪力为：

$V_x=1.2×(-1.01)+0.6×(-0.2)+(-1.17)×(-1.3)=0.189\text{kN}$

$V_y=1.2×(-1.09)+0.6×(-0.19)+24.46×(-1.3)=-33.76\text{kN}$

该柱按照通用算法计算 96 号荷载组合作用下两个方向的剪跨比为：

$$\lambda_x=\frac{M_y}{V_x h_0}=\frac{1.595}{0.189×(0.5-0.0425)}=18.446>2$$

$$\lambda_y=\frac{M_x}{V_y h_0}=\frac{63.969}{33.76×(0.5-0.0425)}=4.1417>2$$

（3）该柱按照通用算法计算的剪跨比均大于 2，则其两个方向的剪压比及限值分别为：

$X$ 向剪压比：$\dfrac{V_x}{f_c b h_0}=\dfrac{34.9×1000}{14.3×400×(500-42.5)}\approx0.00133\leqslant\dfrac{0.2}{\gamma_{RE}}\approx0.24$

$Y$ 向剪压比：$\dfrac{V_y}{f_c b h_0}=\dfrac{39.9×1000}{14.3×400×(500-42.5)}\approx0.01524\leqslant\dfrac{0.2}{\gamma_{RE}}\approx0.24$

手工校核与软件输出的结果是一致的。

## 2.45 关于相同标准层的梁配筋差异大的问题

Q：如图 2-143 及图 2-144 所示，某结构中相同的标准层，第 7 层梁的配筋结果显示正常，而第 8 层同位置的梁配筋显示超筋，同为标准层的梁为什么配筋差异会那么大？

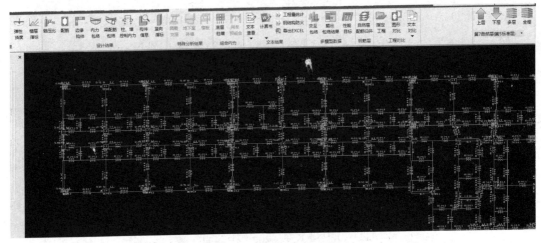

图 2-143　某结构第 7 层的梁配筋正常

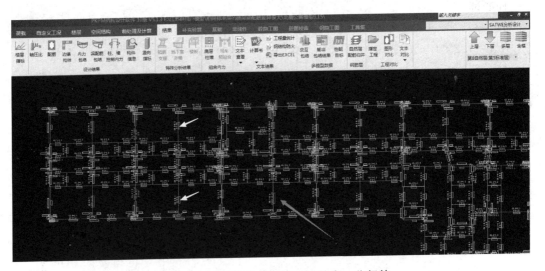

图 2-144　该结构第 8 层的梁配筋有一些超筋

A：经模型检查，发现主要引起第 8 层梁的配筋超筋的原因是建模问题，该结构中第 8 层往上与第 9 层柱子的偏心相差很大，如图 2-145 所示。由于上下柱没对齐，对下柱有向外的偏心弯矩，对与之相连的梁产生了附加的弯矩，导致梁超筋，调整偏心之后，梁计算结果基本与第 7 层梁的配筋一致，超筋现象也没有了，如图 2-146 所示。

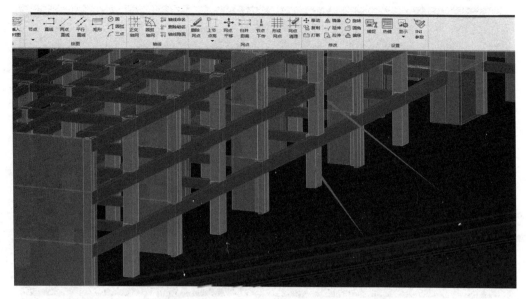

图 2-145　该结构第 8 层以上第 9 层的柱有偏心

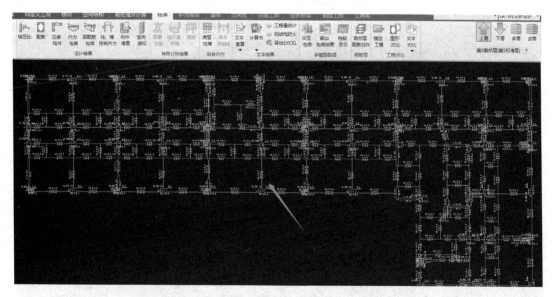

图 2-146　修改第 9 层柱的偏心后第 8 层梁配筋结果与第 7 层基本一致

## 2.46　关于 SATWE 计算结果中梁端负筋为 0 的问题

Q：某框架剪力墙结构，计算完毕查看 SATWE 计算结果，显示的与某框架柱相连的两根框架梁梁端负筋为什么都是 0？如图 2-147 所示。

A：通过查看该梁构件的受力，发现该梁梁端配筋为 0 是由于梁端没有出现负弯矩，进而查看梁端位移情况，发现梁端位移很大，与柱是脱离开的，如图 2-148 所示。

由变形可知，梁柱并没有连接上，导致梁变成悬臂梁，自由变形，进而再查看模型，

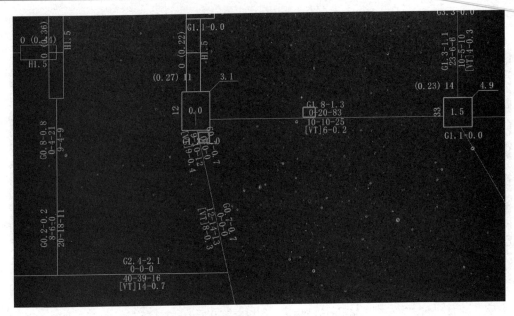

图 2-147　某框架剪力墙结构中与某柱相连的梁端负筋为 0

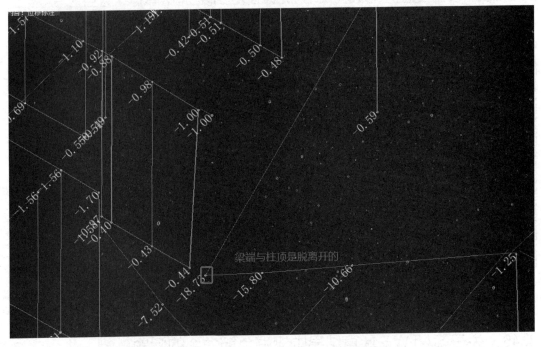

图 2-148　查看变形发现梁端与柱是脱开的

发现两根梁布置在楼面以下 −850mm 处，这两根梁属于层间梁，三维模型如图 2-149 所示。

但是这两根梁从平面上看并没有和柱的节点连接上，而是通过"刚性杆"与柱节点连接的，一般这种梁通过刚性杆与柱节点相连也未尝不可。真正造成梁与柱没有连接上的原因是刚性杆与梁没有在同一平面内，刚性杆标高在楼层处，而这两根梁端在 −850mm 位

图 2-149　两根端部负筋为 0 的梁均为层间梁且距柱顶 −850mm

置，所以没有发挥上刚性杆的作用。此时应该把刚性杆设置在和梁端位于同一平面内才能使梁与柱连接上，也就是需要把刚性杆两端的标高修改到 −850mm，这样才能与距离柱顶 −850mm 处的层间梁连接，如图 2-150 所示。

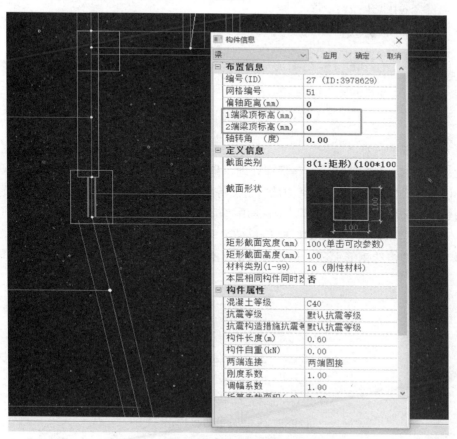

图 2-150　修改刚性杆的两端标高为 −850mm

## 2.47 关于高厚比小于 4 的一字墙按柱设计问题

Q：对于高厚比小于 4 的剪力墙，按柱设计时程序是如何计算的？

A：按《高规》第 7.1.7 条要求，"当墙肢的截面高度与厚度之比不大于 4 时，宜按框架柱进行截面设计"。

根据该条条文说明的解释，"剪力墙与柱都是压弯构件，其压弯破坏状态以及计算原理基本相同，但是截面配筋构造有很大不同，因此柱截面和墙截面的配筋计算方法也不相同。为此，要设定按柱或按墙进行截面设计的分界点"。程序对于一字形或带端柱的剪力墙，当满足规范条件时按照框架柱进行截面设计。

下面以一个实际的算例来说明剪力墙按柱设计时的程序处理方法，图 2-151 为某剪力墙按柱设计输出的构件详细信息。

```
长度（m）                        DL=4.20
截面参数(m)                      B*H=0.700*2.500
水平分布筋间距(mm)                SS=150.0
混凝土强度等级                    RC=40
水平分布筋强度设计值(N/mm2)        360
竖向分布筋强度设计值(N/mm2)        360
钢筋合力点到构件边缘的距离          Cov=40

构件属性信息          普通墙，钢筋混凝土墙
是否按柱设计          是
抗震等级             二级
构造措施抗震等级       二级

主筋：  (117)B边   N=-1649.81   M=8060.96    Asx=5348.21   Asx0=5348.21
       (132)H边   N=-2198.05   M=-1075.87   Asy=6494.14   Asy0=1497.85
箍筋：  (117)B边   N=-1649.81   V=2586.43    Ashx=918.66
       (117)H边   N=-1649.81   V=16.81      Ashy=937.50
```

图 2-151　剪力墙按柱设计详细信息

（1）对纵筋的计算

对于纵筋的构造配筋率，程序保守处理，是按照角柱的要求取值。

如图 2-152 "构件信息"的剪力墙，抗震等级为二级，纵筋为 HRB400。按规范要求，全截面最小配筋率为 0.95%。所以全截面配筋面积为：

$$A_s = 700 \times 2500 \times 0.95\% = 16625 \text{mm}^2$$

两个方向的构造钢筋面积，按照边长的比值来分配。所以，两个方向的单侧配筋面积为：

B 边

$$\frac{700}{2500} = \frac{x}{16625 - x} \Rightarrow x = 3636.72 \text{mm}^2$$

$$3636.72/2 = 1818.36 \text{mm}^2$$

H 边

$$16625 - 3636.72 = 12988.28 \text{mm}^2$$

$$12988.28/2 = 6494.14 \text{mm}^2$$

对于两个方向主筋单侧配筋计算值，可以通过工具箱进行校核，如图 2-152 所示。

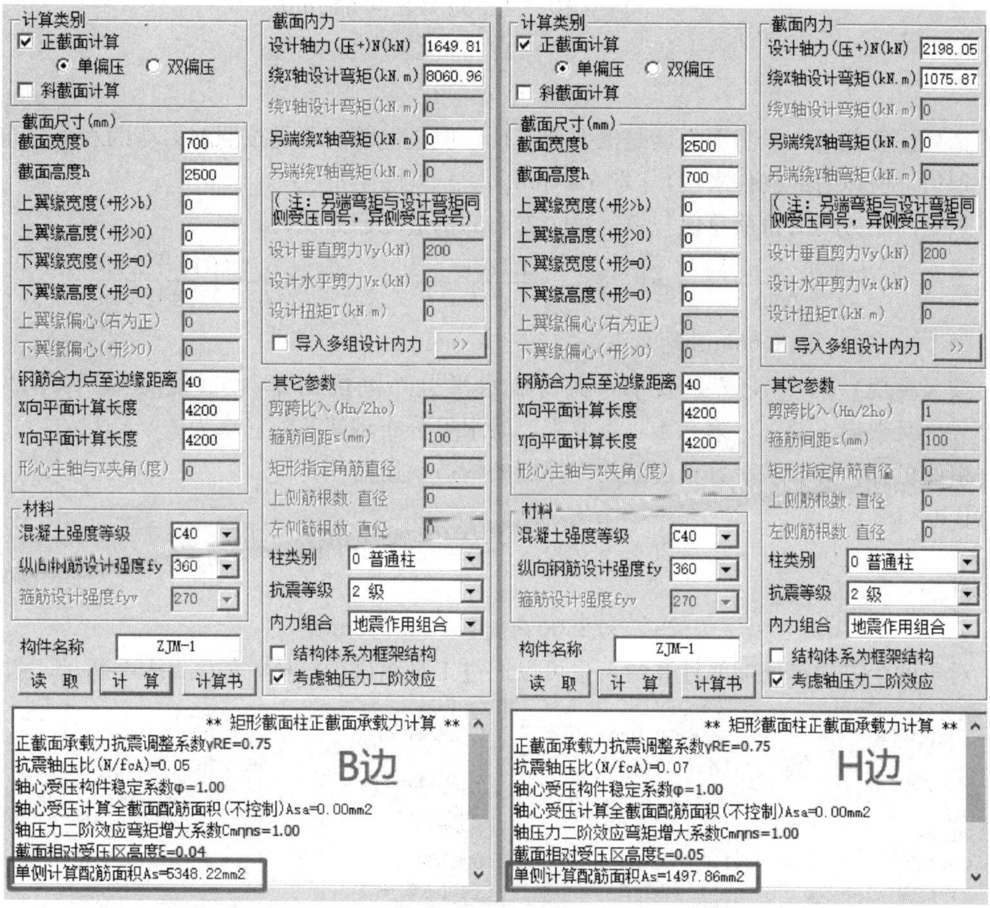

**B 边（左侧面板）**

计算类别
- ☑ 正截面计算　● 单偏压　○ 双偏压
- ☐ 斜截面计算

截面尺寸(mm)
- 截面宽度 b：700
- 截面高度 h：2500
- 上翼缘宽度(+形)b：0
- 上翼缘高度(+形)0：0
- 下翼缘宽度(+形=0)：0
- 下翼缘高度(+形=0)：0
- 上翼缘偏心(右为正)：0
- 下翼缘偏心(+形)0：0
- 钢筋合力点至边缘距离：40
- X向平面计算长度：4200
- Y向平面计算长度：4200
- 形心主轴与X夹角(度)：0

材料
- 混凝土强度等级：C40
- 纵向钢筋设计强度 fy：360
- 箍筋设计强度 fyv：270
- 构件名称：ZJM-1
- [读取] [计算] [计算书]

截面内力
- 设计轴力(压+)N(kN)：1649.81
- 绕X轴设计弯矩(kN.m)：8060.96
- 绕Y轴设计弯矩(kN.m)：0
- 另端绕X轴弯矩(kN.m)：0
- 另端绕Y轴弯矩(kN.m)：0
- （注：另端弯矩与设计弯矩同侧受压同号，异侧受压异号）
- 设计垂直剪力 Vy(kN)：200
- 设计水平剪力 Vx(kN)：0
- 设计扭矩 T(kN.m)：0
- ☐ 导入多组设计内力 >>

其它参数
- 剪跨比(Hn/2ho)：1
- 箍筋间距 s(mm)：100
- 矩形指定角筋直径：0
- 上侧筋根数、直径：0
- 左侧筋根数、直径：0
- 柱类别：0 普通柱
- 抗震等级：2 级
- 内力组合：地震作用组合
- ☐ 结构体系为框架结构
- ☑ 考虑轴压力二阶效应

** 矩形截面柱正截面承载力计算 **
B边
正截面承载力抗震调整系数 γRE=0.75
抗震轴压比(N/fcA)=0.05
轴心受压构件稳定系数 φ=1.00
轴心受压计算全截面配筋面积(不控制)Asa=0.00mm2
轴压力二阶效应弯矩增大系数 Cmηns=1.00
截面相对受压区高度=0.04
**单侧计算配筋面积 As=5348.22mm2**

**H 边（右侧面板）**

计算类别
- ☑ 正截面计算　● 单偏压　○ 双偏压
- ☐ 斜截面计算

截面尺寸(mm)
- 截面宽度 b：2500
- 截面高度 h：700
- 上翼缘宽度(+形)b：0
- 上翼缘高度(+形)0：0
- 下翼缘宽度(+形=0)：0
- 下翼缘高度(+形=0)：0
- 上翼缘偏心(右为正)：0
- 下翼缘偏心(+形)0：0
- 钢筋合力点至边缘距离：40
- X向平面计算长度：4200
- Y向平面计算长度：4200
- 形心主轴与X夹角(度)：0

材料
- 混凝土强度等级：C40
- 纵向钢筋设计强度 fy：360
- 箍筋设计强度 fyv：270
- 构件名称：ZJM-1
- [读取] [计算] [计算书]

截面内力
- 设计轴力(压+)N(kN)：2198.05
- 绕X轴设计弯矩(kN.m)：1075.87
- 绕Y轴设计弯矩(kN.m)：0
- 另端绕X轴弯矩(kN.m)：0
- 另端绕Y轴弯矩(kN.m)：0
- （注：另端弯矩与设计弯矩同侧受压同号，异侧受压异号）
- 设计垂直剪力 Vy(kN)：200
- 设计水平剪力 Vx(kN)：0
- 设计扭矩 T(kN.m)：0
- ☐ 导入多组设计内力 >>

其它参数
- 剪跨比(Hn/2ho)：1
- 箍筋间距 s(mm)：100
- 矩形指定角筋直径：0
- 上侧筋根数、直径：0
- 左侧筋根数、直径：0
- 柱类别：0 普通柱
- 抗震等级：2 级
- 内力组合：地震作用组合
- ☐ 结构体系为框架结构
- ☑ 考虑轴压力二阶效应

** 矩形截面柱正截面承载力计算 **
H边
正截面承载力抗震调整系数 γRE=0.75
抗震轴压比(N/fcA)=0.07
轴心受压构件稳定系数 φ=1.00
轴心受压计算全截面配筋面积(不控制)Asa=0.00mm2
轴压力二阶效应弯矩增大系数 Cmηns=1.00
截面相对受压区高度=0.05
**单侧计算配筋面积 As=1497.86mm2**

图 2-152　工具箱验算纵筋结果

用计算的单侧配筋面积结果和前面的构造结果比较可知：

B 边

$$\max(5348.22, 1818.36) = 5348.22$$

H 边

$$\max(1487.86, 6494.14) = 6494.14$$

用工具箱校核该剪力墙按照柱设计的纵筋，与软件构件信息中输出结果一致。

（2）箍筋计算

对于箍筋的构造体积配箍率，程序同样是按柱的要求取值。

从该剪力墙构件信息中可知，其剪跨比为 1.71。

剪跨比（规范算法）：（78）$M=7910.88$，$V=1878.51$，$R_{mdw}=1.71$。

该剪跨比小于 2，按规范要求其箍筋体积配筋率取 1.2%。按《混规》公式（6.6.3-2），即可计算出每个方向对应的构造箍筋面积。

$$\rho_v = \frac{n_1 A_{s1} l_1 + n_2 A_{s2} l_2}{A_{cor} s}$$

其中：

$$l_1 = 700 - (40 - 12.5) \times 2 = 645\text{mm}$$

$$l_2 = 2500 - (40 - 12.5) \times 2 = 2445\text{mm}$$

$$A_{\text{cor}} = l_1 \times l_2$$

需要注意的是，虽然剪力墙是框架柱设计，但是箍筋间距是按照剪力墙的水平分布筋间距取值，所以对此构件来说，$s$ 取 150mm。

假定两个方向的箍筋总值一致，每个方向的构造配筋面积为：

$$\rho_v = \frac{n_1 A_{s1} l_1 + n_2 A_{s2} l_2}{A_{\text{cor}} s} \Rightarrow 1.2\% = \frac{A_s (l_1 + l_2)}{l_1 l_2 s} \Rightarrow 1.2\% = \frac{A_s (645 + 2445)}{645 \times 2445 \times 150}$$

$$\Rightarrow A_s = 918.665\text{mm}^2$$

按《高规》第 7.2.17 条要求，剪力墙水平分布筋配筋率，二级抗震等级不小于 0.25%。又根据《混规》第 9.4.4 条要求，墙水平分布钢筋的配筋率为 $\rho_{sh} = A_{sv}/b s_v$。

由此可知，按墙水平分布筋配筋率控制的构造钢筋面积为：

B 边

$$0.25\% \times 700 \times 150 = 262.5\text{mm}^2$$

H 边

$$0.25\% \times 2500 \times 150 = 937.5\text{mm}^2$$

对于两个方向箍筋配筋计算值，也可以通过工具箱进行校核，如图 2-153 所示。

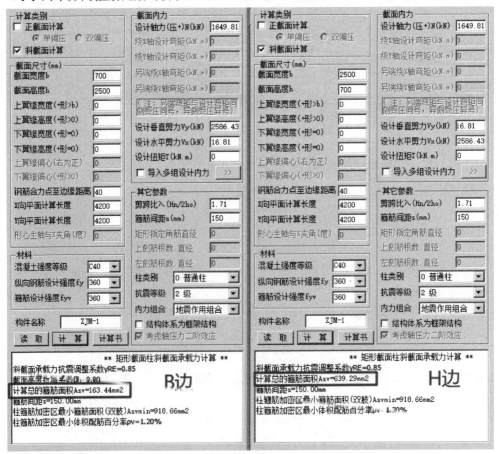

图 2-153　工具箱验算箍筋结果

用计算的单侧配筋面积结果和前面的构造结果比较可知：

B 边

$$\max(918.665, 262.5, 163.44) = 918.665$$

H 边

$$\max(918.665, 937.5, 639.29) = 937.5$$

用工具箱校核该剪力墙按照柱设计的箍筋，与软件构件信息中输出结果一致。

## 2.48　关于某钢梁采用 SATWE 与 PMSAP 计算结果差异大问题

**Q**：某钢框架结构，采用 PMSAP 与 SATWE 两个不同的软件计算，其中的几根钢梁两个软件计算结果差异较大，如图 2-154 及图 2-155 所示，某根梁 SATWE 计算结果强度应力比为 0.21，PMSAP 计算的钢梁强度应力比为 0.37，是什么原因？

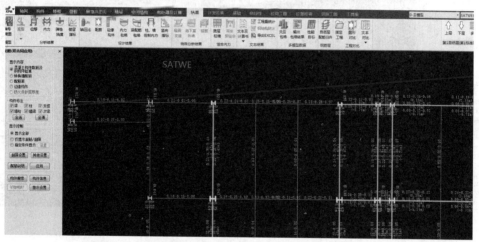

图 2-154　某钢框架结构采用 SATWE 计算钢梁的应力比

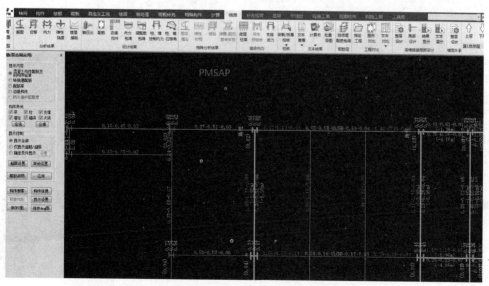

图 2-155　某钢框架结构采用 PMSAP 计算钢梁的应力比

A：如图 2-155 所示，PMSAP 计算结果中钢梁有很多超限，而 SATWE 结果没有超限。这是由于 PMSAP 中默认按双向受弯梁进行计算，而 SATWE 默认按照单向受弯构件计算，如果要按照双向受弯构件验算，需要在前处理"特殊梁"里指定为"双向受弯梁"，如图 2-156 所示。指定为双向受弯梁以后，可以看到与 PMSAP 结果基本一致，如图 2-157 所示。

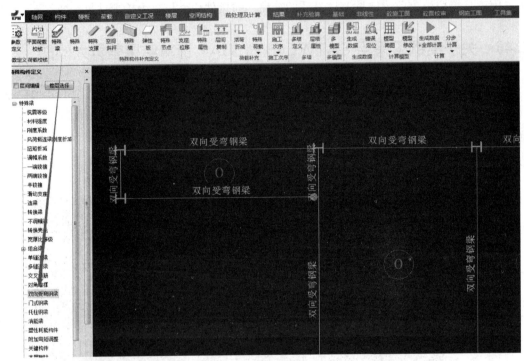

图 2-156　SATWE 软件中定义双向受弯钢梁

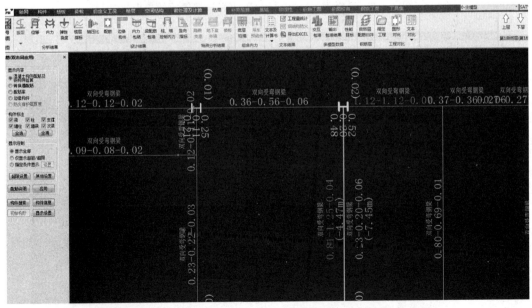

图 2-157　SATWE 软件中定义双向受弯钢梁后钢梁的计算结果

## 2.49　关于某混凝土框架梁跨中上部钢筋比下部钢筋大的问题

Q：图 2-158 为某框架结构的配筋结果，为什么图中的框架梁跨中上筋比下筋还要大，跨中上部配筋率为 0.55％，跨中下部配筋率为 0.53％？

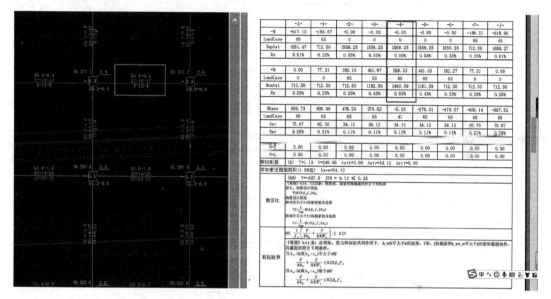

图 2-158　某框架结构中框架梁跨中配筋上部比下部大

A：一般情况下，混凝土框架梁都是跨中下部筋为受力钢筋，跨中下部筋的配筋结果一般比跨中上部钢筋结果大。但有时候会出现相反的情况。通过构件信息查看，发现该结构中的框架梁是人防梁，如图 2-158 所示。其跨中上部配筋控制输出工况号和组合弯矩均为 0，上部不受拉，梁下部受拉，工况号为 65。通过构件信息中的组合信息（图 2-159），可以发现 65 号组合为人防组合。通过构件信息中轴力输出，可以看到梁中轴力为 0。梁按纯弯构件计算，下部受拉配筋为 1440.59mm²，配筋率为 0.53％。

《人防规范》第 4.11.9 条要求，对于钢筋混凝土受弯构件，宜在受压区配置构造钢筋，构造钢筋面积不宜小于受拉钢筋的最小配筋率。同时《人防规范》第 4.11.7 规定了受拉钢筋的最小配筋率，如图 2-160 所示。

由规范可知，对于纯弯的人防梁，梁顶跨中一定要配置受压钢筋。通过构件信息，可以看到该梁的基本信息。按照规范第 4.11.7 规定可以查到该梁受拉钢筋最小配筋率为 0.25％，但是与构件信息中输出的 0.53％ 还有很大差距。

再由构件信息中"几何材料信息"可以看到（图 2-161），该梁构件截面为 T 形截面，设计师在参数中勾选了"混凝土矩形梁转 T 形（自动附加楼板翼缘）"，如图 2-162 所示。

根据该梁输出的详细几何信息可知，对该人防梁进行构件验算时，程序是按照 T 形梁进行计算的，但是在最终输出的时候，对于跨中上部钢筋还是按照矩形梁进行输出的，因此会进行配筋截面换算。按照本构件进行计算，配筋率为 0.25％×[225×(750×2＋300)＋300×(950－225)]/(300×950)＝0.546％，与程序输出结果基本一致。

| 编号 | DL/ADV | LL/U02 | U04/U03 | U05/U01 | WX | WY | EXY | EYX | EXP | EXM | EYP | EYM |
|---|---|---|---|---|---|---|---|---|---|---|---|---|
| 52 | 1.20 | 0.60 | 0.00 | 0.00 | 0.00 | 0.00 | 0.00 | 0.00 | 0.00 | 0.00 | 0.00 | -1.30 |
|  | 0.00 | 0.00 | 0.00 | 0.00 |  |  |  |  |  |  |  |  |
| 53 | 1.00 | 0.50 | 0.00 | 0.00 | 0.00 | 0.00 | 1.30 | 0.00 | 0.00 | 0.00 | 0.00 | 0.00 |
|  | 0.00 | 0.00 | 0.00 | 0.00 |  |  |  |  |  |  |  |  |
| 54 | 1.00 | 0.50 | 0.00 | 0.00 | 0.00 | 0.00 | -1.30 | 0.00 | 0.00 | 0.00 | 0.00 | 0.00 |
|  | 0.00 | 0.00 | 0.00 | 0.00 |  |  |  |  |  |  |  |  |
| 55 | 1.00 | 0.50 | 0.00 | 0.00 | 0.00 | 0.00 | 0.00 | 1.30 | 0.00 | 0.00 | 0.00 | 0.00 |
|  | 0.00 | 0.00 | 0.00 | 0.00 |  |  |  |  |  |  |  |  |
| 56 | 1.00 | 0.50 | 0.00 | 0.00 | 0.00 | 0.00 | 0.00 | -1.30 | 0.00 | 0.00 | 0.00 | 0.00 |
|  | 0.00 | 0.00 | 0.00 | 0.00 |  |  |  |  |  |  |  |  |
| 57 | 1.00 | 0.50 | 0.00 | 0.00 | 0.00 | 0.00 | 0.00 | 0.00 | 1.30 | 0.00 | 0.00 | 0.00 |
|  | 0.00 | 0.00 | 0.00 | 0.00 |  |  |  |  |  |  |  |  |
| 58 | 1.00 | 0.50 | 0.00 | 0.00 | 0.00 | 0.00 | 0.00 | 0.00 | -1.30 | 0.00 | 0.00 | 0.00 |
|  | 0.00 | 0.00 | 0.00 | 0.00 |  |  |  |  |  |  |  |  |
| 59 | 1.00 | 0.50 | 0.00 | 0.00 | 0.00 | 0.00 | 0.00 | 0.00 | 0.00 | 1.30 | 0.00 | 0.00 |
|  | 0.00 | 0.00 | 0.00 | 0.00 |  |  |  |  |  |  |  |  |
| 60 | 1.00 | 0.50 | 0.00 | 0.00 | 0.00 | 0.00 | 0.00 | 0.00 | 0.00 | -1.30 | 0.00 | 0.00 |
|  | 0.00 | 0.00 | 0.00 | 0.00 |  |  |  |  |  |  |  |  |
| 61 | 1.00 | 0.50 | 0.00 | 0.00 | 0.00 | 0.00 | 0.00 | 0.00 | 0.00 | 0.00 | 1.30 | 0.00 |
|  | 0.00 | 0.00 | 0.00 | 0.00 |  |  |  |  |  |  |  |  |
| 62 | 1.00 | 0.50 | 0.00 | 0.00 | 0.00 | 0.00 | 0.00 | 0.00 | 0.00 | 0.00 | -1.30 | 0.00 |
|  | 0.00 | 0.00 | 0.00 | 0.00 |  |  |  |  |  |  |  |  |
| 63 | 1.00 | 0.50 | 0.00 | 0.00 | 0.00 | 0.00 | 0.00 | 0.00 | 0.00 | 0.00 | 0.00 | 1.30 |
|  | 0.00 | 0.00 | 0.00 | 0.00 |  |  |  |  |  |  |  |  |
| 64 | 1.00 | 0.50 | 0.00 | 0.00 | 0.00 | 0.00 | 0.00 | 0.00 | 0.00 | 0.00 | 0.00 | -1.30 |
|  | 0.00 | 0.00 | 0.00 | 0.00 |  |  |  |  |  |  |  |  |
| 65 | 1.30 | 0.00 | 0.00 | 0.00 | 0.00 | 0.00 | 0.00 | 0.00 | 0.00 | 0.00 | 0.00 | 0.00 |
|  | 1.00 | 0.00 | 0.00 | 0.00 |  |  |  |  |  |  |  |  |
| 66 | 1.00 | 0.00 | 0.00 | 0.00 | 0.00 | 0.00 | 0.00 | 0.00 | 0.00 | 0.00 | 0.00 | 0.00 |

图 2-159　该框架梁对应的组合号及组合情况

**4.11.7　承受动荷载的钢筋混凝土结构构件，纵向受力钢筋的配筋百分率不应小于表 4.11.7 规定的数值。**

钢筋混凝土结构构件纵向

表 4.11.7　受力钢筋的最小配筋百分率（%）

| 分　类 | 混凝土强度等级 | | |
|---|---|---|---|
|  | C25 ~ C35 | C40 ~ C55 | C60 ~ C80 |
| 受压构件的全部纵向钢筋 | 0.60（0.40） | 0.60（0.40） | 0.70（0.40） |
| 偏心受压及偏心受拉构件一侧的受压钢筋 | 0.20 | 0.20 | 0.20 |
| 受弯构件、偏心受压及偏心受拉构件一侧的受拉钢筋 | 0.25 | 0.30 | 0.35 |

注：1　受压构件的全部纵向钢筋最小配筋百分率，当采用 HRB400 级、RRB400 级钢筋时，应按表中规定减小 0.1；

　　2　当为墙体时，受压构件的全部纵向钢筋最小配筋百分率采用括号内数值；

　　3　受压构件的受压钢筋以及偏心受压、小偏心受拉构件的受拉钢筋的最小配筋百分率按构件的全截面面积计算，受弯构件、大偏心受拉构件的受拉钢筋的最小配筋百分率按全截面面积扣除位于受压边或受拉较小边翼缘面积后的截面面积计算；

　　4　受弯构件、偏心受压及偏心受拉构件一侧的受拉钢筋的最小配筋百分率不适用于 HPB235 级钢筋，当采用 HPB235 级钢筋时，应符合《混凝土结构设计规范》（GB50010）中有关规定；

　　5　对卧置于地基上的核 5 级、核 6 级和核 6B 级甲类防空地下室结构底板，当其内力系由平时设计荷载控制时，板中受拉钢筋最小配筋率可适当降低，但不应小于 0.15%。

图 2-160　《人防规范》对混凝土构件最小配筋率的要求

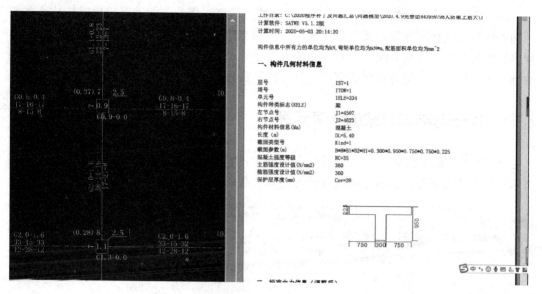

图 2-161　该梁截面计算时按照 T 形截面进行配筋设计

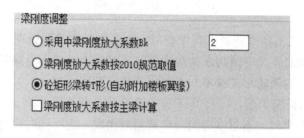

图 2-162　计算时候选择"混凝土矩形梁转 T 形"

## 2.50　关于某柱轴压比组合工况显示为 0 的问题

Q：在 SATWE 柱构件信息中，柱轴压比计算出现 0 组合是什么原因，如图 2-163 所示？

| 项目 | | | |
|---|---|---|---|
| 轴压比： | (0) | N=-5158.1 | Uc=0.86 ＞ 0.85(限值) |
| | 《高规》6.4.2 条给出轴压比限值. | | |
| 剪跨比(简化算法)：Rmd=3.33 | | | |
| | 《高规》6.2.6 条：反弯点位于柱高中部的框架柱. | | |
| 主筋： | B 边底部(1) | N=-5734.71 | Mx=10.76 |
| | B 边顶部(1) | N=-5734.71 | Mx=23.09 |
| | H 边底部(1) | N=-5734.71 | Mx=10.76 |
| | H 边顶部(1) | N=-5734.71 | Mx=23.09 |
| 箍筋： | (1) | N=-5734.71 | Vx=12.35 |
| | (1) | N=-5734.71 | Vx=12.35 |

图 2-163　某框架柱轴压比组合输出 0 组合

A：只有进行地震作用计算时，程序才会按照地震作用参与的工况输出轴压比。如果结构不进行地震作用计算，就不存在地震作用参与的组合，所以，当不计算地震作用时，程序的做法是以重力荷载代表值对应的轴力设计值，即 1.2D＋0.6L 计算的轴力来计算柱的轴压比结果。这个组合对应的设计组合号就规定为 0 号。

## 2.51 关于消防车荷载的计算问题

Q：布置消防车荷载以后，工况列表中显示的消防车活载（LL＿XFC），如图 2-164 所示，代表什么意思，消防车荷载与普通楼面活载会重复考虑吗？

| 编号 | 工况名称 | 工况属性 | 参与计算 | 分项系数 | 抗震组合值系数 | 组合值系数 | 重力荷载代表值系数 | 准永久值系数 | 频 |
|---|---|---|---|---|---|---|---|---|---|
| 2 | 活荷载(LL_XFC) | 活荷载 | 是 | 1.50 | -- | 0.70 | 0.00 | 0.50 | |
| 3 | 风荷载 | -- | 是 | 1.50 | 0.20 | 0.60 | 0.00 | 0.00 | |
| 4 | 水压力 | -- | 是 | 1.50 | -- | 0.70 | 0.00 | 0.50 | |
| 5 | 消防车(XF1) | 消防车 | 是 | 1.40 | -- | 0.70 | 0.00 | 0.00 | |

图 2-164 荷载工况显示

A：当模型中输入消防车荷载，程序会对消防车工况作单独处理。消防车荷载属于活载，在实际荷载作用时，当有消防车荷载作用时，其楼面活载不应同时作用，表现在程序计算过程中即本房间的消防车荷载不与本房间的活荷载同时组合。

以图 2-165 所示模型为例，可将其荷载布置拆分简化为图 2-166。从实际工程角度考虑，当消防车荷载作用时，不与本房间活荷载同时出现，也不同时组合，而与其他房间活荷载同时组合，则程序将普通楼面活载做特殊处理，使其与消防车荷载组合，即图 2-167 所示"活载（LL＿XFC）"工况。

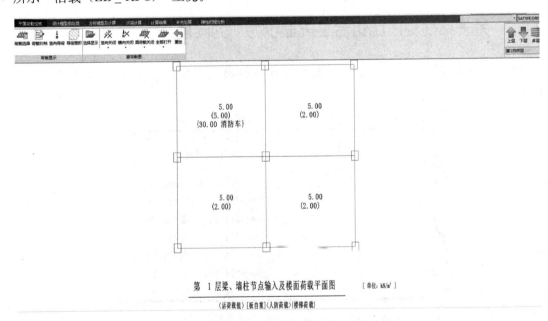

第 1 层梁、墙柱节点输入及楼面荷载平面图　　　[单位：kN/m²]

〈活荷载值〉[板自重]〈人防荷载〉〈楼梯荷载〉

图 2-165 楼面房间上输入消防车荷载与活荷载

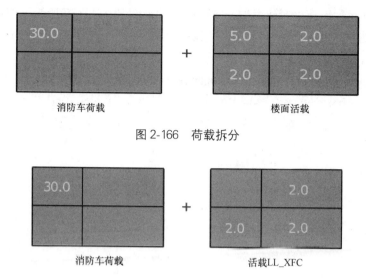

图 2-166　荷载拆分

消防车荷载　　　　　　活载LL_XFC

图 2-167　消防车房间的消防车荷载与其他房间活荷载组合

综上，"消防车（XFC 或 XF1）"代表布置的消防车荷载，而"活载（LL _ XFC）"代表程序对普通楼面活荷载做特殊处理的一个工况，目的是与消防车荷载进行效应的组合，以实现消防车荷载不与本房间活荷载同时组合，而与其他房间活荷载同时组合的目标，从荷载组合中也可以看出，消防车荷载（XF1）只与经特殊处理的活载（LL _ XFC）组合，如图 2-168 所示。

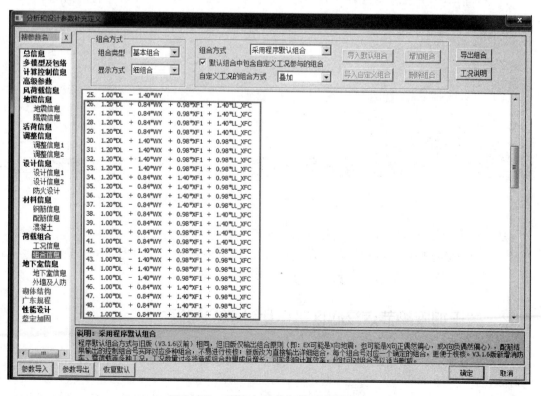

图 2-168　消防车荷载与其他荷载组合

从内力计算角度，建立对比模型，其荷载布置形式如图 2-169 所示，即图 2-165 所示工程中布置消防车荷载的房间，活载与消防车均设为 0，也即上文讨论的活载（LL _ XFC）工况的荷载布置形式。

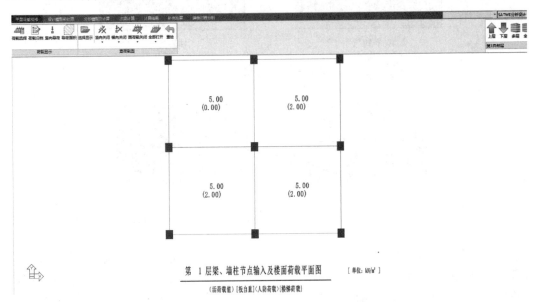

图 2-169    LL _ XFC 工况等价的荷载布置形式

以布置消防车荷载房间的某根梁为例，在不考虑折减、调幅、不利布置的情况下，对比活载（LL _ XFC）工况（图 2-165）与按相同荷载布置形式的活载工况（图 2-169）内力，如图 2-170 所示。

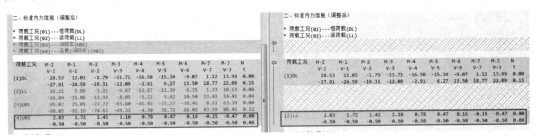

图 2-170    LL _ XFC 工况下某根梁内力与等价荷载布置梁内力对比

从上述内力结果可以看出，当布置消防车后，程序自动生成的"活载（LL _ XFC）"工况，与只有活载作用的荷载作用形式下（图 2-169）的活载工况内力完全一致，也进一步验证了前文结论，即消防车荷载不会与同房间的活荷载同时考虑。

## 2.52  关于加腋梁节点核心区剪压比计算的问题

Q：节点核心区两侧梁在布置不对称的情况下，梁加腋后程序如何计算柱节点核心区的剪压比？

A：《高规》第 6.1.7 条，规定了框架梁、柱节点处梁对称布置情况下，梁水平加腋后框架节点的有效宽度计算取值方法。对于梁不对称布置情况，比如图 2-171 所示这种加腋情况，没有明确的规范规定。

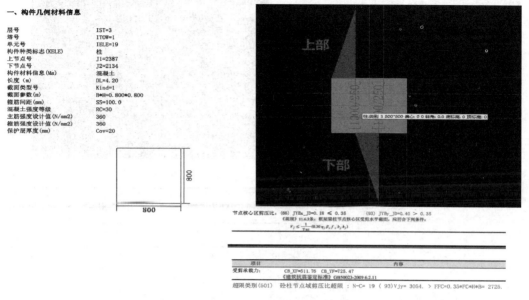

**一、构件几何材料信息**

| | |
|---|---|
| 层号 | IST=3 |
| 塔号 | ITOW=1 |
| 单元号 | IELE=19 |
| 构件种类标志(KELE) | 柱 |
| 上节点号 | J1=2387 |
| 下节点号 | J2=2134 |
| 构件材料信息(Ma) | 混凝土 |
| 长度 (m) | DL=4.20 |
| 截面类型号 | Kind=1 |
| 截面参数(m) | B*H=0.800*0.800 |
| 箍筋间距(mm) | SS=100.0 |
| 混凝土强度等级 | RC=30 |
| 主筋强度设计值(N/mm2) | 360 |
| 箍筋强度设计值(N/mm2) | 360 |
| 保护层厚度(mm) | Cov=20 |

图 2-171　梁不对称布置情况下加腋后的节点核心区剪压比验算

现在给定梁不对称布置情况下的加腋模型，考察软件在计算此种情况的有效宽度时如何取值。

假设结构中的柱子截面为 800mm×800mm，上部梁截面为 300mm×600mm，下部梁截面为 300mm×800mm，梁偏轴距离为 −250mm。其中梁、柱混凝土强度等级为 C30，核算在不加腋时的剪压比限值：

$$b_j = b_b + 0.5h_c = 300\text{mm} + 0.5 \times 800\text{mm} = 700\text{mm}$$

$$b_j = b_c = 800\text{mm}$$

$$b_j = 0.5 \times (b_b + b_c) + 0.25h_c - e = 0.5 \times (300\text{mm} + 800\text{mm}) + 0.25 \times 800\text{mm} - 250\text{mm}$$
$$= 500\text{mm}$$

$b_j$ 取上述三者的较小值，即 $b_j$ 取 500mm；

则节点核心区抗剪验算的结果为：

$$V \leqslant \frac{0.3}{0.85}(0.1 \times 14.3 \times 500 \times 800) = 2018823\text{N} = 2018.823\text{kN} \approx 2019\text{kN}$$

同软件计算输出的结果一致，如图 2-172 所示。

对上述的梁柱节点核心区位置的梁布置加腋，加腋的情况为：1000mm×250mm，核算加腋后的节点核心区剪压比限值：

按上部加腋求 $b_j$：

$$x = 250\text{mm}$$

$$b_j \leqslant b_b + b_x + x = 300\text{mm} + 250\text{mm} + 250\text{mm} = 800\text{mm}$$

$$b_j \leqslant b_b + 2x = 300\text{mm} + 2 \times 250\text{mm} = 800\text{mm}$$

$$b_j \leqslant b_b + 0.5h_c = 300\text{mm} + 0.5 \times 800\text{mm} = 700\text{mm}$$

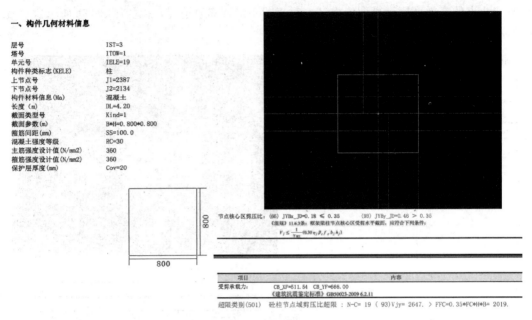

一、构件几何材料信息

| 层号 | IST=3 |
|---|---|
| 塔号 | ITOW=1 |
| 单元号 | IELE=19 |
| 构件种类标志(KELE) | 柱 |
| 上节点号 | J1=2387 |
| 下节点号 | J2=2134 |
| 构件材料信息(Mat) | 混凝土 |
| 长度(m) | DL=4.20 |
| 截面类型号 | Kind=1 |
| 截面参数(m) | B*H=0.800*0.800 |
| 箍筋间距(mm) | SS=100.0 |
| 混凝土强度等级 | RC=30 |
| 主筋强度设计值(N/mm2) | 360 |
| 箍筋强度设计值(N/mm2) | 360 |
| 保护层厚度(mm) | Cov=20 |

节点核心区剪压比: (66) JYBx_JD=0.18 ≤ 0.35 (93) JYBy_JD=0.46 > 0.35
《混规》11.6.3条: 框架梁柱节点核心区受剪水平截面, 应符合下列条件:
$$V_j \leqslant \frac{1}{\gamma_{RE}}(0.30\eta_j\beta_c f_c b_j h_j)$$

| 项目 | 内容 |
|---|---|
| 受剪承载力: | CB_XF=511.54  CB_YF=666.00 |
| | 《建筑抗震鉴定标准》GB50023-2009 6.2.11 |

超限类别(501) 砼柱节点域剪压比超限: N-C= 19 ( 93)Vjy= 2647. > FFC=0.35*FC*H*B= 2019.

图 2-172  梁不对称布置情况下节点核心区剪压比验算

所以，$b_j$ 取 700mm

$$V \leqslant \frac{0.3}{0.85}(0.1 \times 14.3 \times 700 \times 800) = 2826352\text{N} = 2826.352\text{kN}$$

按下部布置的加腋情况求 $b_j$：

$$x = 0\text{mm}$$
$$b_j \leqslant b_b + b_x = 300\text{mm} + 250\text{mm} = 550\text{mm}$$
$$b_j \leqslant b_b + 0.5h_c = 300\text{mm} + 0.5 \times 800\text{mm} = 700\text{mm}$$

所以，$b_j$ 取 550mm

$$V \leqslant \frac{0.3}{0.85}(0.1 \times 14.3 \times 550 \times 800) = 2220705\text{N} = 2220.705\text{kN}$$

对于有加腋情况下的剪压比计算，其有效宽度 $b_j$ 取值不是仅按照上部梁、下部梁有效宽度之一求解，软件取的是未进行 $b_j \leqslant b_b + 0.5h_c$ 式判断前的上、下部有效宽度的均值。

即

$$b_j = (800\text{mm} + 550\text{mm})/2 = 675\text{mm}$$

$$V \leqslant \frac{0.3}{0.85}(0.1 \times 14.3 \times 675 \times 800) = 272565\text{N} = 2725.68\text{kN}$$

## 2.53  关于修改混凝土强度等级导致配筋变化较大的问题

**Q：**将模型中的第二层的柱混凝土强度等级从 C30 修改为 C20 之后，配筋变化较大，同时查看构件信息，该柱地震作用下内力调整系数也发生了变化？本工程中调整系数是如何得到的？图 2-173 为混凝土强度等级为 C30 时，工程中第三层柱某柱的配筋结果；图 2-174 为修改柱混凝土强度等级为 C20 后该柱对应的配筋结果；图 2-175 为混凝土强度等级为 C30 与 C20 柱构件的详细调整系数对比图。

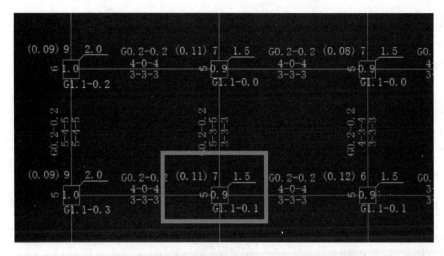

图 2-173　混凝土强度等级为 C30 时某柱的配筋结果

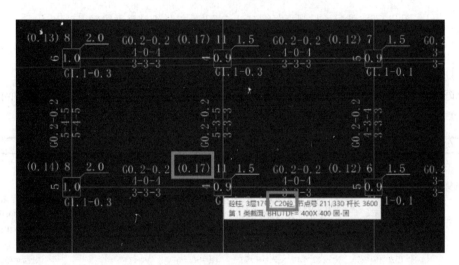

图 2-174　混凝土强度等级为 C20 时该柱的配筋结果

A：仔细查看两个模型发现，发现当柱混凝土强度等级为 C30 时，柱子的轴压比为 0.11，而把混凝土强度等级改为 C20 以后，轴压比变为 0.17，如图 2-173 及图 2-174 所示。

而《抗规》第 6.2.2 条"除框架顶层和柱轴压比小于 0.15 及框支梁与框支柱的节点外，柱端组合的弯矩设计值应符合下式要求……"这个工程就是混凝土等级不一样时，轴压比正好一个大于 0.15，一个小于 0.15，所以地震组合内力调整系数有所不同。

但需要注意的是：柱进行强柱弱梁调整时，要判断柱的轴压比是否大于 0.15，此时的轴压比不能取用于判断轴压比限值能否满足要求的轴压比，而是要用按照配筋的控制组合对应的轴力计算的轴压比去判断其是否大于 0.15。判断轴压比限值是否超限的轴压比要从地震参与的所有组合中取最大轴压比，因此，如果轴压比小于 0.15，该柱就不会进行强柱弱梁调整。但是如果柱最大的轴压比大于 0.15，该柱是否进行强柱弱梁调整，得看配筋控制组合的轴力计算的轴压比是否大于 0.15，如果该轴压比小于 0.15，该柱也不

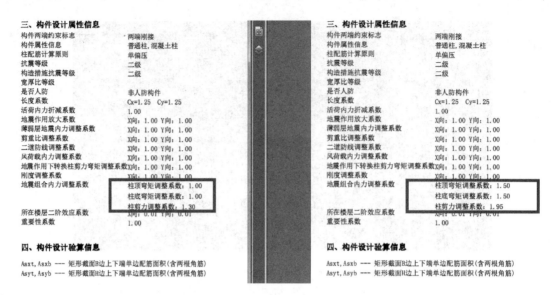

图 2-175　混凝土柱强度等级 C30 与 C20，柱详细调整系数输出对比

做强柱弱梁调整。如该用户工程中的柱修改为 C20 以后，轴压比变为 0.17，就需要查看其配筋控制组合的轴压比是多少。

　　查询该柱构件的配筋控制组合为 99 组合，其轴力为 246.13kN，如图 2-176 所示，对应的柱轴压比为 0.162，该轴压比大于 0.15，所以该柱需要进行强柱弱梁调整。

| 项目 | 内容 |
|---|---|
| 轴压比： | (84)　N=-258.3　　Uc=0.17 ≤ 0.75(限值) |
| | 《高规》6.4.2条给出轴压比限值. |
| 剪跨比(简化算法)： | Rmd=5.05 |
| | 《高规》6.2.6条：反弯点位于柱高中部的框架柱，剪跨比可取柱净高与计算方向2倍柱截面有效高度之比值 |
| 主筋： | B边底部(99)　N=-246.13　Mx=-126.08　My=-0.59　Asxb=650.69　Asxb0=650.69 |
| | B边顶部(99)　N=-246.13　Mx=-177.22　My=-0.28　Asxt=1011.50　Asxt0=1011.50 |
| | H边底部(87)　N=-241.55　Mx=3.88　My=74.89　Asyb=335.36　Asyb0=294.02 |
| | H边顶部(81)　N=-242.73　Mx=-8.77　My=90.56　Asyt=403.41　Asyt0=403.41 |
| 箍筋： | (99)　N=-246.13　Vx=-0.31　Vy=109.50　Asvx=102.00　Asvx0=29.49 |
| | (99)　N=-246.13　Vx=-0.31　Vy=109.50　Asvy=102.00　Asvy0=29.49 |
| 角筋： | Asc=153.00 |
| 全截面配筋率： | Rs=1.39% |
| | 《高规》6.4.4-3条:全部纵向钢筋的配筋率，非抗震设计时不宜大于5%、不应大于6%，抗震设计时不应大于5% |
| 体积配筋率： | Rsv=0.60% |

图 2-176　柱混凝土强度等级修改为 C20 的配筋详细信息

## 2.54　关于连梁交叉斜筋、对角暗撑的计算问题

　　Q：在软件中对于配置了交叉斜筋的连梁，软件是如何进行计算斜筋面积的？如图 2-177所示为某连梁配置交叉斜筋后软件输出的结果。

　　A：按《混规》第 11.7.10 条要求，"对于一、二级抗震等级的连梁，当跨高比不大于 2.5 时，除普通箍筋外宜另配置斜向交叉钢筋，其截面限制条件及斜截面受剪承载力可

图 2-177　连梁交叉斜筋面积输出

按下列规定计算……"。

　　程序根据规范要求，提供了两种斜向交叉钢筋，一种是交叉斜筋，另一种是对角暗撑。

　　对于交叉斜筋和对角暗撑的计算，关键的问题是规范公式中斜筋与梁纵轴的夹角 $\alpha$ 如何确定。

　　程序目前的取值方式和梁高及梁跨相关。

交叉斜筋：$\alpha = \arctan\left(\dfrac{梁高 - 200}{梁跨}\right)$

对角暗撑：$\alpha = \arctan\left(\dfrac{梁高 - 400}{梁跨}\right)$

　　下面通过两个实际的算例，来具体说明程序的计算方法。

　　采用交叉斜筋，输出如图 2-178 的详细计算结果。

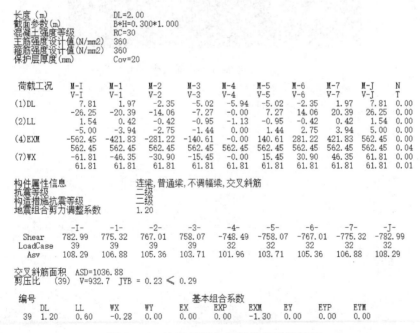

图 2-178　连梁采用交叉斜筋的计算结果

　　按《混规》第 11.7.8 条要求"配置有对角斜筋的连梁 $\eta_{vb}$ 取 1.0"，程序按规范的要求执行，所以剪力设计值为：

$$V_{wb} = 1.2 \times (-26.25) + 0.6 \times (-5) - 0.28 \times 61.81 - 1.3 \times 562.45 = -782.9918 \text{kN}$$

按《混规》式（11.7.10-2），可以得到单向对角斜筋的截面面积为：

$$
\begin{aligned}
A_{sd} &= \frac{V_{wb} \times \gamma_{re} - 0.4 f_t b h_0}{(2.0 \sin\alpha + 0.6\eta) f_{yd}} \\
&= \frac{782.9918 \times 10^3 \times 0.85 - 0.4 \times 1.43 \times 300 \times (1000 - 42.5)}{\left(2\sin\left(\arctan\left(\frac{1000 - 200}{2000}\right)\right) + 0.6 \times 1\right) \times 360} \\
&= 1036.894 \text{mm}^2
\end{aligned}
$$

按《混规》式（11.7.10-3），可以得到同一截面内箍筋各肢的全部截面面积为：

$$A_{sv} = \frac{\eta \times s f_{yd} A_{sd}}{f_{sv} h_0} = \frac{1 \times 100 \times 360 \times 1036.894}{360 \times (1000 - 42.5)} = 108.292 \text{mm}^2$$

注意，箍筋与对角斜筋的配筋强度比 $\eta$，在设计模型前处理—参数—配筋信息可以设定，默认为 1.0。

按《混规》式（11.7.10-1），可以得到剪压比为：

$$\frac{V_{wb}}{\beta_c f_c b h_0} = \frac{932.69016 \times 10^3}{1 \times 14.3 \times 300 \times (1000 - 42.5)} = 0.227 \leqslant \frac{0.25}{\gamma_{RE}} = \frac{0.25}{0.85} = 0.294$$

交叉斜筋的计算结果及剪压比的手工校核结果与软件计算结果一致。

采用对角暗撑，某连梁输出图 2-179 的图形文件结果及图 2-180 连梁详细计算结果。

图 2-179　连梁对角暗撑面积输出

| 长度（m） | DL=2.00 |
| 截面参数（m） | B*H=0.300*1.000 |
| 混凝土强度等级 | RC=30 |
| 主筋强度设计值(N/mm2) | 360 |
| 箍筋强度设计值(N/mm2) | 360 |
| 保护层厚度(mm) | Cov=20 |

| 荷载工况 | M-I<br>V-I | M-1<br>V-1 | M-2<br>V-2 | M-3<br>V-3 | M-4<br>V-4 | M-5<br>V-5 | M-6<br>V-6 | M-7<br>V-7 | M-J<br>V-J | N<br>T |
|---|---|---|---|---|---|---|---|---|---|---|
| (1)DL | 7.81 | 1.97 | -2.35 | -5.02 | -5.94 | -5.02 | -2.35 | 1.97 | 7.81 | 0.00 |
|  | -26.25 | -20.39 | -14.06 | -7.27 | -0.00 | 7.27 | 14.06 | 20.39 | 26.25 | 0.00 |
| (2)LL | 1.54 | 0.42 | -0.42 | -0.95 | -1.13 | -0.95 | -0.42 | 0.42 | 1.54 | 0.00 |
|  | -5.00 | -3.94 | -2.75 | -1.44 | 0.00 | 1.44 | 2.75 | 3.94 | 5.00 | 0.00 |
| (3)EXP | -562.45 | -421.83 | -281.22 | -140.61 | -0.00 | 140.61 | 281.22 | 421.83 | 562.45 | 0.00 |
|  | 562.45 | 562.45 | 562.45 | 562.45 | 562.45 | 562.45 | 562.45 | 562.45 | 562.45 | 0.04 |
| (7)WX | -61.81 | -46.35 | -30.90 | -15.45 | -0.00 | 15.45 | 30.90 | 46.35 | 61.81 | 0.00 |
|  | 61.81 | 61.81 | 61.81 | 61.81 | 61.81 | 61.81 | 61.81 | 61.81 | 61.81 | 0.01 |

| 构件属性信息 | 连梁,普通梁,不调幅梁,对角暗撑 |
| 抗震等级 | 二级 |
| 构造措施抗震等级 | 二级 |
| 地震组合剪力调整系数 | 1.20 |

| | -I- | -1- | -2- | -3- | -4- | -5- | -6- | -7- | -J- |
|---|---|---|---|---|---|---|---|---|---|
| Shear | 782.99 | 775.32 | 767.01 | 758.07 | -748.49 | -758.07 | -767.01 | -775.32 | -782.99 |
| LoadCase | 37 | 37 | 37 | 37 | 30 | 30 | 30 | 30 | 30 |
| Asv | 33.43 | 33.43 | 33.43 | 33.43 | 33.43 | 33.43 | 33.43 | 33.43 | 33.43 |

对角暗撑面积　ASD=3216.86
剪压比　(37) V=932.7 JYB = 0.23 ≤ 0.29

超限类别(8)　梁截面宽度偏小,不宜采用对角暗撑设计：B= 0.30 < 0.40

| 编号 | | | | 基本组合系数 | | | | | |
|---|---|---|---|---|---|---|---|---|---|
|  | DL | LL | WX | WY | EX | EXP | EXM | EY | EYP | EYM |
| 37 | 1.20 | 0.60 | -0.28 | 0.00 | 0.00 | -1.30 | 0.00 | 0.00 | 0.00 | 0.00 |

图 2-180　连梁采用对角暗撑的计算结果

同样根据《混规》第 11.7.8 条要求，"配置有对角斜筋的连梁 $\eta_{vb}$ 取 1.0"，所以剪力设计值为：

$$V_{wb} = 1.2 \times (-26.25) + 0.6 \times (-5) - 0.28 \times 61.81 - 1.3 \times 562.45 = -782.9918kN$$

按《混规》式（11.7.10-4），可以得到单向对角暗撑的截面面积为：

$$A_{sd} = \frac{V_{wb} \times \gamma_{RE}}{2 f_{yd} \sin\alpha} = \frac{782.9918 \times 10^3 \times 0.85}{2 \times 360 \times \sin\left(\arctan\left(\frac{1000-400}{2000}\right)\right)} = 3216.886mm^2$$

$$V_{wb} = 1.2 \times (-26.25) + 0.6 \times (-5) + 1.2 \times [0.28 \times (-61.81) - 1.3 \times 562.45]$$

$$= -932.69kN$$

按《混规》式（11.7.10-1），可以得到剪压比为：

$$\frac{V_{wb}}{\beta_c f_c b h_0} = \frac{-932.69016 \times 10^3}{1 \times 14.3 \times 300 \times (1000-42.5)} = 0.227 \leqslant \frac{0.25}{\gamma_{RE}} = \frac{0.25}{0.85} = 0.294$$

对角暗撑的计算结果及剪压比的手工校核结果与软件计算结果一致。

从上述校核过程可见，斜筋与梁纵轴的夹角 $\alpha$ 和梁跨度相关。如果增加节点或被其他构件打断后，如图 2-181 所示的情况，即前面校核的配置对角暗撑的连梁，其上有节点将连梁打断为两段。

由结果可见，每段连梁的对角暗撑计算结果和未打断的情况一致，说明夹角 $\alpha$ 仍然会按照原始的连梁跨度计算，和不打断的情况结果一致。

图 2-181　连梁上添加节点后的对角暗撑计算结果

## 2.55　关于广东规程柱轴压比限值的问题

Q：某框架结构模型，设计时参数中选择执行"广东规程"（这里指广东省《高层建筑混凝土结构技术规程》DBJ/T 15—92—2021），但是软件输出的柱轴压比限值为什么是 0.5 呢？而按照广东规程中柱轴压比限值一级和特一级均为 0.7，如图 2-182 所示，软件是怎么考虑的？

A：查看该工程模型，这个工程中出现柱轴压比限值为 0.5 的柱属于设计师定义的转换柱，并且它的剪跨比小于 1.5，由于广东规程里面没有对转换柱的轴压比限值做相关规定，所以软件按照《高规》中对于转换柱的限值进行处理。如图 2-183 所示，按照《高规》的要求，一级转换柱的轴压比限值 0.6，该框架柱的剪跨比小于 1.5，软件的处理方法是比表中的减少了 0.1，所以这种情况下轴压比限值就是 0.5。

**6.4.2** 钢筋混凝土框架柱的轴压比不宜超过表6.4.2的规定；对于Ⅳ类场地上较高的高层建筑，其轴压比限值宜适当减小。

表 6.4.2 柱轴压比限值

| 抗震构造等级 | 特一、一 | 二 | 三 | 四 |
|---|---|---|---|---|
| 轴压比值 | 0.70 | 0.80 | 0.90 | 0.95 |

注： 1　轴压比指重力荷载代表值作用下柱的轴压应力设计值与柱混凝土轴心抗压强度设计值的比值。

　　2　表内数值适用于混凝土强度等级不高于C60的柱。当混凝土强度等级为C65~C70时，轴压比限值应比表中数值降低0.05；当混凝土强度等级为C75~C80时，轴压比限值应比表中数值降低0.10。

　　3　表内数值适用于剪跨比大于2的柱。剪跨比不大于2但不小于1.5的柱，其轴压比限值应比表中数值减小0.05；剪跨比小于1.5的柱，其轴压比限值应专门研究并采取特殊构造措施。

　　4　当沿柱全高采用井字复合箍，箍筋间距不大于100mm、肢距不大于200mm、直径不小于12mm，或当沿柱全高采用复合螺旋箍，箍筋螺距不大于100mm、肢距不大于200mm、直径不小于12mm，或当沿柱全高采用连续复合螺旋箍，且螺距不大于80mm、肢距不大于200mm、直径不小于10mm时，轴压比限值可增加0.10。上述三种配箍类别的配箍特征值应按增大的轴压比由本规程表6.4.7确定。

　　5　当柱截面中部设置由附加纵向钢筋形成的芯柱时，且附加纵向钢筋的截面面积不小于柱截面面积的0.8%时，柱轴压比限值可增加0.05。当本项措施与注4的措施共同采用时，柱轴压比限值可比表中数值增加0.15，但箍筋的配箍特征值仍可按轴压比增加0.10的要求确定。

　　6　当柱截面中心设置型钢时，当型钢截面面积不小于柱截面面积的3%时，柱轴压比限值可增加0.05。当框架柱内的型钢仅考虑其对轴压比的贡献，并按钢筋混凝土柱的轴压比限值时，型钢含钢率可适当降低，但不应低于1%。

　　7　柱轴压比不应大于1.05。

图 2-182　广东规程6.4.2条对柱轴压比限值的要求

6.4.2　抗震设计时，钢筋混凝土柱轴压比不宜超过表6.4.2的规定；对于Ⅳ类场地上较高的高层建筑，其轴压比限值应适当减小。

表 6.4.2　柱轴压比限值

| 结构类型 | 抗 震 等 级 | | | |
|---|---|---|---|---|
| | 一 | 二 | 三 | 四 |
| 框架结构 | 0.65 | 0.75 | 0.85 | — |
| 板柱-剪力墙、框架-剪力墙、框架-核心筒、筒中筒结构 | 0.75 | 0.85 | 0.90 | 0.95 |
| 部分框支剪力墙结构 | 0.60 | 0.70 | — | |

注： 1　轴压比指柱考虑地震作用组合的轴压力设计值与柱全截面面积和混凝土轴心抗压强度设计值乘积的比值；

　　2　表内数值适用于混凝土强度等级不高于C60的柱。当混凝土强度等级为C65～C70时，轴压比限值应比表中数值降低0.05；当混凝土强度等级为C75～C80时，轴压比限值应比表中数值降低0.10；

　　3　表内数值适用于剪跨比大于2的柱；剪跨比不大于2但不小于1.5的柱，其轴压比限值应比表中数值减小0.05；剪跨比小于1.5的柱，其轴压比限值应专门研究并采取特殊构造措施；

　　4　当沿柱全高采用井字复合箍，箍筋间距不大于100mm、肢距不大于200mm、直径不小于12mm，或当沿柱全高采用复合螺旋箍，箍筋螺距不大于100mm、肢距不大于200mm、直径不小于12mm，或当沿柱全高采用连续复合螺旋箍，且螺距不大于80mm、肢距不大于200mm、直径不小于10mm时，轴压比限值可增加0.10；

　　5　当柱截面中部设置由附加纵向钢筋形成的芯柱，且附加纵向钢筋的截面面积不小于柱截面面积的0.8%时，柱轴压比限值可增加0.05。当本项措施与注4的措施共同采用时，柱轴压比限值可比表中数值增加0.15，但箍筋的配箍特征值仍可按轴压比增加0.10的要求确定；

　　6　调整后的柱轴压比限值不应大于1.05。

图 2-183　《高规》6.4.2条对柱轴压比限值的要求

## 2.56　关于短肢剪力墙边缘构件配筋比计算大的问题

Q：短肢剪力墙在 SATWE 边缘构件简图中的配筋为什么比计算结果配筋简图大很多？如图 2-184 为 SATWE 计算的短肢剪力墙的配筋结果，输出结果为 0，代表该剪力墙为构造配筋，但是查看边缘构件时，该短肢剪力墙的边缘构件配筋面积如图 2-185 所示，边缘构件配筋率接近 2.55％了。

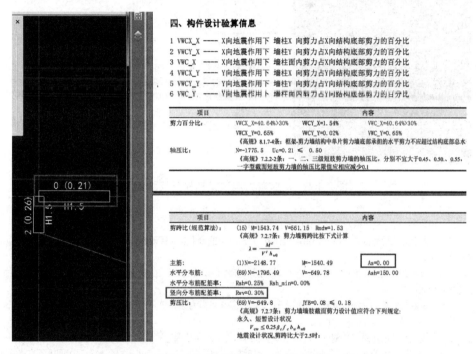

图 2-184　某短肢剪力墙 SATWE 计算完毕的配筋结果

A：对于短肢剪力墙竖向分布筋配筋率，在《高规》中并没有特殊的要求，与普通剪力墙的要求是一致的，但是规范中对短肢剪力墙是有全截面配筋率要求的，如图 2-186 所示。

如图 2-184 所示，SATWE 计算结果中显示短肢剪力墙的配筋为 0，代表该短肢剪力墙为构造配筋，SATWE 中并未给出短肢剪力墙的构造配筋面积。

在 SATWE 补充验算的边缘构件查改中也可以查到该短肢剪力墙抗震等级二级，属于底部加强区，按照规范要求，构造全截面配筋率为 1.2％，该墙肢截面为 300mm×2000mm，因此，该墙肢的全截面配筋面积为：$300×2000×1.2％=7200mm^2$，该短墙肢竖向分布筋的配筋率指定为 0.3％，则配置于剪力墙边缘构件中部的竖向分布筋面积为：$300×(2000-400-400)×0.3％=1080mm^2$。

每个边缘构件的配筋面积为短肢剪力墙全截面配筋面积减去中间竖向分布筋面积再除以 2。则每个边缘构件的配筋面积为：$(7200-1080)/2=3060mm^2$。

边缘构件最后的配筋面积取 $3060mm^2$ 与边缘构件构造的大值，因此，该短肢剪力墙边缘构件的配筋面积为 $3060mm^2$，配筋率为 $3060/(300×400)=2.55％$，软件计算结果与手工校核一致。

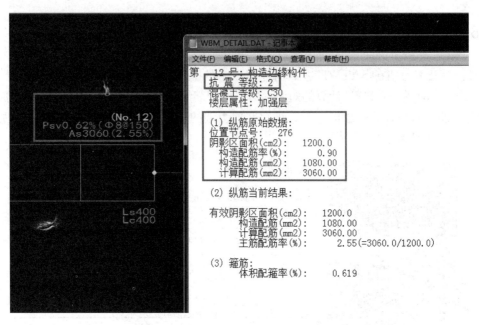

图 2-185 短肢剪力墙边缘构件配筋结果

7.2.2 抗震设计时，短肢剪力墙的设计应符合下列规定：

1 短肢剪力墙截面厚度除应符合本规程第7.2.1条的要求外，底部加强部位尚不应小于200mm，其他部位尚不应小于180mm。

2 一、二、三级短肢剪力墙的轴压比，分别不宜大于0.45、0.50、0.55，一字形截面短肢剪力墙的轴压比限值应相应减少0.1。

3 短肢剪力墙的底部加强部位应按本节7.2.6条调整剪力设计值，其他各层一、二、三级时剪力设计值应分别乘以增大系数1.4、1.2和1.1。

4 短肢剪力墙边缘构件的设置应符合本规程第7.2.14条的规定。

5 短肢剪力墙的全部竖向钢筋的配筋率，底部加强部位一、二级不宜小于1.2%，三、四级不宜小于1.0%；其他部位一、二级不宜小于1.0%，三、四级不宜小于0.8%。

6 不宜采用一字形短肢剪力墙，不宜在一字形短肢剪力墙上布置平面外与之相交的单侧楼面梁。

图 2-186 《高规》对短肢剪力墙全截面配筋率的要求

## 2.57 关于框架柱轴压比结果为 0 的问题

Q：如图 2-187 所示，框架结构计算完毕后，其中某框架柱轴压比为 0，是何原因？

A：查看该柱的构件信息，如图 2-188 所示，发现这根柱在恒载作用下就已经出现了明显的轴拉力，这与我们的常识判断不相符。该柱所有地震参与的组合轴力都为轴拉力，因此，软件只能输出轴压比的值为 0。但还需要研究为什么在恒载作用下该柱产生轴拉力。

查看该结构的空间简图，如图 2-189 所示，可以看到该柱为下层梁承托的梁上柱，由于承托这根柱的梁刚度是有限的，因此这根柱的柱底会出现较大的变形，同时该柱柱顶受到框架梁的约束，在恒载作用下柱顶端变形趋势小于柱底端变形趋势时，该柱受拉；柱底和柱顶变形很小时，柱的轴力接近于 0，当柱处于受拉状态时，柱轴压比自然是 0。

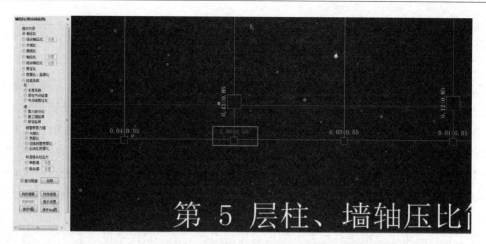

图 2-187　框架柱轴压比结果为 0

| 荷载工况 | Axial | Shear-X | Shear-Y | MX-Bottom | MY-Bottom | MX-Top | MY-Top |
|---|---|---|---|---|---|---|---|
| (1) DL | 20.92 | 0.23 | 0.04 | -0.58 | 0.50 | -0.42 | -0.44 |
| (2) LL | -4.01 | 0.11 | -1.17 | 2.27 | 0.23 | -2.52 | -0.23 |
| (3) WX | -0.02 | 0.67 | 0.01 | -0.02 | 1.45 | 0.01 | -1.29 |
| (4) WY | -3.88 | -0.10 | 0.47 | -0.97 | -0.22 | 0.94 | 0.20 |
| (5) EXY | -11.07 | 3.95 | -0.14 | 0.29 | 8.55 | -0.29 | -7.63 |
| (6) EXP | 1.36 | 4.20 | -0.15 | 0.30 | 9.10 | -0.29 | -8.13 |
| (7) EXM | -1.31 | 3.65 | 0.15 | -0.30 | 7.90 | 0.30 | -7.04 |
| (8) EYX | -12.98 | -0.51 | 1.53 | -3.18 | -1.10 | 3.09 | 1.00 |
| (9) EYP | -12.30 | 0.56 | 1.45 | -3.01 | 1.22 | 2.93 | -1.08 |
| (10) EYM | -13.56 | -0.95 | 1.60 | -3.34 | -2.04 | 3.24 | 1.87 |
| (11) EX | -11.07 | 3.95 | -0.14 | 0.29 | 8.55 | -0.29 | -7.63 |
| (12) EY | -12.98 | -0.51 | 1.53 | -3.18 | -1.10 | 3.09 | 1.00 |
| (13) EXO | 12.98 | 0.50 | -1.53 | 3.19 | 1.08 | -3.09 | -0.99 |
| (14) EYO | -11.06 | 3.95 | 0.11 | -0.24 | 8.55 | 0.23 | -7.63 |

图 2-188　该框架柱在各工况下的内力

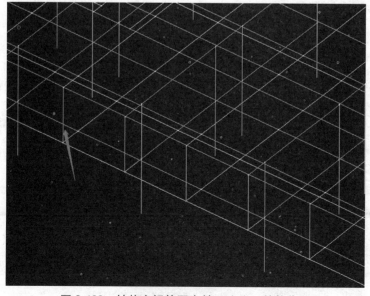

图 2-189　结构空间简图中轴压比为 0 的柱位置

## 2.58　关于梁板顶面对齐中梁刚度放大系数的问题

Q：设计中"考虑梁板顶面对齐"选项对楼板厚度有要求吗？100mm 厚的楼面可以选这个选项，同时不再考虑梁刚度放大系数，然后弹性板按照有限元方法计算吗？

A：通常在设计中，对于内力计算及配筋设计中，假定楼板为分块刚性板，实际楼板并没有参与计算，计算时采用的是梁与板中对中的模型，为了反映楼板对梁的约束作用，设计中按照《混规》考虑楼板有效翼缘对梁的约束，因此需要对梁的刚度进行放大，就引入了混凝土梁的刚度放大系数，同时考虑刚性板和梁的协调，梁与刚性板不产生平面内的相对变形，因此，刚性板下梁也不存在轴力。

为了在计算阶段模拟梁与板真实的顶对顶的协调关系，软件中提供了参数"考虑梁板顶面对齐"，如图 2-190 所示，该参数选择与否与楼板板厚没有关系。但是如果选择了该参数，就代表该楼板必须要按照弹性板进行考虑，这样梁板才能一起参与协调变形，并且此时楼板是按照正常的弹性板构件参与结构整体分析的。相当于考虑梁板共同承担荷载，因此，如果在设计中勾选了该参数，程序自动会将梁、板向下偏移至上表面与柱顶平齐，需要注意的是：

（1）此时由于是真实的模型，就不再有梁的刚度放大系数了，软件会默认梁刚度放大系数为 1。

（2）需要设置全楼为弹性模或者弹性板 6。

（3）如果对该楼板进行设计，应采用有限元进行设计，考虑板中的拉压变形，板应该按照有限元计算的弯矩及轴力，按拉弯构件进行配筋设计。

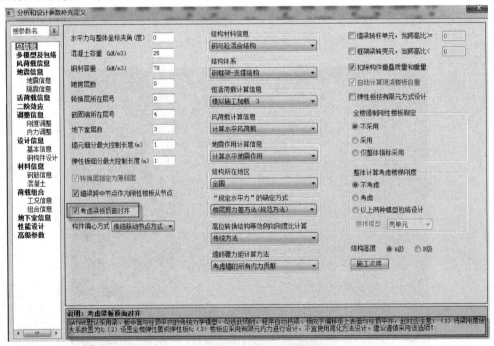

图 2-190　选择"考虑梁板顶面对齐"

（4）由于已经考虑梁板顶面平齐，板已经按照正常构件参与了整体分析，需要人为将梁的扭矩折减系数修改为 1。

考虑梁板顶面对齐前后的模型对比如图 2-191 所示，图 2-192 为考虑梁板顶面对齐的计算模型。

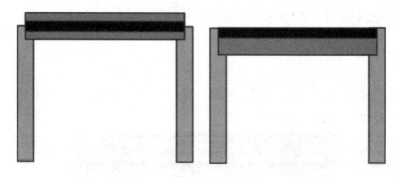

图 2-191　考虑梁板顶面对齐前后模型对比

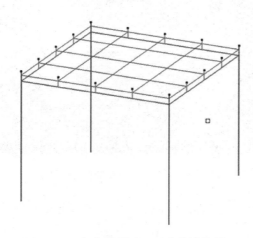

图 2-192　考虑梁板顶面对齐的计算模型

同时需要注意：如果不设置梁板顶面对齐，而仅仅定义了弹性板 6 或者弹性模，此时千万不应该画蛇添足地将混凝土梁刚度放大系数修改为 1.0，这是错误的。

混凝土梁的刚度放大系数不仅仅考虑有效翼缘的惯性矩，更重要的是要考虑由于中性轴移动后，由有效翼缘产生的附加惯性矩，如图 2-193 所示。

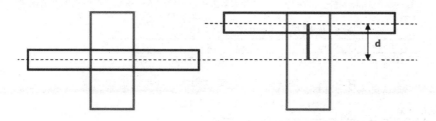

图 2-193　梁板中对中截面示意与 T 形截面惯性矩示意图

## 2.59　关于带层间梁的结构楼层剪切刚度计算的问题

Q：对于结构中布置层间梁的情况，规范中剪切刚度的计算公式没有考虑这种情况，PKPM 结构软件中是如何计算有层间梁的结构楼层的剪切刚度的？

A：柱虽然被层间梁打断，但程序为了保证剪切刚度的合理性，仍然会按层高计算剪切刚度，忽略掉层间梁的影响。

如图 2-194 所示为一带层间梁的框架结构算例，其中柱尺寸为 $400\text{mm} \times 500\text{mm}$，层高 3.3m（层间梁距底部 2.3m），混凝土等级为 C30，弹性模量为 $3.0 \times 10^4 \text{N/mm}^2$，剪切模量按弹性模量 40% 取值。

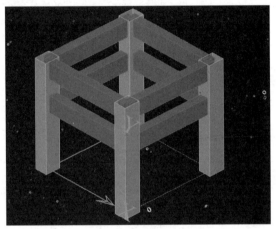

图 2-194　带层间梁的框架结构算例

按《高规》附录 E.0.1，计算该框架结构楼层剪切刚度如下：

$$C = 2.5 \times \left(\frac{400}{3300}\right)^2$$

$$A = 400\text{mm} \times 500\text{mm} \times C \times 4$$

$$R_{JX} = \frac{GA}{h_i} = \frac{0.4EA}{3.3} = 1.07 \times 10^5 \text{kN/m}$$

手工校核楼层剪切刚度与软件输出结果一致，SATWE 软件输出的该结构的楼层剪切刚度如图 2-195 所示。

Ratx，Raty(刚度比)：　　X，Y 方向本层塔剪切刚度与下一层相应塔剪切刚度的比值
RJX，RJY：　　　　　　结构总体坐标系中塔的剪切刚度

**表1　楼层侧向剪切刚度及刚度比**

| 层号 | RJX(kN/m) | RJY(kN/m) | Ratx | Raty |
|---|---|---|---|---|
| 1 | 1.07e+5 | 1.67e+5 | 1.00 | 1.00 |

图 2-195　带层间梁的框架结构输出的楼层剪切刚度

## 2.60　关于剪力墙施工缝验算的问题

Q：如图 2-196 所示为 SATWE 输出的某一级抗震等级剪力墙施工缝验超限的信息，

按照软件给出的信息进行手工校核，无法校核出软件的结果，SATWE中剪力墙水平施工缝抗剪验算是怎么算的？为什么自己核算结果与软件结果不同？

图 2-196　某一级抗震等级剪力墙输出施工缝超限的信息

A：施工缝验算时，最主要的是要注意规范中对轴力拉压正负号的取值，软件中的轴拉力是正值，轴压力是负值，但是规范中的要求是拉力为负、压力为正，所以导致手工核算结果与软件输出结果对不上。

如图 2-196 的剪力墙，截面参数为 $B \times H = 300\text{mm} \times 3090\text{mm}$，程序对所有抗震内力组合进行计算，得出 72 号组合为施工缝验算最不利的组合，不能满足要求，墙肢采用的分布筋强度为 $360\text{N/mm}^2$，分布筋配筋率为 $0.25\%$，墙主筋强度为 $360\text{N/mm}^2$，暗柱配筋面积为 $2192.78\text{mm}^2$，计算过程如下：

剪力墙全截面的面积为两个边缘构件的面积加上配置到墙体中的竖向分布筋面积，同时考虑实际配筋的超配系数 1.15，得到：

$$A_s = 1.15 \times (2192.78 \times 2 + 300 \times 3090 \times 0.25 \times 0.01) = 7541\text{mm}^2$$

注意：此处在计算竖向分布筋面积时，是按墙的全截面面积算，没有考虑扣除两端边缘构件后的墙身的范围。

$$(0.6f_y \times A_s + 0.8N)/\gamma_{RE} = 1/0.85 \times (0.6 \times 360 \times 1510.77 + 0.8 \times 758.66) = 8755\text{mm}^2$$

所以施工缝验算超限，软件中输出超限信息，并且提示要满足施工缝验算，还需要配置的钢筋插筋面积为 $1467.5\text{mm}^2$。

## 2.61　关于人防控制构件材料强度调整系数取值的问题

Q：PKPM程序中是如何考虑《人防规范》中的材料强度调整系数，特别是对于《人防规范》中没有的材料，如图 2-197 所示，比如钢材超过 HRB400 时如何执行材料强度调整系数？

4.2.3 在动荷载和静荷载同时作用或动荷载单独作用下，材料强度设计值可按下列公式计算确定：

$$f_\mathrm{d} = \gamma_\mathrm{d} f \qquad (4.2.3)$$

式中　$f_\mathrm{d}$——动荷载作用下材料强度设计值（N/mm²）；

$f$——静荷载作用下材料强度设计值（N/mm²）；

$\gamma_\mathrm{d}$——动荷载作用下材料强度综合调整系数，可按表 4.2.3 的规定采用。

表 4.2.3　　　　材料强度综合调整系数 $\gamma_\mathrm{d}$

| 材　料　种　类 | | 综合调整系数 $\gamma_\mathrm{d}$ |
|---|---|---|
| 热轧钢筋<br>（钢材） | HPB235 级<br>（Q235 钢） | 1.50 |
| | HRB335 级<br>（Q345 钢） | 1.35 |
| | HRB400 级<br>（Q390 钢） | 1.20<br>（1.25） |
| | RRB400 级<br>（Q420 钢） | 1.20 |
| 混凝土 | C55 及以下 | 1.50 |
| | C60～C80 | 1.40 |
| 砌　体 | 料　石 | 1.20 |
| | 混凝土砌块 | 1.30 |
| | 普通粘土砖 | 1.20 |

图 2-197　《人防规范》第 4.2.3 条对材料强度综合
调整系数的要求

A：《人防规范》第 4.2.3 条规定在有动荷载参与的情况下，材料强度要进行调整，即根据不同的材料强度，直接乘以不同的调整系数，目前程序自动按此执行，可在构件信息中查看相应的调整系数。

不同材料强度按规范要求取不同的调整系数，比如混凝土强度等级为 C30，人防材料强度综合调整系数为 1.5；混凝土强度等级为 C60，对应人防材料强度综合调整系数为 1.4，输出的结果分别如图 2-198 所示。

不同的钢筋级别按规范要求取不同的调整系数，比如主筋强度取 270N/mm² 时，钢材调整系数为 1.4；主筋强度取 360N/mm² 时，钢材调整系数为 1.2，输出的结果分别如图 2-199 所示。

但是《人防规范》中对于钢筋的强度调整，只考虑了 HRB400 钢筋及以下，对于超过 HRB400 如何调整并没有明确，因此程序在设计中参考北京标准《平战结合人民防空工程设计规范》DB11/994—2021（以下简称北京《人防规范》），如图 2-200 所示，超过 HRB400 级钢筋时均按 1.1 执行，软件输出的调整系数如图 2-201 所示。

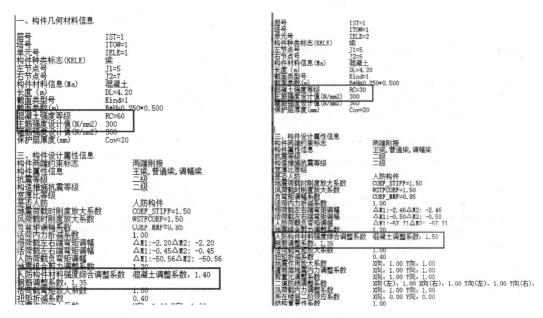

图 2-198　不同的混凝土材料按规范要求输出不同的材料强度综合调整系数

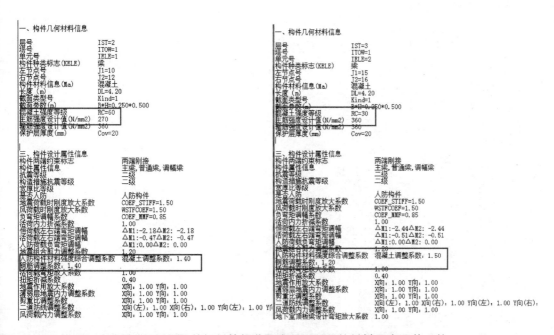

图 2-199　不同的钢材按规范要求采取不同的材料强度调整系数

**静荷载）**单独作用下，材料强度设计值可按下列公式计算确定：

$$f_d = \gamma_d f \qquad (4.2.3)$$

式中 $f_d$——动荷载作用下材料强度设计值（N/mm²）；

$f$——静荷载作用下材料强度设计值（N/mm²）；

$\gamma_d$——动荷载作用下材料强度综合调整系数，可按表 4.2.3 的规定采用。

表 4.2.3 材料强度综合调整系数 $\gamma_d$

| 材 料 种 类 | | 综合调整系数 $\gamma_d$ |
|---|---|---|
| 普通钢筋 | HPB300 | 1.40 |
| | HRB335、HRBF335 | 1.35 |
| | HRB400、HRBF400、RRB400 | 1.20 |
| | HRB500、HRBF500 | 1.10 |
| 钢材 | Q235 钢 | 1.50 |
| | Q345 钢 | 1.35 |
| | Q390 钢 | 1.25 |
| | Q420 钢 | 1.20 |
| 混凝土 | C55 及以下 | 1.50 |
| | C60～C80 | 1.40 |

图 2-200 北京《人防规范》对材料强度综合调整系数的取值

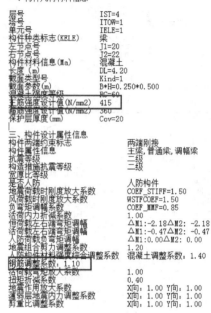

一、构件几何材料信息

| | |
|---|---|
| 层号 | IST=4 |
| 塔号 | ITOW=1 |
| 单元号 | IELE=1 |
| 构件种类标志(KELE) | 梁 |
| 左节点号 | J1=20 |
| 右节点号 | J2=22 |
| 构件材料信息(Ma) | 混凝土 |
| 长度（m） | DL=4.20 |
| 截面类型号 | Kind=1 |
| 截面参数(m) | B*H=0.250*0.500 |
| 混凝土强度等级 | RC=60 |
| 主筋强度设计值(N/mm2) | 415 |
| 箍筋强度设计值(N/mm2) | 360 |
| 保护层厚度(mm) | Cov=20 |

三、构件设计属性信息

| | |
|---|---|
| 构件两端约束标志 | 两端刚接 |
| 构件属性信息 | 主梁,普通梁,调幅梁 |
| 抗震等级 | 二级 |
| 构造措施抗震等级 | 二级 |
| 宽厚比等级 | |
| 是否人防 | 人防构件 |
| 地震荷载时刚度放大系数 | COEF_STIFF=1.50 |
| 风荷载时刚度放大系数 | WSTFCOEF=1.50 |
| 负弯矩调幅系数 | COEF_MMF=0.85 |
| 活荷内力折减系数 | 1.00 |
| 恒荷载左右端弯矩调幅 | △M1:-2.18△M2: -2.18 |
| 活荷载左右端弯矩调幅 | △M1:-0.47△M2: -0.47 |
| 人防荷载员弯矩调幅 | △M1:0.00△M2: 0.00 |
| 地震组合剪力调整系数 | 1.20 |
| 人防构件材料强度综合调整系数 | 混凝土调整系数: 1.40 |
| 钢筋调整系数: 1.10 | |
| 指向载弯矩放大系数 | 1.00 |
| 扭矩折减系数 | 0.40 |
| 地震作用放大系数 | X向: 1.00 Y向: 1.00 |
| 薄弱层地震内力调整系数 | X向: 1.00 Y向: 1.00 |
| 剪重比调整系数 | X向: 1.00 Y向: 1.00 |

图 2-201 超出 HB400 的钢筋材料强度调整系数均取 1.1

# 第3章　计算结果接入施工图相关问题剖析

## 3.1　接入梁施工图，钢筋一片飘红的问题

Q：如图 3-1 所示，SATWE 软件计算完毕之后，接入梁施工图，自动生成的梁施工图钢筋一片飘红（方框内为飘红处），是什么原因导致的？

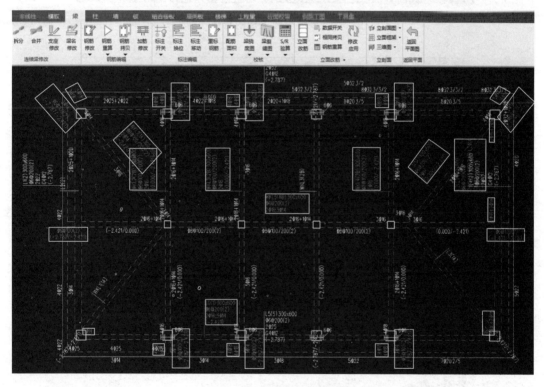

图 3-1　梁施工图中一片飘红

A：经排查，此工程施工图一片飘红，表现异常的原因不是由于施工图本身超筋或不满足规范要求，其根源是在结构建模阶段，由于坡屋面建模不当导致了后面施工图的异常。施工图中读入了建模中的梁构件，但是计算模型中梁构件不存在，导致了施工图中无法读入某些梁的计算结果，进而导致异常，具体原因分析如下：

由于该工程有坡屋面，设计师建模时，按照上节点高形成坡屋面模型，如图 3-2 所示，坡屋面最高处距离本层底部的距离为 $H$，楼层中间位置构件距离坡屋面最高处的距离为 $h$，其相互关系如图 3-3 所示。由于设计师在楼层组装的时候，对于层高取值小于 $H$，导致了模型出现异常。

图 3-2　该坡屋面工程的建模模型

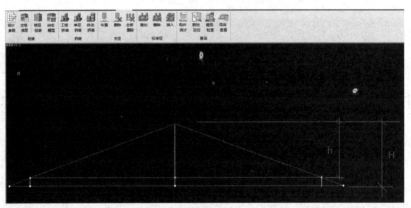

图 3-3　坡屋面层顶部距离本层底高度与中间构件位置高度 $H$ 与 $h$ 关系

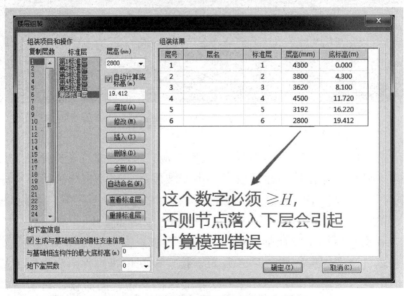

图 3-4　设计师楼层组装时层高小于 $H$

SATWE 分析模型中可以看到坡屋面的斜板做了网格剖分,如图 3-5 所示,坡屋面层有部分梁丢失了,导致后面施工图读不到相应梁的计算结果而显红。

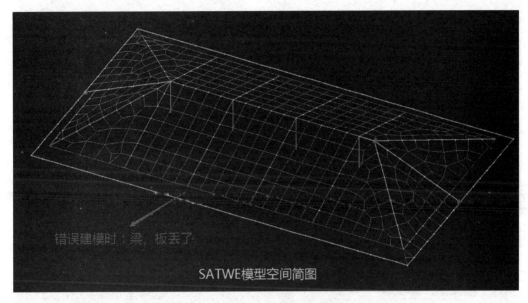

图 3-5　SATWE 模型空间简图

采用正确的建模方式,正确指定楼层的组装高度,必须保证楼层组装中的高度大于等于 $H$,这样才能保证模型的正确性。正确建模后,上述坡屋面工程在 SATWE 的模型空间简图中是正常的,坡屋面楼层中间位置的梁是正常显示的,如图 3-6 所示。在读入施工图时,也可以正常地搜索到相关的梁构件,模型中的梁可以找到对应 SATWE 中的计算结果,因此,梁施工图中已不再飘红,正常显示,如图 3-7 所示。

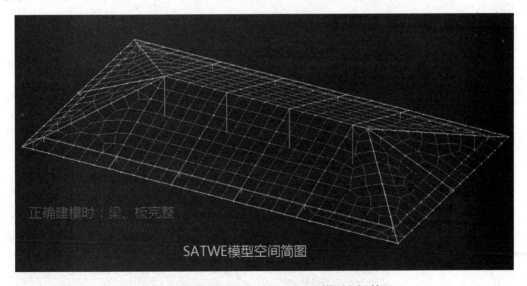

图 3-6　修改组装层高后,SATWE 模型空间简图

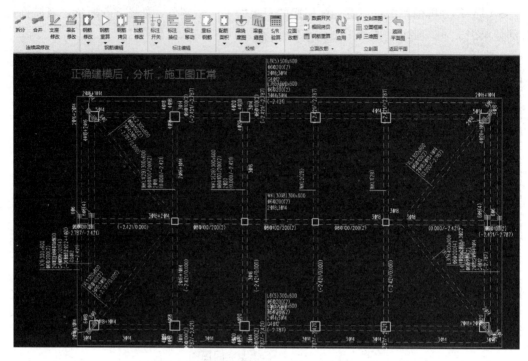

图 3-7　修改组装层高后，施工图正常显示

## 3.2　楼板挠度计算的问题

　　Q：如图 3-8 所示，在混凝土楼板施工图中，为什么有一些现浇板矩形楼板没有挠度计算结果？

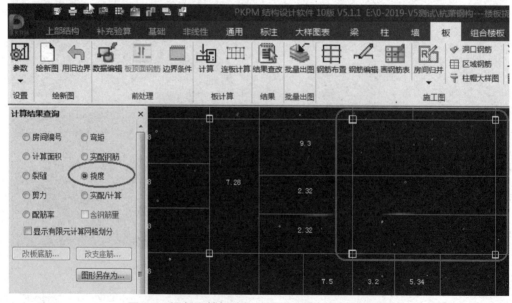

图 3-8　混凝土楼板施工图中部分楼板无挠度结果

A：对于工程中楼板不计算挠度的一般原因有以下几种：

1）当房间边界条件不统一时，不能完成该楼板的挠度计算。如图 3-9 所示，圆圈中简支边界和方框中固定边界同时存在于楼板的一条边上，这块板是不能计算挠度的。边界的情况可以在板施工图菜单"边界条件"中检查。

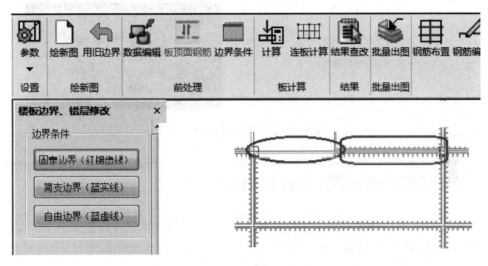

图 3-9　混凝土楼板施工图中查看楼板的"边界条件"

2）当楼板上有板上线荷载、板上局部面荷载、板上点荷载等局部荷载时，对这些房间只能采用有限元算法计算，目前还不能计算板挠度。如图 3-10 所示，楼板上布置了线荷载，本块楼板不能计算挠度。所以注意在结构建模中检查荷载的布置情况，建模中楼板上布置均布恒载和活载，是可以计算挠度的。

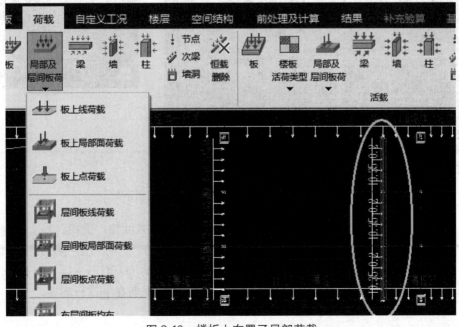

图 3-10　楼板上布置了局部荷载

3）板施工图"计算参数"中，参数"近似按矩形计算时面积相对误差"的数值输入较小时（默认 0.15），有些形状接近矩形且面积与矩形相差超过 0.15 的异形板块无法计算挠度。如图 3-11 所示，圆圈中梯形房间的面积差超过 0.15，板没有计算挠度。

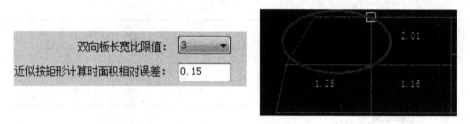

图 3-11 异形楼板未计算挠度

## 3.3 关于正方形楼板两个方向配筋不同的问题

Q：一层框架结构完全对称（包括荷载、构件等），为什么正方形楼板 $X$ 向、$Y$ 向配筋值不一样？如图 3-12 所示，某房间 $X$ 方向配筋 955mm²，$Y$ 方向配筋为 988mm²。

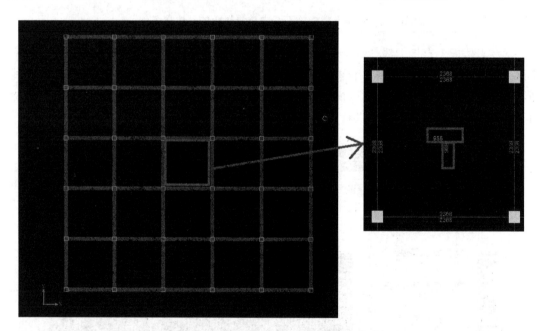

图 3-12 正方形房间两个方向的配筋面积不同

A：查看楼板配筋的计算书，如图 3-13 所示，从计算书可知：受拉区纵向普通钢筋的截面面积 $A_s$ 值不一样。分析可知，在板施工配筋时 $X$ 向、$Y$ 向一层一层交替铺设，$X$ 向、$Y$ 向不在同一层内，这就导致 $X$ 向、$Y$ 向配筋计算时的 $H_0$ 值不一样，继而 $A_s$ 值不同。对于双向板房间底筋，程序默认 $X$ 向配筋在上，$Y$ 向配筋在下进行配置。

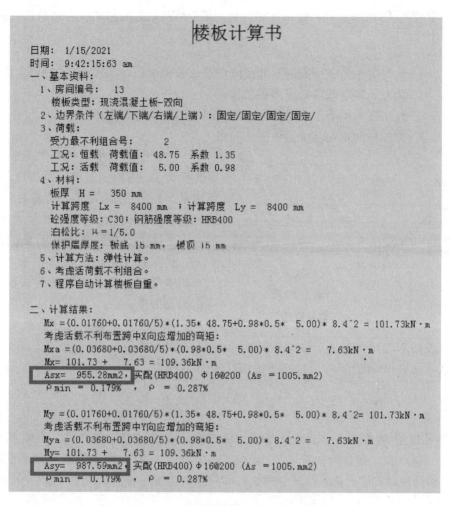

图 3-13　楼板计算详细的计算书结果

## 3.4　主次梁附加箍筋的问题

Q：在梁施工图中，PKPM 软件是如何计算主次梁连接处附加钢筋的，为什么用主次梁剪力差计算得不出软件计算结果？

A：规范规定位于梁下部或梁截面高度范围内的集中荷载应全部由附加横向钢筋（箍筋、吊筋）承担，梁施工图中 PKPM 程序会在主次梁相交处的主梁上配置附加钢筋来承担次梁传来的集中荷载。

下面通过一个实际算例来说明程序对附加钢筋的计算方法。在施工图中查到的主次梁相交处相关数据如图 3-14 所示。

图 3-14　主次梁交叉处配筋信息

按《混规》式（9.2.11），可以计算出承受集中荷载所需的附加横向钢筋总截面面积：

$$A_{sv} \geqslant \frac{F}{f_{yv}\sin\alpha} \qquad (9.2.11)$$

式中：$A_{sv}$——承受集中荷载所需的附加横向钢筋总截面面积；当采用附加吊筋时，$A_{sv}$ 应为左、右弯起段截面面积之和；

$F$——作用在梁的下部或梁截面高度范围内的集中荷载设计值；

$\alpha$——附加横向钢筋与梁轴线间的夹角。

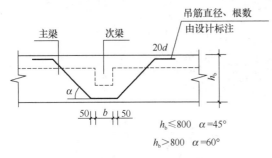

图 3-15　附加吊筋的取值

公式中附加横向钢筋与梁轴线间的夹角为 $\alpha$，对附加箍筋 $\alpha$ 取 90°。对附加吊筋，按图集 16G101-1 的要求取值，具体如图 3-15 所示。

根据《混规》公式和图集的取值要求，根据程序给出的相应数据，可以计算出承受集中荷载所需的附加横向钢筋总截面面积。

需要注意的是，程序在计算时箍筋的抗剪强度均采用 HPB300，即 $f_{yv}=270\text{N/mm}^2$。并且计算的 $A_{sv}$ 均为竖直方向，所以此处不需要考虑夹角 $\alpha$ 的影响。附加横向钢筋总截面面积为：

$$A_{sv} = \frac{501.5 \times 10^3}{270} = 1857.4074\text{mm}^2$$

由图 3-14 中数据可见，此处配置了附加箍筋，实配钢筋 6Φ10（4），实配面积为 $471\times4=1884\text{mm}^2$。但是附加箍筋采用的是 HPB300，而附加横向钢筋总截面面积是按 HPB400 的强度计算的。为了比较，附加箍筋的结果还需要进行等强度代换。所以最终结果为：

$$\frac{1884}{A_{s等效}} = \frac{270}{360} \Rightarrow A_{s等效} = 2512\text{mm}^2$$

附加箍筋的等效面积大于需要的横向钢筋总面积，所以配置的附加箍筋可以满足要求。

若此不配置附加箍筋处只配置附加吊筋，程序计算结果如图 3-16 所示。

由图中数据可见，此处配置的附加吊筋为 2Φ25，吊筋一般是两根，所以实配面积为 $982\times2=1964\text{mm}^2$。但是附加吊筋采用的是 HPB400，而附加横向钢筋总截面面积是按 HPB300 的强度计算的。为了比较，附加吊筋的结果还需要进行等强度代换。代换后的结果为：

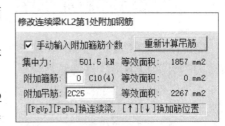

图 3-16　不配置附加箍筋只配置附加吊筋输出结果

$$\frac{1964}{A_{s等效}} = \frac{270}{360} \Rightarrow A_{s等效} = 2618.6667\text{mm}^2$$

在计算承受集中荷载所需的附加横向钢筋总截面面积时，$A_{sv}$ 为竖直方向，未考虑夹角 $\alpha$ 的影响。为了比较，附加吊筋的结果也需要转换到竖直方向。此根梁截面为 $300 \times 900$，按图集的要求，$\alpha$ 取 $60°$。所以最终结果为：

$$2618.6667 \times \sin 60° = 2267.832 \text{mm}^2$$

附加吊筋的等效面积大于需要的横向钢筋总面积，所以配置的附加吊筋可以满足要求。

在梁施工图中输出的等效面积均是按 HPB300 的抗剪强度计算，并且均为竖直方向的面积。所以只要附加箍筋和吊筋的等效面积之和大于集中力对应的等效面积，即可满足要求。

## 3.5　关于楼板计算对消防车荷载的处理问题

Q：在建模时楼板上输入了消防车荷载，楼板施工图中是否考虑了这个荷载？为什么查看楼板详细计算结果时，消防车系数是 0？如图 3-17 所示。

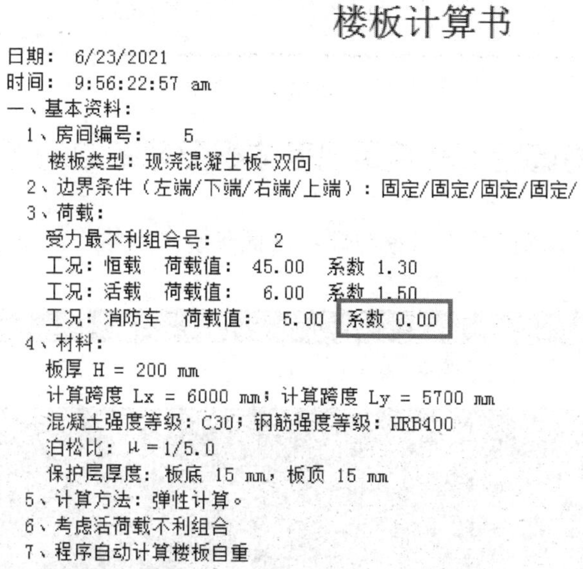

### 楼板计算书

日期：6/23/2021
时间：9:56:22:57 am
一、基本资料：
1、房间编号：　　5
　　楼板类型：现浇混凝土板-双向
2、边界条件（左端/下端/右端/上端）：固定/固定/固定/固定/
3、荷载：
　　受力最不利组合号：　　2
　　工况：恒载　荷载值：45.00　系数 1.30
　　工况：活载　荷载值：6.00　系数 1.50
　　工况：消防车　荷载值：5.00　系数 0.00
4、材料：
　　板厚 H = 200 mm
　　计算跨度 Lx = 6000 mm；计算跨度 Ly = 5700 mm
　　混凝土强度等级：C30；钢筋强度等级：HRB400
　　泊松比：μ=1/5.0
　　保护层厚度：板底 15 mm，板顶 15 mm
5、计算方法：弹性计算。
6、考虑活荷载不利组合
7、程序自动计算楼板自重

图 3-17　布置消防车荷载的楼板详细计算结果

A：楼板上布置了消防车荷载以后，楼板施工图计算时是考虑该荷载的。该工程中因为楼面活荷载较大，其值大于了消防车荷载，消防车参与的组合不起控制作用，对应系数按 0 输出。如果消防车荷载大于活荷载，该系数按照活荷载的分项系数 1.5 取值。同时板施工图计算的组合情况可以到"设置参数"—"工况信息"中查看和修改，如图 3-18 所示。

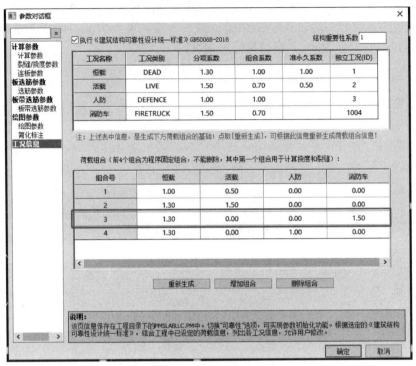

图 3-18　工况信息下查看组合

## 3.6　关于生成的墙施工图满足规范体积配箍率的问题

Q：如图 3-19 所示的墙肢的边缘构件，位置在第 1 自然层，编号 18，轴压比 0.31，

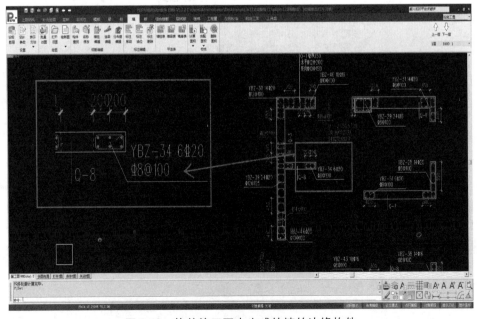

图 3-19　软件施工图中生成的墙的边缘构件

抗震等级为一级，混凝土采用 C45。在墙施工图里，保护层厚度设置为 25mm。为什么墙施工图中边缘构件的体积配箍率手动核算明显不满足，但程序输出的结果却是满足规范要求的？

A：按照图 3-19 中的边缘构件信息，核算边缘构件体积配箍率，过程如下：

根据《混规》第 11.7.18 条

$$\rho_v = \lambda_v \frac{f_c}{f_{yv}} = 0.2 \times \frac{21.1}{360} \approx 1.17\%$$

根据《混规》第 6.6.3 条第 2 款

$$\rho_v = \frac{n_1 A_{s1} l_1 + n_2 A_{s2} l_2}{A_{cor} S}$$

这里，箍筋短边之间的距离大于 300m，计算配箍率的时候，程序会自动多算了一个箍筋短边的量；即计算配箍率（按"口"字形）和绘图呈现（按"口"字形）的处理程序是不同的。因此：

$n_1 = 2, n_2 = 3$

$A_{s1} = A_{s2} = \pi \times 4^2 \text{mm}^2$

$l_1 = 200 - (25+4) \times 2 = 142\text{mm}$

$l_2 = 400 - (25+4) \times 2 = 342\text{mm}$

$A_{cor} = L_1 \times L_2 = [400 - (25+8) \times 2] \times [200 - (25+8) \times 2] = 334 \times 134$
$\qquad = 44756\text{mm}^2$

$S = 100\text{mm}$

因此可得：

$$\rho_v = \frac{n_1 A_{s1} l_1 + n_2 A_{s2} l_2}{A_{cor} S} = \frac{3 \times \pi \times 4^2 \times 142 + 2 \times \pi \times 4^2 \times 342}{134 \times 334 \times 100} \approx 1.247\% > 1.17\%$$

手工校核该边缘构件的体积配箍率是满足规范要求的，软件生成的边缘构件也满足规范。

## 3.7 关于整根梁按照多跨梁配筋的问题

Q：如图 3-20 所示：为什么截面相同的主梁在梁施工图中要分为多跨进行配筋？而不是按照同一跨主梁配筋？

A：通过梁施工图中的支座修改功能查看程序对于该梁的支座判断情况，如图 3-21 所示。发现该梁中间的节点被判断为互为支座，但这个位置次梁为铰接，并不会提供支座，所以判断这三段梁可能存在不连续的情况。

再回到结构建模中，查看这三段梁的位置关系，发现构成整根框架梁的这三段梁由于偏心不同，不在同一直线，中间的这段梁的偏轴距离是 -48，两侧梁的偏轴距离是 -50，偏心不一致，如图 3-22 所示，导致施工图中不能按整一跨梁来考虑。

解决办法是将梁的偏心统一后重新计算，重新绘图后，程序按照同一跨主梁进行配筋，生成的施工图如图 3-23 所示。

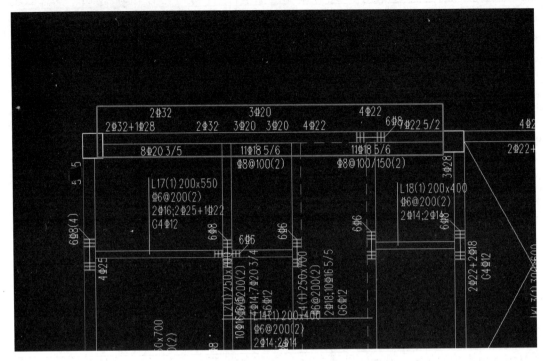

图 3-20　截面相同的主梁按照多跨进行配筋

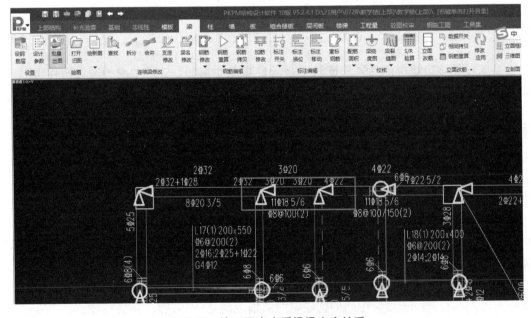

图 3-21　施工图中查看梁梁支座关系

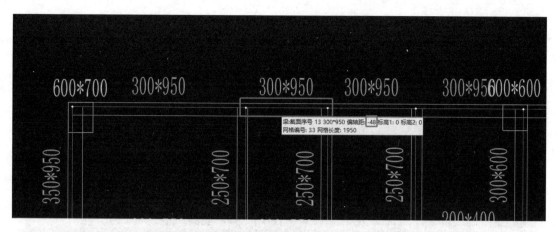

图 3-22    建模中查看每一段梁布置的偏心信息

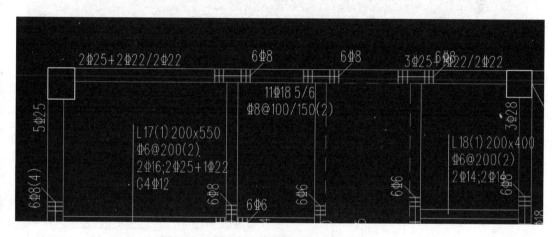

图 3-23    修改偏心后重新计算并生成施工图

## 3.8    关于施工图中梁的配筋比计算结果大的问题

Q：施工图中梁下部纵向受力钢筋的计算面积与 SATWE 计算结果中的计算面积为什么不同，并且施工图中的面积比计算面积大？如图 3-24 所示的梁下部钢筋计算面积，SATWE 计算结果中计算面积是 933，接入到施工图软件自动配筋生成梁图后，由 TIP 提示功能查看，显示计算面积为 1026，如图 3-25 所示，与 SATWE 计算结果钢筋面积 933 不一致，是什么原因？

A：正常情况下，施工图软件接入 SATWE 的计算结果，自动配筋，两个软件中的钢筋计算面积取值通常情况是一致的。如果在施工图阶段做过相关参数的修改，有可能会造成计算面积不同。检查该模型施工图的参数设置，发现参数中的"下筋放大系数"被设计师设置为 1.1，由此可知施工图中显示的计算配筋面积为 $933×1.1＝1026mm^2$，所以是这个 1.1 的系数将施工图中的梁计算配筋面积放大了，如图 3-26 所示。

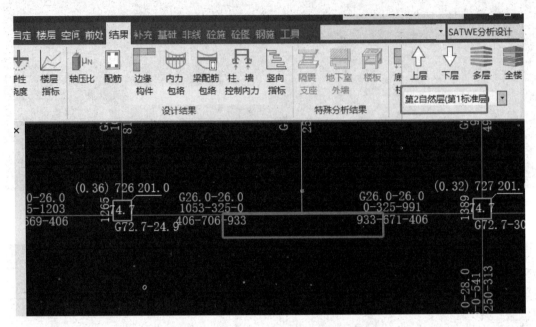

图 3-24　SATWE 中梁计算输出的配筋结果

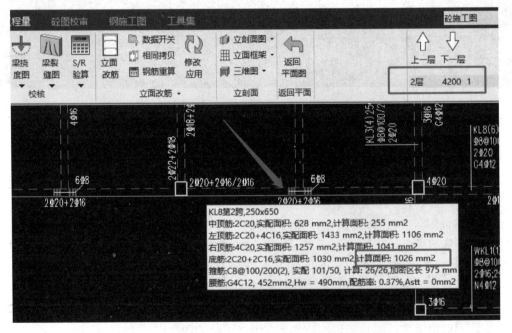

图 3-25　施工图中梁显示的计算面积输出结果

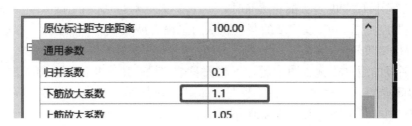

图 3-26　梁施工图中相应的参数设置

## 3.9　关于施工图中不同版本软件腰筋设置不同的问题

**Q**：同一个模型，梁高、板厚相同的情况下，采用最新的 PKPM 软件 2021 规范 V1.3 版本生成了构造腰筋，如图 3-27 所示，但是该工程采用 2010 规范版 V4 版本计算时没有生成构造腰筋，如图 3-28 所示，是什么原因？

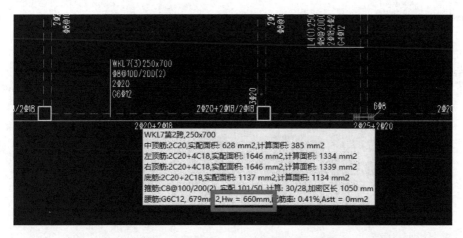

图 3-27　PKPM 软件 2021 规范 V1.3 版施工图生成的梁配置腰筋

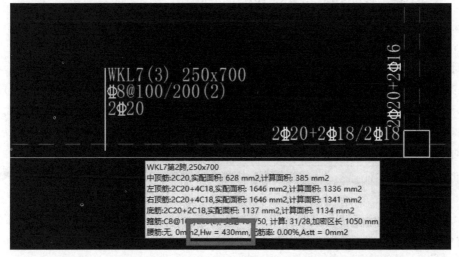

图 3-28　PKPM 软件 2010 规范 V4 版施工图生成的梁未配置腰筋

A：施工图阶段考虑是否配置腰筋时，要计算腹板高度 $h_w$，V4 版本程序对于边梁默认减去楼板厚度考虑，V5 及后续的版本默认边梁没有减去板厚，导致 V1.3 版本程序判断需要配置构造腰筋。

V5 及后续的版本在施工图中增加了相关参数"梁一侧有板时，计算 $h_w$ 扣除板厚"，程序中默认不选择，即默认没有扣除板厚，如图 3-29 所示。选择该参数，程序在判断是否设置腰筋的腹板高度 $h_w$ 时会扣除掉板厚。

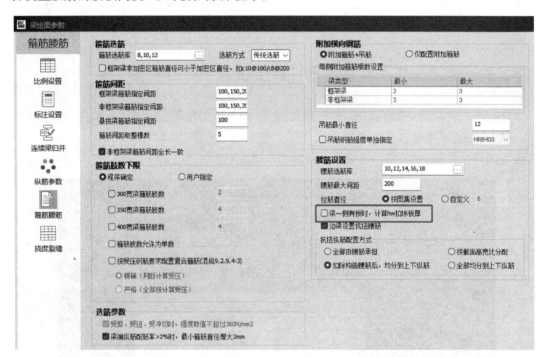

图 3-29　PKPM 软件 2021 规范 V1.3 版梁施工图相关参数设置

## 3.10　关于施工图中钢筋强度取值的问题

Q：采用 HRB500 级的附加吊筋分担集中荷载时，其抗拉强度设计值是否按照 435N/mm² 取值？

A：《混规》第 4.2.3 条规定，当构件中配有不同种类的钢筋时，每种钢筋应采用各自的强度设计值。但是规范同时强调，对于用作受剪、受扭、受冲切承载力计算时，其数值大于 360N/mm² 时，应取 360N/mm²。按规范要求，如果采用 HRB500 的附加吊筋分担集中荷载时，其强度设计值应按 360N/mm² 取值，而不是按 435N/mm² 取值。

结合工程案例验证施工图软件对材料强度的取值是否正确。如图 3-30 所示，梁截面高度 950mm，附加吊筋 4D14（HRB500 钢筋的代号是 D）的设计强度 435N/mm²，梁截面高度大于 800mm 时吊筋角度取 60°，等效面积按照钢筋强度 270N/mm² 折算，等效面积计算按照《混规》第 9.2.11 条公式计算，如图 3-31 所示。

等效面积 $= 2\times2\times153.9\times\sin60°\times360/270 = 616\times0.866\times360/270 = 711mm²$；

结论：施工图软件按照《混规》第 4.2.3 条规定，当采用 HRB500 的附加吊筋时，强度设计值按照 $360\text{N/mm}^2$ 取值。

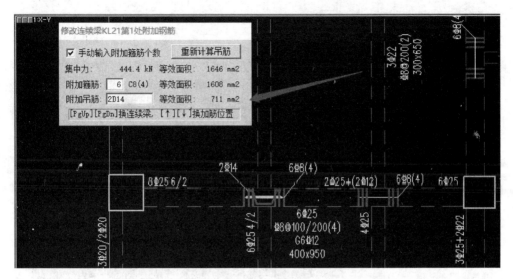

图 3-30 施工图中查看梁的附加钢筋计算信息

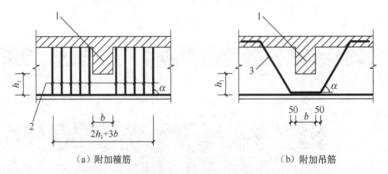

（a）附加箍筋 （b）附加吊筋

图 9.2.11 梁截面高度范围内有集中荷载作用时附加横向钢筋的布置

注：图中尺寸单位 mm。

1—传递集中荷载的位置；2—附加箍筋；3—附加吊筋

$$A_{sv} \geq \frac{F}{f_{yv}\sin\alpha} \qquad (9.2.11)$$

图 3-31 《混规》第 9.2.11 条附加吊筋计算公式

## 3.11 关于施工图中楼板钢筋修改与计算书联动的问题

Q：板施工图中的实配钢筋修改后和单个楼板计算书是联动的吗？

A：板施工图中，结果查改中用"改板底筋"或"改支座筋"来修改实配钢筋，如图 3-32 所示。也可在"施工图—钢筋编辑"中修改实配钢筋，如图 3-33 所示，"计算书（选

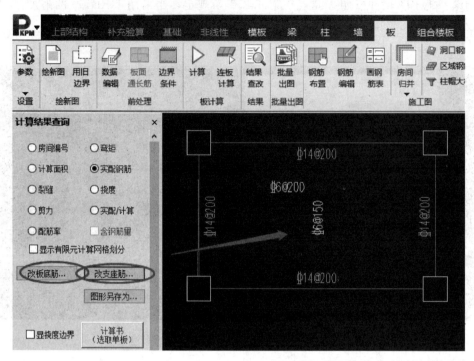

图 3-32　楼板施工图结果中修改实配钢筋面积

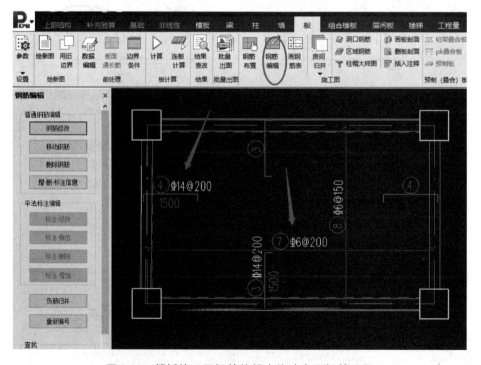

图 3-33　楼板施工图钢筋编辑中修改实配钢筋面积

取单板)"的内容都是联动的，就是按照改后的钢筋提供每一块楼板的计算书。比如，板底改为$\Phi 6@200$，支座改为$\Phi 14@200$，在图面上钢筋变化的同时，计算书也是随着实配钢筋修改的变化而变化，两者结果是一致的，如图3-34所示。

```
  7、活荷载不利组合：不考虑
  8、选筋不考虑：挠度、裂缝宽度的限值要求
二、计算结果：
  Mx = (0.00791+0.03634/5)*(1.30*8.0+1.50*5.0)*4.8^2 = 6.26 kN·m
  Asx= 225.31 mm2，实配(HRB400)Φ6@200（As=141.4 mm2）
  ρmin = 0.179%，ρ = 0.118%


  My = (0.03634+0.00791/5)*(1.30*8.0+1.50*5.0)*4.8^2 = 15.64 kN·m
  Asy= 520.55 mm2，实配(HRB400)Φ6@150（As=188.5 mm2）
  ρmin = 0.179%，ρ = 0.157%


  Mx' = 0.05710*(1.30*8.0+1.50*5.0)*4.8^2 = 23.55 kN·m
  Asx'= 820.85 mm2，实配(HRB400)Φ14@200（As=769.69 mm2,可能与邻跨有关系）
  ρmin = 0.179%，ρ = 0.641%


  My' = 0.07886*(1.30*8.0+1.50*5.0)*4.8^2 = 32.52 kN·m
  Asy'= 1207.19 mm2，实配(HRB400)Φ14@200（As=769.69 mm2,可能与邻跨有关系）
  ρmin = 0.179%，ρ = 0.641%
三、计算结果：工况　1（用于计算挠度、裂缝）
  Mx = (0.00791+0.03634/5)*(1.00*8.0+0.50*5.0)*4.8^2 = 3.67 kN·m
  My = (0.03634+0.00791/5)*(1.00*8.0+0.50*5.0)*4.8^2 = 9.17 kN·m
  Mx' = 0.05710*(1.00*8.0+0.50*5.0)*4.8^2 = 13.81 kN·m
  My' = 0.07886*(1.00*8.0+0.50*5.0)*4.8^2 = 19.08 kN·m
```

图 3-34　楼板计算书输出结果随着修改的实配钢筋面积而变化

## 3.12　关于楼板负筋在左右房间不连续绘制的问题

Q：楼板施工图中，如图3-35所示，为什么中间支座的楼板负筋在左右两侧房间中分别绘制？

A：一般来说，楼板施工图在中间支座处的楼板负筋通常会跨过两侧房间布置，这样既有利于锚固的处理，施工又方便。图中中间支座的楼板负筋在左右两侧房间中分别绘制，并且都在中间的支座处锚固。对于这种情况，可以查看PM模型，发现中间支座处左右两个房间顶面是有高差的，这时支座负筋无法跨越两个房间，只能在左右两侧房间中分别绘制。

如图3-36所示，在楼板错层修改界面中可见，中间支座的左侧浅色线表示楼板顶面标高等于正常楼层标高，右侧粗线的房间表示楼板顶面标高不等于楼层标高，这是问题原因。

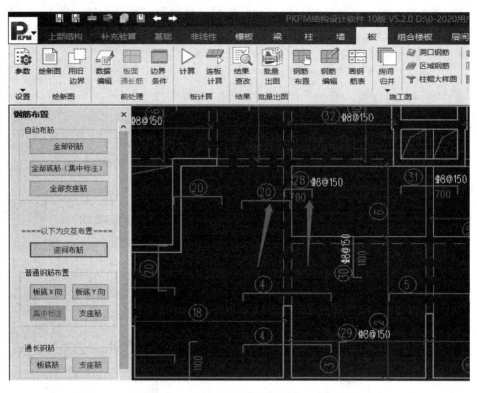

图 3-35　楼板施工图中间支座的板负筋在左右两侧分别绘制

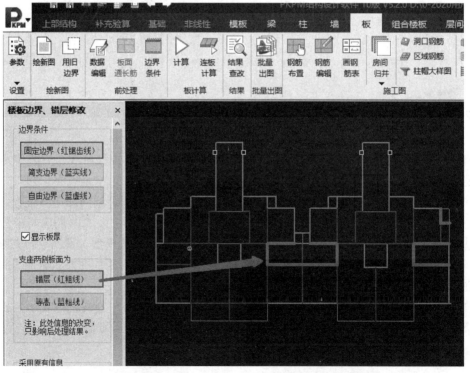

图 3-36　楼板施工图中支座处的两侧房间楼板有高差

## 3.13　关于施工图中软件将框架梁识别为悬挑梁的问题

Q：如图 3-37 所示，某框架结构，计算结果正常，接入施工图中，为什么梁施工图将正常的框架梁识别为悬挑梁 XL？

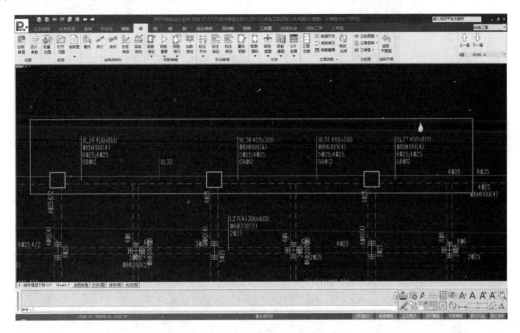

图 3-37　框架结构中的主梁被施工图软件识别为悬挑梁 XL

A：查看该框架结构的模型发现，梁被中间次梁节点打断，且梁对应的轴线并不是直线，如图 3-38 所示，超出了施工图阶段识别连续梁的角度容差。此时可在施工图软件

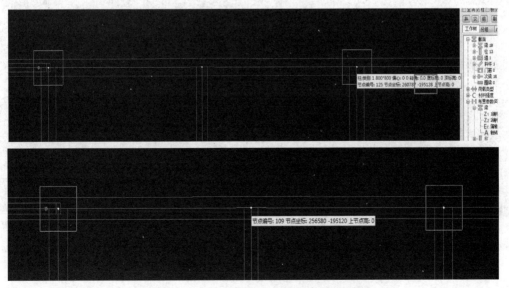

图 3-38　建模中查看该连续梁并非直线梁

中修改相应的参数"连续梁连通最大允许角度",如图 3-39 所示,修改后重新出图是正常的,如图 3-40 所示。

图 3-39　施工图中修改参数"连续梁连通最大允许角度"

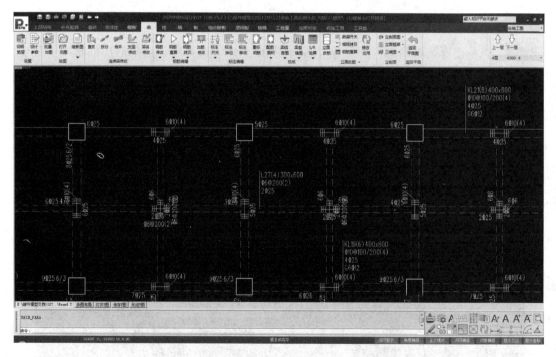

图 3-40　修改参数后该框架的梁施工图

## 3.14 关于柱箍筋全高加密的问题

Q：抗震等级为三级的 6 层框架结构，绘制混凝土柱施工图时，发现剪跨比大于 2 的中柱的箍筋竟然全高加密了，如图 3-41 所示，出现这种情况可能是什么原因？

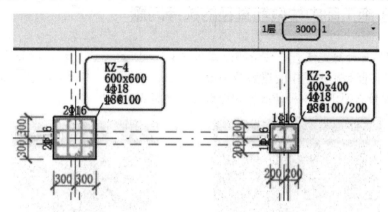

图 3-41 柱施工图中柱的箍筋做了全高加密

A：经查该工程模型为框架结构，抗震等级三级，层高 3000mm，KZ-4 和 KZ-3 之间的框架梁截面尺寸为 350mm×750mm，如图 3-42 为该结构中输出的框架柱配筋信息。图中左侧的 KZ-4 的箍筋 G1.7-0.0；图中右侧的 KZ-3 的箍筋 G1.2-0.0。从构件信息中查到 KZ-4 剪跨比为 2.7，KZ-3 为 4.2。

图 3-42 某结构中框架柱输出的配筋信息

柱施工图接力 SATWE 数据，配筋结果如图 3-41 所示，按照 SATWE 设计结果，非加密区箍筋计算值为 0，剪跨比也都大于 2，如果考虑这两个条件，2 个柱子的箍筋应该都有非加密区，但施工图 KZ-4 的箍筋 $\Phi$8@100 是全高加密的，而 KZ-3 的箍筋有非加密区。说明 KZ-4 的箍筋全高加密不只是由满足剪跨比规定的，还要同时满足其他相关规定。

再查看一下柱净高与柱截面高度的比值：KZ-4 的柱净高/柱截面＝（3000－750）/600 ＝3＜4；KZ-3 的柱净高/柱截面＝（3000－750）/400＝5.625＞4。

关于柱箍筋的加密范围，《混规》第 11.4.14 条、《抗规》第 6.3.9-1 条都有规定。PKPM 软件遵照规范规定处理如下：（1）柱端，取截面高度（圆柱直径）、柱净高的 1/6 和 500mm 三者的最大值；（2）底层柱根箍筋加密区长度取不小于该层柱净高的 1/3；（3）刚性地面上下各 500mm；（4）剪跨比不大于 2 的柱，取全高；（5）因设置填充墙等形成的柱净高与柱截面高度之比不大于 4 的柱，取全高；（6）框支柱，取全高；（7）一级和二级框架的角柱，取全高。

按照以上处理原则，发现本工程中的 KZ-4 的箍筋加密区，在剪跨比在大于 2 的情况下，还要同时满足第 5 条"柱净高与柱截面高度之比不大于 4 的柱，取全高"的规定，因此，KZ4 在施工图绘制的时候做了全高箍筋加密。

## 3.15 关于施工图中柱角筋直径的选择问题

Q：SATWE 计算完毕查看柱角筋计算面积 4.9，如图 3-43 所示，钢筋库中也添加了 25mm 的钢筋，但是施工图中的选筋结果却为 22mm。如图 3-44 所示，施工图角筋面积比计算结果小是什么原因，这种情况下按照软件配筋是否合理？

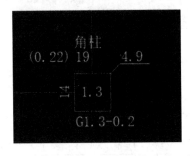
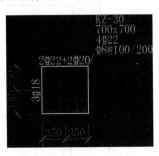

图 3-43　SATWE 中输出的柱配筋面积　　图 3-44　施工图中柱的配筋

A：混凝土柱的设计有单偏压和双偏压两种方式。由于在进行柱配筋计算时，软件先需要假定一个角筋。

软件中单偏压设计流程：程序分别计算柱上下侧钢筋 $A_{sx}$ 和左右两侧钢筋 $A_{sy}$ 的配筋。计算 $A_{sx}$ 时，程序用轴力及柱顶底的 $M_x$ 弯矩按《混规》第 6.2.17 条计算出 $A_{sx}$，和 0.2% 构造配筋取大输出。分别计算出 $A_{sx}$ 和 $A_{sy}$ 后，全截面配筋面积＝$(A_{sx}+A_{sy})\times 2-4\times A_{sc}$（$A_{sc}$ 为角筋面积），与按规范规定的全截面配筋率算出的配筋面积取大输出。软件中柱角筋面积 $A_{sc}$ 由柱截面大小确定：

柱截面长边≤0.41m：$A_{sc}=153mm^2$（直径 14mm）；

0.41m＜柱截面长边≤0.56m：$A_{sc}=201mm^2$（直径 16mm）；

0.56m＜柱截面长边≤0.71m：$A_{sc}=254mm^2$（直径 18mm）；

0.71m＜柱截面长边≤0.86m：$A_{sc}=314mm^2$（直径 20mm）；

0.86m＜柱截面长边≤1.01m：$A_{sc}=380mm^2$（直径 22mm）；

1.01m＜柱截面长边：$A_{sc}=490mm^2$（直径 25mm）。

此外，对于矩形柱，程序还用柱截面积修正了角筋面积 $A_{sc}$。

软件中双偏压设计流程：程序按《混规》附录 E 进行设计。首先按照对称布筋方式将钢筋分为角部钢筋 $A_{sc}$、上下侧面钢筋 $A_{sx}$ 和左右两侧钢筋 $A_{sy}$ 三个部分。首先根据截面尺寸和柱纵向钢筋最大间距布置角筋和侧面钢筋，然后针对柱所有组合内力进行承载力验算，如有某一组内力不满足要求，分别增大钢筋 $A_{sc}$、$A_{sx}$ 和 $A_{sy}$ 直到钢筋面积达到最大直径。如果此时仍有某一组内力不满足要求，则通过改变直径和根数调整钢筋 $A_{sx}$ 和 $A_{sy}$，重新进行上述计算，直到满足所有内力组合的承载力要求。

从上述的配筋流程可知，对于单偏压设计的柱，只需满足单边计算配筋以及全截面配筋，即使实配角筋小于计算值，只要确保单边面积不小于计算值，也是满足规范要求的。需注意，当角筋实配面积比计算值过大时，有可能造成全截面配筋不足，应注意验算。

对于双偏压设计的柱，由于双偏压是多解的，SATWE 给出的是其中一个结果。施工图在进行实配时，优先考虑此角筋值，但同时也要考虑其他构造要求，如纵筋最大间距不宜大于 300mm 等。

综合考虑计算与构造要求后，施工图程序可能给出小于计算角筋值的实配结果，如果按此时实配进行双偏压验算通过，则此结果也是满足双偏压设计要求的。

## 3.16　关于混凝土楼板计算配筋面积显示为 0 问题

Q：混凝土板施工图中计算结果查询出现计算面积为 "0" 是什么原因，如图 3-45 所示？

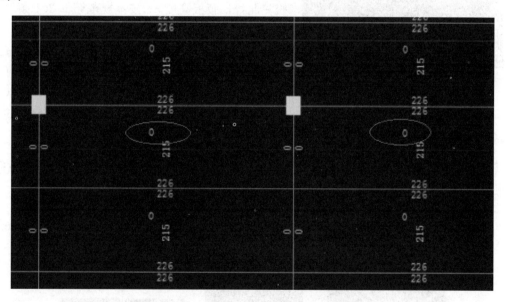

图 3-45　施工图中板的计算面积为 0

A：楼板施工图中，混凝土板按《混规》第 9.1.1 条原则进行计算：

1）两对边支承的板应按单向板计算；

2）四边支承的板应按下列规定计算：

（1）当长边与短边长度之比不大于 2.0 时，应按双向板计算；

（2）当长边与短边长度之比大于 2.0，但小于 3.0 时，宜按双向板计算；

（3）当长边与短边长度之比不小于 3.0 时，宜按沿短边方向受力的单向板计算，并应沿长边方向布置构造钢筋。

PKPM 楼板施工图软件按照规范的规定，先按照楼板的长边与短边长度之比确定单向板或是双向板，再按照各自的规则进行内力计算。本工程中楼板计算配筋面积为 0 的房间，按照房间划分的楼板长边与短边长度之比大于 3，所以软件按照单向板计算。所以，在板的长边方向的配筋计算面积出现了为 "0" 的情况，0 代表该方向为构造配筋。

## 3.17 关于软件对满足设置腰筋条件的梁未生成构造腰筋的问题

Q：某框架结构，在施工图绘制阶段中，其中某根梁高 600mm，板厚 120mm，梁高减去板厚已经大于 450mm，按照道理应该设置腰筋，但是程序自动生成的梁施工图中为

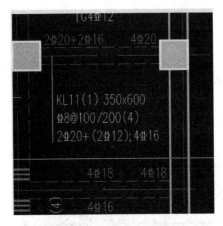

图 3-46 施工图中生成的
梁配筋没有配置腰筋

什么没生成构造腰筋？如图 3-46 所示。

A：根据《混规》第 9.2.13 条要求："梁的腹板高度 $h_w$ 不小于 450mm 时，在梁的两个侧面应沿高度配置纵向构造钢筋。每侧纵向构造钢筋（不包括梁上、下部受力钢筋及架立钢筋）的间距不宜大于 200mm，截面面积不应小于腹板截面面积（$bh_w$）的 0.1%，但当梁宽较大时可以适当放松。此处，腹板高度 $h_w$ 按本规范第 6.3.1 条的规定取用。"

在 PKPM 施工图软件中，软件计算 $h_w$ 时按照有效高度考虑，该梁的保护层 25mm，箍筋直径 8mm，纵筋直径 16mm。有效高度为：$600-120-25-8-16/2=439$mm＜450mm，在规范要求的腹板高度范围之内，不需要设置构造腰筋。

## 3.18 关于施工图中梁非加密区箍筋实配比 SATWE 计算结果小的问题

Q：如图 3-47 所示，SATWE 计算的某一根梁箍筋非加密区的箍筋面积为 177mm²，

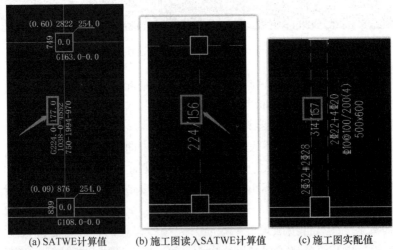

(a) SATWE计算值     (b) 施工图读入SATWE计算值     (c) 施工图实配值

图 3-47 梁箍筋非加密区计算结果与施工图中显示的结果及实配面积比较

但是在施工图中显示的非加密区箍筋计算面积值为 156mm²，施工图中非加密区箍筋实配面积为 157mm²，为什么施工图中梁非加密区的箍筋实配值小于 SATWE 中的计算值？

A：施工图中显示的梁非加密区计算结果比 SATWE 计算的小，这是因为在 SATWE 计算非加密区箍筋面积取的是自柱中心位置起 1.5H 范围，如图 3-48 所示。而施工图中是按图集中的净跨取值，如图 3-49 所示。计算的起始位置稍微有区别，所以结果不同；施工图中的结果相对更精确一些，实际工程中，建议以混凝土结构施工图结果作为最终配筋结果。

| N-T | 0.00 | 0.00 | 0.00 | 0.00 | 0.00 | 0.00 | 0.00 | 0.00 | 0.00 |
| N-C | 0.00 | 0.00 | 0.00 | 0.00 | 0.00 | 0.00 | 0.00 | 0.00 | 0.00 |
| 剪扭配筋 | (14)　T=0.77　V=957.29　Astt=0.00　Astv=225.66　Astl=0.00 | | | | | | | | |
| 非加密区箍筋面积(1.5H处)　Asvm=187.98 | | | | | | | | | |
| 剪压比 | (14)　V=957.3　JYB = 0.20 ≤ 0.25 | | | | | | | | |

《高规》6.2.6、7.2.22条，框架梁、连梁受剪截面应符合下列要求：
持久、短暂设计状况
$V \leq 0.25 \beta_c f_c b h_0$
地震设计状况
跨高比大于2.5的框架梁及连梁
$V \leq \dfrac{1}{\gamma_{RE}} (0.2 \beta_c f_c b h_0)$
跨高比不大于2.5的框架梁及连梁
$V \leq \dfrac{1}{\gamma_{RE}} (0.15 \beta_c f_c b h_0)$

图 3-48　SATWE 计算输出的梁箍筋非加密区计算位置及结果

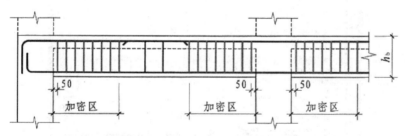

加密区：抗震等级为一级：≥2.0h_b且≥500
　　　　抗震等级为二~四级：≥1.5h_b且≥500

**框架梁（KL、WKL）箍筋加密区范围（一）**

（弧形梁沿梁中心线展开，箍筋间距
沿凸面线量度，h_b 为梁截面高度）

图 3-49　图集中要求的梁箍筋非加密区计算位置

## 3.19　关于施工图中配置的箍筋面积显示不对的问题

Q：如图 3-50 所示为某框架结构的梁施工图，其中 WKL8 的实配箍筋为 Φ12@100（4），显示的钢筋面积值与实配钢筋不符，是什么原因？

A：图 3-50 中的梁 Φ12 的单根箍筋面积为 113.1mm²，WKL8 梁配置了四肢箍，所以，100mm 间距的箍筋面积为 $113.1 \times 4 = 452.4mm²$，的确与程序输出的实配面积 339mm² 不符。

查看该工程进行施工图绘制时的参数，因为在参数中设置了"12mm 以上的钢筋等级采用 HPB300"，如图 3-51 所示，程序输出的实配面积是按照代换前的 HPB400 计算输出

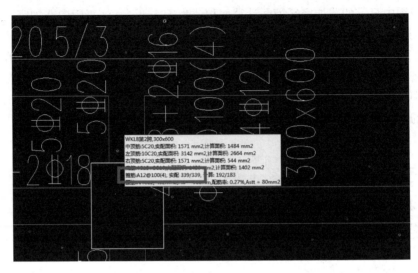

图 3-50  某框架梁的实配钢筋与显示的面积不符

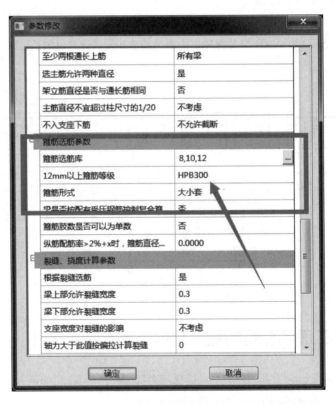

图 3-51  梁施工图中设置参数 "12mm 以上的
箍筋等级采用 HPB300"

的结果，因此，两个计算面积是不相符的。

当选择了图 3-51 的参数时程序要考虑进行钢筋代换，所以面积显示与实配的不相符：
$360/270=1.33$，$452.4/1.33=340mm^2$，与软件输出的面积基本吻合。

## 3.20　关于人防板和有消防车荷载楼板的计算问题

Q：板施工图中，如果勾选"消防车荷载和人防荷载采用塑性算法"，如图 3-52 所示，板最后的计算结果是如何计算的，是取包络吗？

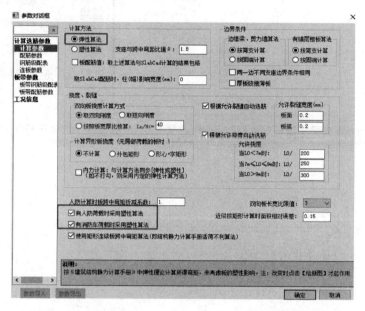

图 3-52　有人防荷载或消防车荷载的房间选择采用塑性算法

A：对于同一块楼板，计算方法中选"弹性算法"，再勾选"有人防荷载时采用塑性算法"和"有消防车荷载时采用塑性算法"2 个选项时，非人防、非消防车组合按弹性算法计算配筋，人防或消防车参与的组合按塑性算法计算配筋，最终楼板配筋为所有组合的配筋最大值。

反之，计算方法选"弹性算法"但不勾选 2 个选项时，所有组合都按弹性算法计算配筋，最终楼板配筋也就是所有弹性算法内力组合的配筋最大值。

## 3.21　关于简支梁支座配筋大的问题

Q：在 SATWE 计算中，第 1 自然层某次梁是简支梁，但为何支座上部配筋很大？如图 3-53 所示。

A：软件对于梁的配筋除了考虑计算要求，还考虑了构造要求。

《混规》第 9.2.6 条第 1 款规定，"当简支梁实际受到部分约束时，应在端部 $L_0/5$ 范围内，设置上部钢筋，其截面面积不应小于跨中下部钢筋的 1/4"。

本工程，由于在 SATWE 前处理—设计信息 1 中，勾选"执行《混凝土规范》GB 50010—2010 第 9.2.6.1 条有关规定"一项，如图 3-54 所示，所以支座上部会有配筋，即跨中配筋是 3200mm²，支座上筋 800mm²。

该选项勾选与不勾选结果对比如图 3-55 所示。

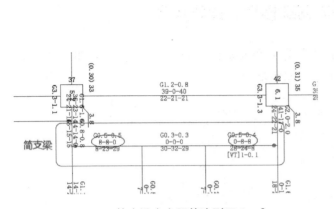

图 3-53　简支梁支座配筋达到了 8cm²

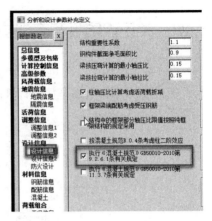

图 3-54　选择执行《混规》第 9.2.6 条

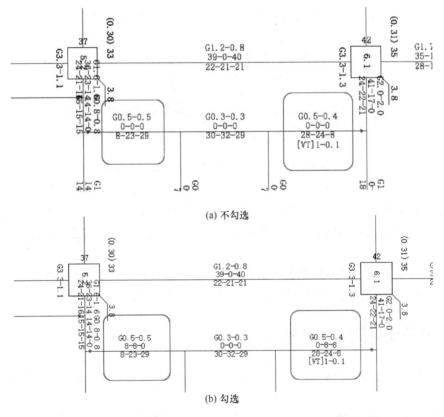

(a) 不勾选

(b) 勾选

图 3-55　选择执行《混规》第 9.2.6 条与否配筋结果对比图

## 3.22　关于梁施工图中梁实配面积远大于计算的问题

Q：某工程中的一根梁，在 SATWE 计算完毕查看结果，跨中计算面积很小，如图 3-56 所示，但是梁施工图中实配钢筋比较大，如图 3-57 所示，是因为什么？

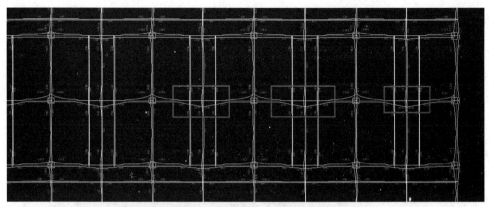

图 3-56　SATWE 计算结果某根梁跨中配筋很小

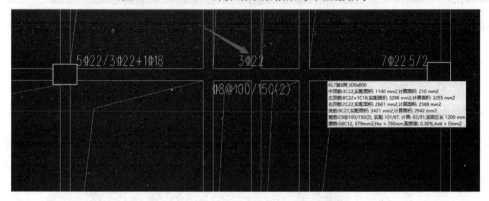

图 3-57　施工图中该梁跨中配筋很大

A：查看该工程模型梁的施工图，排除了与其他梁归并的原因。主要是因为《抗规》第 6.3.4 条的规定："梁端纵向受拉钢筋的配筋率不宜大于 2.5%。沿梁全长顶面、底面的配筋，一、二级不应少于 2φ14，且分别不应少于梁顶面、底面两端纵向配筋中较大截面面积的 1/4；三、四级不应少于 2φ12。"该条在 SATWE 计算阶段是不执行的，在施工图中软件会自动考虑。

所以，梁施工图中的配筋，不仅仅要看计算结果，还要考虑规范中的构造要求，根据这些要求来配置满足规范要求的、合适的钢筋。

## 3.23　关于楼板计算时边界条件的选择的问题

Q：板施工图中的简支边界和自由边界有什么区别？什么情况下需要设置成自由边界？

A：楼板计算时，软件根据布置自动确定相应的边界条件为固定、简支或自由边界，同时软件中支持板边界的修改，如图 3-58 所示。简支边界时可以作为楼板的支座，而自由边界不能作为楼板的支座。计算结果上看，简支边界的弯矩可以计算，只不过结果为 0，而自由边界不参与板的计算所以没有计算结果，也不输出结果，如图 3-59 所示。一般工程实践中，可将悬挑板边定义为自由边界。图 3-60 所示为自由边界楼板按照悬挑板配筋。

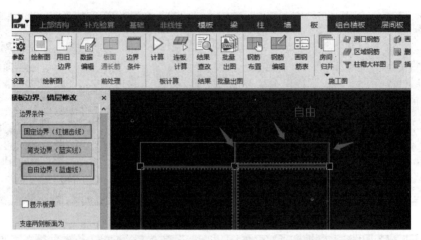

图 3-58　楼板施工图中在板计算时修改楼板边界条件

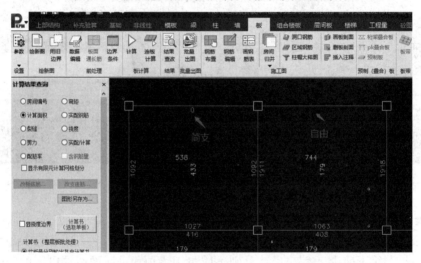

图 3-59　楼板简支边界计算面积为 0，自由边界无结果

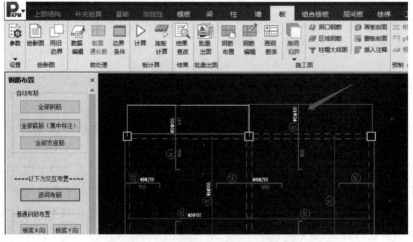

图 3-60　自由边界楼板按悬挑板配筋

## 3.24　关于截面相同的梁配置不同腰筋的问题

Q：某结构中的两根框架梁 KL14 和 KL12 的截面和腹板净高都相同，两根梁截面均为 350mm×650mm，扣除板厚的梁腹板高 $H_w$ 均为 510mm。为什么考虑抗扭的 KL14 要配 6 根腰筋（图 3-61），不考虑抗扭的 KL2 只需要配 4 根腰筋（图 3-62）？

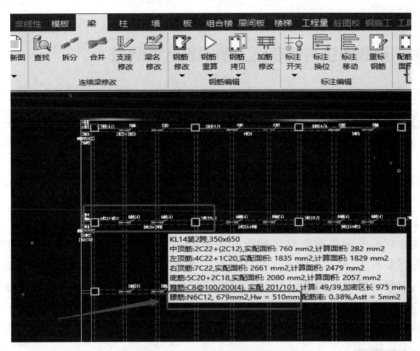

图 3-61　KL14 配置了 6 根腰筋

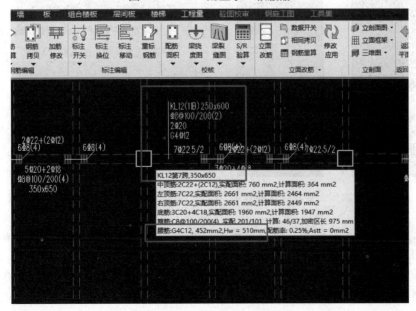

图 3-62　KL12 配置了 4 根腰筋

A：查看该工程的 SATWE 计算结果，两根梁的受扭纵筋计算值分别是：KL14 为 5cm²，KL12 为 0cm²。施工图软件中对抗扭和不抗扭的梁，处理原则如下：

因为 KL14 计算需要抗扭腰筋，抗扭腰筋一般是沿梁周边均匀布置，间距一般不大于 200mm，所以，此处用的是不扣除板厚的梁高度 650mm 来计算受扭腰筋根数，即配了 6 根构造腰筋。

而 KL12 计算不需要抗扭腰筋，程序将按照扣除板厚的梁腹板高 510mm 计算构造腰筋的根数，即配了 4 根构造腰筋。

## 3.25 关于梁端点铰与否在施工图中表达的问题

Q：如图 3-63 所示的两根次梁，在 SATWE 中一根次梁两端点铰，另外一根两端不点铰，接入梁平法施工图后，次梁名称应该如何表示？

A：SATWE 计算时，对图 3-63 所示的次梁左侧图是没有点铰的结果，右侧是两端点铰的结果。

从 SATWE 的计算结果来看，左侧没有点铰的梁负弯矩对应的配筋为 250mm²，弯矩图类似于框架梁的弯矩图形态，此时梁支座负筋需要充分利用钢筋的抗拉强度，用来满足梁端负弯矩的要求。

右侧两端点铰的梁负弯矩对应的配筋为 87mm²，实质上点铰后按照简支梁来计算，需要考虑构造要求。《混规》第 9.2.6 条规定：当梁端按简支计算但实际受到部分约束时，应在支座区上部设置纵向构造钢筋，如图 3-64 所示软件设置了与规范相应的参数。其截面面积不应小于梁跨中下部纵向受力钢筋计算所需截面面积的 1/4，且不应少于 2 根。该纵向构造钢筋自支座边缘向跨内伸出的长度不应小于 $L_0/5$，$L_0$ 为梁的计算跨度。

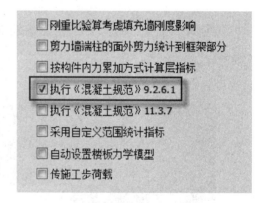

图 3-63 SATWE 中次梁点铰与否结果对比　　图 3-64 执行《混规》第 9.2.6 条第 1 款

混凝土梁按照平法绘制施工图，如图 3-65 所示有两种构造情况：第一，充分利用钢筋的抗拉强度；第二，设计铰接。

绘制梁施工图时，第一种情况，即不点铰处理即充分利用钢筋的抗拉强度，在施工图梁的参数设置中将非框架梁的名称前缀设置为 $L_g$ 来绘图，如图 3-66 左图所示；第二种情况，即设计按铰接时即点铰处理，施工图中表示成代号为 $L$ 的非框架梁，如图 3-66 右图所示。

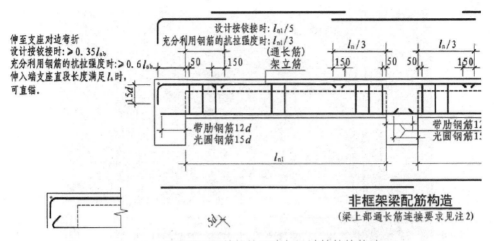

图 3-65　充分利用钢筋抗拉强度与设计按铰接构造

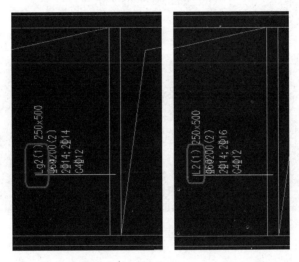

图 3-66　施工图中不点铰梁名称 $L_g$ 和点铰梁名称 $L$

## 3.26　关于梁施工图绘制执行《混规》第 11.3.7 条的问题

Q：软件生成的某根梁的施工图如图 3-67 所示，KL8 这根梁中顶筋 1521mm² 小于底筋 10308mm² 的 1/4，为什么没有执行《混规》第 11.3.7 条"分别不应少于梁两端顶面和底面纵向受力钢筋中较大截面面积 1/4"的要求，程序处理是否不合理？

A：《混凝土结构设计规范》11.3.7 条，规定如图 3-68 所示。

从规范条文要求可知，文中用词是"分别"，即顶筋跟顶筋比，底筋跟底筋比，不能用梁中顶筋和底筋进行比较。该图中的梁两端顶筋较大值为 4436mm²，梁中顶筋 1521mm² 大于 4436mm² 的 1/4，梁施工图中执行了规范该项条款，软件自动生成的施工图没有问题。

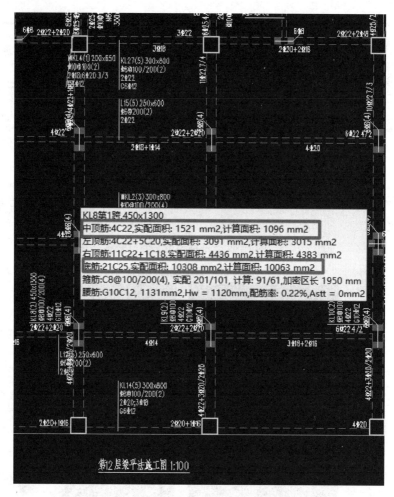

图 3-67    软件生成的梁施工图不满足《混规》要求

**11.3.7** 梁端纵向受拉钢筋的配筋率不宜大于2.5%。沿梁全长顶面和底面至少应各配置两根通长的纵向钢筋，对一、二级抗震等级，钢筋直径不应小于14mm，且分别不应少于梁两端顶面和底面纵向受力钢筋中较大截面面积的1/4；对三、四级抗震等级，钢筋直径不应小于12mm。

图 3-68    《混规》第 11.3.7 条的要求

## 3.27  关于梁施工图中附加吊筋计算的问题

Q：如图 3-69 所示，梁的附加吊筋面积软件是如何计算的？

A：施工图程序根据《混规》第 9.2.11 条计算附加钢筋的面积，当附加箍筋不能满足计算要求时，自动增加附加吊筋。

以图 3-69 为例，集中力为 263kN，附加吊筋承受集中荷载为 263－2×6×8×8×

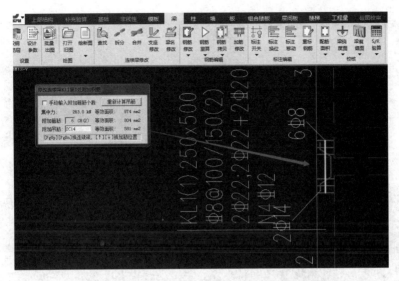

图 3-69　梁施工图中软件自动生成的吊筋面积

$\pi/4 \times 360 = 45.85$kN。则所需吊筋面积为 $45.85/(360 \times \sin45°) = 180.11$mm$^2$，选择 2 $\Phi$ 14 钢筋，实配面积为 $2 \times 2 \times 14 \times 14 \times \pi/4 \times \sin45 = 435.40$mm$^2$，以上计算面积均根据 HRB400 钢筋计算得到。但是程序输出均是按 HPB300 输出，因此要将上述计算面积进行等强代换，才能得到程序输出的等效面积：$435.40 \times 360/270 = 580.5$mm$^2$。

　　PKPM 软件 V6 版本以前吊筋最小直径按主筋选筋库的设置执行，且钢筋等级与主筋保持一致，V6 程序后对这个位置作了优化，可以单独设置吊筋的级别与最小直径，同时可以设置附加筋的组合形式，如图 3-70 所示。并且对于输出的结果也更加简洁清晰，如图 3-71 所示。

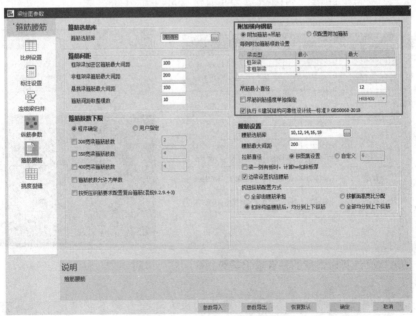

图 3-70　V6 版以后施工图中附加横向钢筋设置的参数

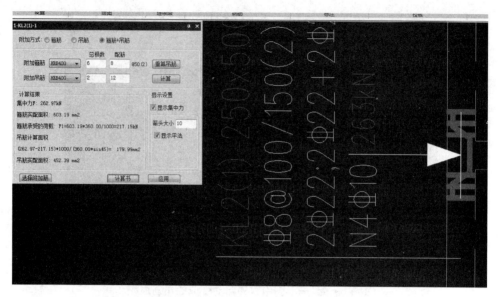

图 3-71　V6 版以后施工图中附加筋详细的计算结果展示

## 3.28　关于柱箍筋级别发生变化的问题

Q：某框架剪力墙结构工程，共 2 层，设防烈度 7 度，剪力墙抗震等级 3 级，框架抗震等级 4 级。如图 3-72 所示，在 SATWE 中柱箍筋设置为 HPB300 钢筋。图 3-73 是 SATWE 计算配筋结果，图 3-74 是施工图箍筋参数。柱平法施工图中自动接入 SATWE 设计结果，如图 3-75 所示，柱箍筋配筋的结果为 HRB400 钢筋。柱施工图自动接入 SATWE 设计结果后，柱箍筋的钢筋级别为什么发生了变化？

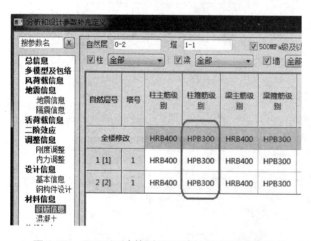

图 3-72　SATWE 计算时设置的柱箍筋钢筋级别

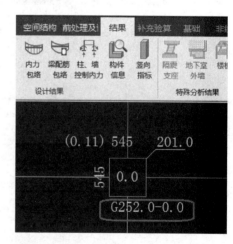

图 3-73　SATWE 计算的柱箍筋面积

A：柱箍筋的配筋规则如下：当箍筋库中的最大箍筋直径不能满足单肢箍面积时，施工图软件按照以下 3 种情况顺序处理：（1）箍筋等级不大于 HRB400 时，调大箍筋等级，最大调为 HRB400，并将箍筋面积等强度换算，再重新到箍筋库中选筋；（2）箍筋等级已经是 HRB400 时，不再调高箍筋等级，直接从系统内定的箍筋库（6、8、10、12、14、16、18、20、22、24、25、28、30）中选筋；（3）箍筋等级已经是 HRB400 级时且系统内定的箍筋也没有选到箍筋，程序直接选用计算面积对应的计算直径。

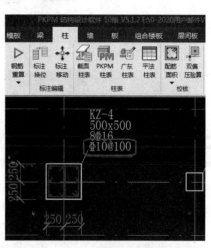

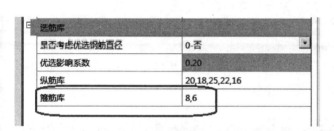

图 3-74　柱施工图参数的箍筋选筋库

图 3-75　柱施工图生成的
箍筋级别为 HRB400

经分析，箍筋库中的最大箍筋直径为 8mm，不能满足单肢箍面积 252/3＝84mm 的要求，施工图软件调大箍筋等级到 HRB400 级，并从系统内定的箍筋库中自动选择直径 10mm 的箍筋，并进行了等强度换算之后，满足要求。因此，实配箍筋钢筋级别与计算的箍筋级别不同。

# 第4章　基础设计的相关问题剖析

## 4.1　关于筏板基础挑出部分覆土荷载的布置问题

Q：基础设计中，如何修改筏板挑出部分（挑檐）的覆土重？

A：筏板挑出部分的覆土，通常有以下两种情况：

（1）筏板内部与挑檐部分的覆土重相同

在筏板荷载中工况选择覆土荷载，然后定义并选择点选筏板满布，布置荷载，实现整块筏板（包括挑出部分）的满布荷载，如图 4-1 所示。

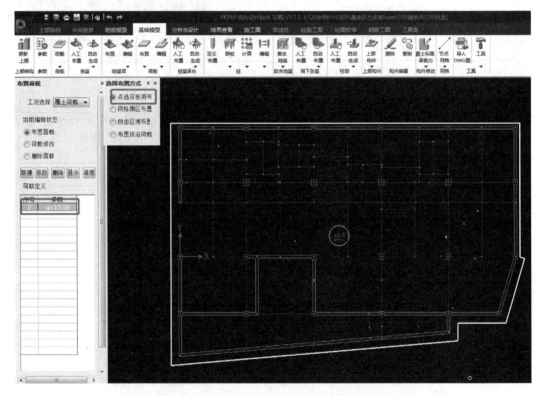

图 4-1　筏板挑出部分与筏板内部覆土重相同时直接布置覆土荷载

（2）筏板内部与挑檐部分的覆土重不同

如果筏板内部存在覆土重，可先按照图 4-1 中的步骤布置筏板满布荷载，由于满布覆土荷载和挑沿覆土荷载是叠加的关系，因此在荷载定义列表里定义覆土荷载值，该荷载值为挑边部分总覆土重－满布覆土荷载。例如，筏板满布覆土荷载是 $10kN/m^2$，挑沿覆土荷载为 30kN/m² 时，定义覆土荷载 20kN/m²，选择"布置挑沿荷载"布置到板边，效果如图 4-2 所示。

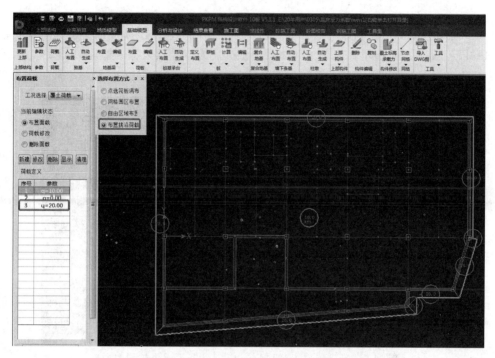

图 4-2 筏板挑出部分与筏板内部覆土重不同时布置覆土荷载

当部分挑边覆土重和其他挑边不同时，可以选择"荷载修改"，然后在荷载定义对话框中填入相应的荷载值，如图 4-3 所示，即可实现不同荷载的修改。

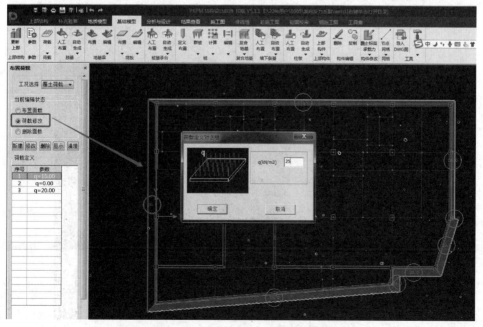

图 4-3 单独修改筏板某挑出边的荷载

## 4.2 关于柱下桩承台桩反力差异大的问题

Q：使用 JCCAD 进行柱下两桩承台设计时，柱在"1.0 恒+1.0 活"工况下柱底轴力是 2199kN，如图 4-4 所示，但是为什么两根桩的反力差异很大？一根是 1941kN，而另一桩反力是 534kN，如图 4-5 所示。

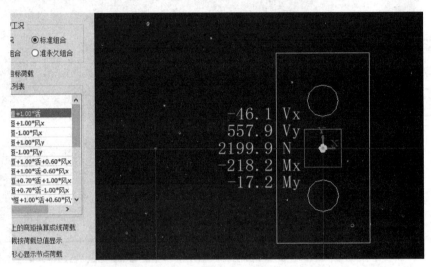

图 4-4　基础软件中"1.0 恒+1.0 活"工况下柱底内力

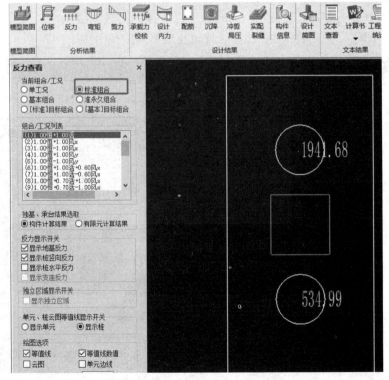

图 4-5　柱下两桩承台桩反力差异大

A：经查该基础模型，桩承台下的两根桩反力差异较大的原因是柱底较大的剪力。该柱柱底 $Y$ 向的剪力 $V_y=557.9$kN，$V_y$ 相对较大，承台埋深应是 $-1.6$m，柱底剪力 $V_y$ 产生了很大的附加弯矩，叠加柱底本身的弯矩 $M_x$，在较大的弯矩作用下根据《建筑桩基技术规范》JGJ 94—2008（以下简称《桩基规范》）第 5.1.1 条确定桩反力，造成了桩反力分布不均匀。

## 4.3　关于基础中柱底弯矩组合的问题

Q：为何 JCCAD 中上部荷载显示校核的柱底弯矩设计值，按照单工况弯矩进行组合校核不出来？图 4-6 为该结构基础中某柱柱底 20 号标准组合对应的柱底内力。

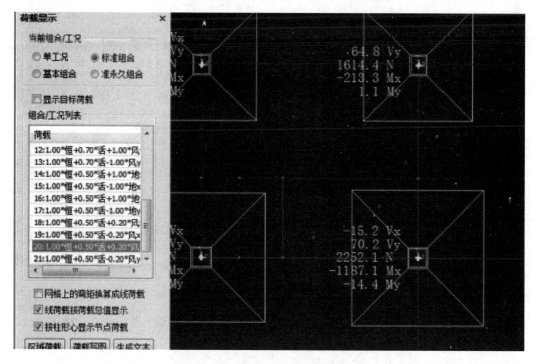

图 4-6　柱底 20 号标准组合的内力

A：按照某柱单工况内力求和得到 20 号标准组合 $x$ 向弯矩为：

$M_x=-465.5-75.3\times0.5-0.2\times222.4-441.6=-989.23$kN·m，与软件输出结果 $-1187.1$kN·m 不相符。

此时查看基础的参数定义，发现参数中考虑了《抗规》第 6.2.3 的柱底弯矩放大调整系数，如图 4-7 所示。

根据《建筑地基基础设计规范》GB 50007—2011（以下简称《地基规范》）第 8.4.17 条的要求：对有抗震设防要求的结构，当地下一层结构顶板作为上部结构嵌固端时，嵌固端处的底层框架柱下端截面组合弯矩设计值应按《抗规》的规定乘以与其抗震等级相对应的增大系数。

此时校核弯矩，$M_x=-989.23\times1.2=-1187.076$kN·m 与程序显示结果一致。

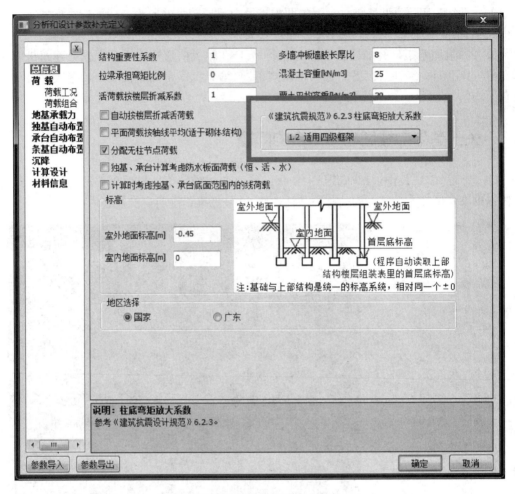

图 4-7　柱底考虑弯矩放大系数

由于《抗规》第 6.2.3 条是针对框架结构的强柱根调整，基础模块没有结构体系，基础的柱底内力都是调整前单工况值，因此，如果考虑了此条要求，在满足《地基规范》第 8.4.17 条条件时，需要用户通过填写参数进行柱底内力放大。

## 4.4　关于桩承台基础最大反力与平均反力一致的问题

Q：桩承台基础，查看计算结果，如图 4-8 所示，所有桩的最大反力和平均反力都一样，感觉计算时未考虑弯矩，结果是否合理？

A：查看该工程模型，发现该用户在基础参数"拉梁承担弯矩的比例"中填的是 1，如图 4-9 所示，也就是拉梁承担所有弯矩，软件计算承台时弯矩为 0，此时只考虑了柱底轴力传给承台，所以桩的最大反力和平均反力一致。

设计过程中应该注意该参数合理填写，需要注意，如果该参数填写为 1，则拉梁设计时应考虑承担该桩承台的全部弯矩。

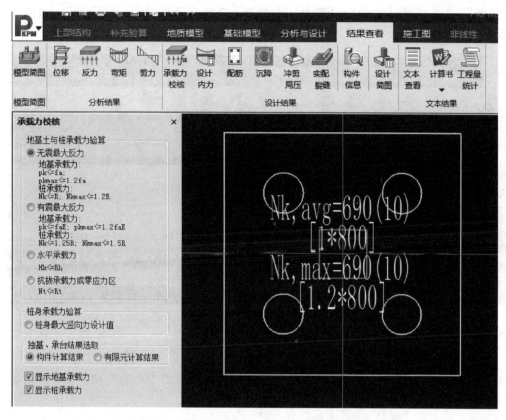

图 4-8　桩承台基础中桩最大反力与平均反力结果一致

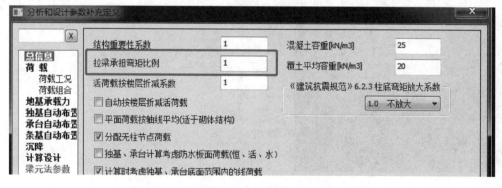

图 4-9　基础设计参数"拉梁承担弯矩比例"

## 4.5　关于基础设计时如何导入 PK-3D 荷载的问题

Q：在基础设计时，如何读取 PK-3D 荷载？如何操作？需要注意什么？

A：门式刚架结构如果采用门式刚架三维分析，在软件中实际还是按照横向榀和纵向榀单独计算的，在进行基础设计读取上部结构荷载时，要注意读取单榀 PK 荷载，具体的操作流程如下：

（1）首先，在基础软件的"荷载"菜单下，选择"读取单榀 PK 荷载"，如图 4-10 所示。

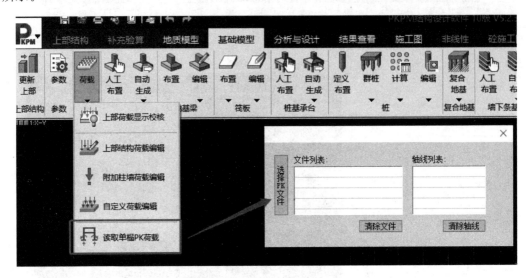

图 4-10　基础设软件参数中读取单榀 PK 荷载

（2）选择 PK 荷载文件，打开 .jcn 文件，并把 PK 荷载布置到轴线上，如图 4-11 及图 4-12 所示。选中相应的文件，根据命令行提示布置到模型中对应的轴线上，此时轴线会变成白色。

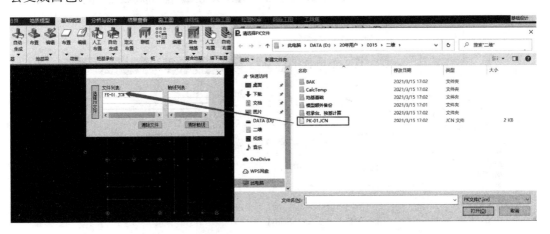

图 4-11　选择 PK 荷载文件，打开 .jcn 数据文件

（3）在基础软件参数"荷载工况"中，选择荷载读取"PK-3D 荷载"，如图 4-13 所示。

（4）在最后的荷载显示中可以看到读取之后的 PK 荷载，如图 4-14 所示。

需要注意的是，必须保证 PK 二维模型单榀柱截面类型、尺寸、位置、轴转角和 PM 三维模型中对应的榀完全一致程序才能正常读取。如果读取了 PK 二维荷载，就不能再读取其他类型的荷载。

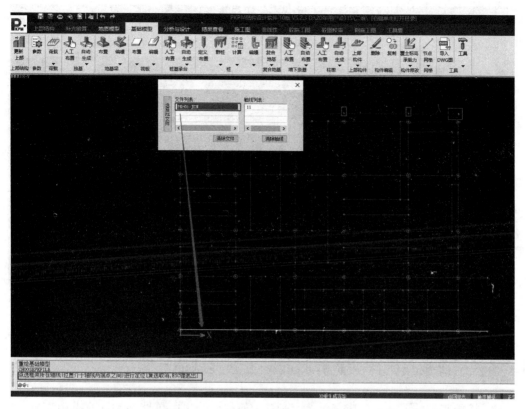

图 4-12 把 PK 荷载数据布置到轴线上

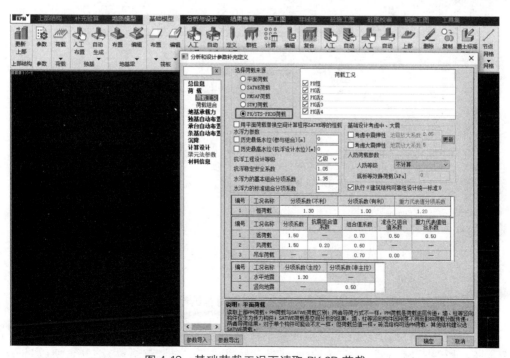

图 4-13 基础荷载工况下读取 PK-3D 荷载

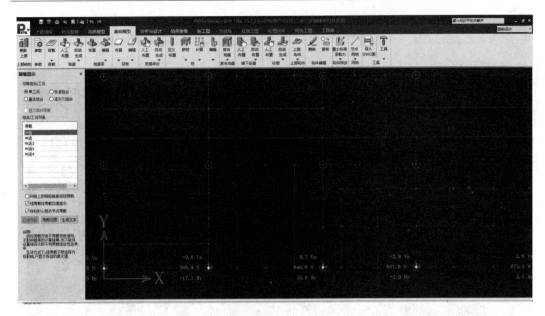

图 4-14　荷载显示中查看读取的 PK 荷载

## 4.6　关于筏板基础冲切验算时混凝土强度取值问题

Q：筏板基础的混凝土强度等级为 C30，为何软件输出的单墙冲切计算书中混凝土抗拉强度 $f_t$ 不是 $1.43\text{N/mm}^2$ 而是 $2.1\text{N/mm}^2$，如图 4-15 所示？

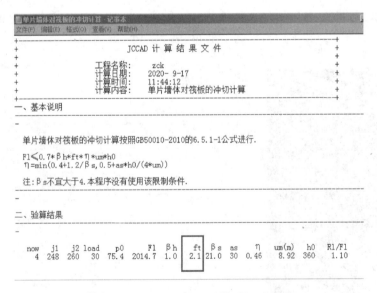

图 4-15　筏板基础冲切验算详细计算书

A：查询该基础模型，由于筏板冲切的控制组合为人防组合，根据《人防规范》第 4.2.3 条，如图 4-16 所示，C55 以下的混凝土材料强度综合调整系数为 1.5，所以最终 $f_t$ $=1.43 \times 1.5 = 2.1\text{N/mm}^2$。

4.2.3 在动荷载和静荷载同时作用或动荷载单独作用下，材料强度设计值可按下列公式计算确定：

$$f_d = \gamma_d f \qquad (4.2.3)$$

式中　$f_d$——动荷载作用下材料强度设计值（N/mm²）；

　　　$f$　——静荷载作用下材料强度设计值（N/mm²）；

　　　$\gamma_d$——动荷载作用下材料强度综合调整系数，可按表
　　　　　4.2.3的规定采用。

表 4.2.3　　　　　　　　材料强度综合调整系数 $\gamma_d$

| 材 料 种 类 | | 综合调整系数 $\gamma_d$ |
|---|---|---|
| 热轧钢筋<br>（钢材） | HPB235 级<br>（Q235 钢） | 1.50 |
| | HRB335 级<br>（Q345 钢） | 1.35 |
| | HRB400 级<br>（Q390 钢） | 1.20<br>（1.25） |
| | RRB400 级<br>（Q420 钢） | 1.20 |
| 混凝土 | C55 及以下 | 1.50 |
| | C60 ~ C80 | 1.40 |
| 砌 体 | 料 石 | 1.20 |
| | 混凝土砌块 | 1.30 |
| | 普通粘土砖 | 1.20 |

图 4-16　《人防规范》对材料强度综合调整系数的要求

# 4.7　关于柱底轴力差不多但生成的桩承台差异大的问题

Q：如图 4-17 所示，柱底标准组合下，左右两柱的内力相差不大，但是为什么程序自动生成的桩承台，左边一个是单桩承台，一个是四桩承台，差异过大，是什么原因引起的？

图 4-17　内力基本相同的两柱自动生成的桩承台差异过大

A：该工程出现两柱内力大致接近，生成的桩承台差异过大的情况，跟程序自动生成桩承台的算法有关，程序在自动布置桩承台后，会根据标准组合下的轴力与桩承载力特征值的比值 $N/f$ 初步确定桩数，如果该比值小于 1，则程序不再考虑弯矩影响，按照单桩承台生成。

该模型左侧桩承台按照标准组合下的轴力与桩承载力特征值之比为 549.8/600＜1，生成了单桩承台，不再考虑弯矩作用。

右侧桩承台 $N/f=624.9/600＞1$ 时程序才根据弯矩进行判断，如果两个方向弯矩都比较可观，数量级大致相当，两个方向弯矩都要考虑，此时程序从三桩承台开始根据《桩基规范》桩反力公式（5.1.1-2）迭代计算判断最终的桩承台形式。

所以，当程序生成了单桩和两桩承台时，设计人员要格外注意，必须检查柱底弯矩情况，如果柱底没有弯矩（两桩承台检查垂直于承台方向的弯矩），或弯矩很小可以由拉梁承担时，可以使用程序生成的单桩承台或两桩承台。否则如果忽略了这部分弯矩，可能造成实际反力不满足要求的情况，此时必须人工布置桩承台并进行调整直到满足要求为止。

## 4.8 关于基础对人防荷载计算的问题

Q：如图 4-18 所示，JCCAD 软件中要怎么设置人防荷载参数，才能分别或同时考虑人防顶板、底板等效静荷载？

A：JCCAD 软件中人防顶板等效荷载通过接入上部结构人防荷载获取。JCCAD 中对于人防等效静荷载可以单独考虑顶、底板荷载，也可以同时考虑，具体设置方式如下：

如果只想考虑人防顶板等效静荷载，在"荷载工况"下勾选"SATWE 人防"荷载，同时在"人防荷载参数"下"人防等级"选择"不计算"即可。

如果只想考虑人防底板等效静荷载，在"人防荷载参数"下指定"人防等级"，并设置相应的底板等效静荷载值，同时"荷载工况"中不要勾选"SATWE 人防"。

如果想要同时考虑人防顶板、底板等效静荷载，在"荷载工况"下勾选"SATWE 人

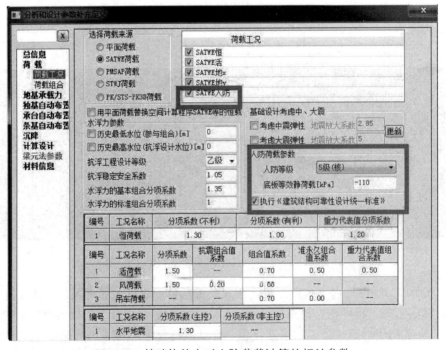

图 4-18 基础软件中对人防荷载计算的相关参数

防"，同时在"人防荷载参数"下指定"人防等级"并设置相应的数值即可。

## 4.9　关于独立基础抗剪验算的问题

Q：如图 4-19 所示，查看详细的计算书发现该独立基础没有验算剪切，这是为什么？

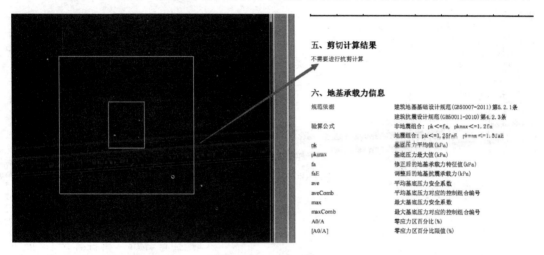

图 4-19　独基计算书

A：《地基规范》第 8.2.9 条规定，当短边尺寸小于或等于柱宽加两倍基础有效高度时应验算剪切，程序按此条判断并执行。但当长边与短边均小于或等于柱宽加两倍基础有效高度时，即形成了双向受力的"刚性独立基础"，程序默认不验算剪切。如果设计师想进行此种情况下的抗剪验算，需要勾选参数"刚性独基进行抗剪计算"，如图 4-20 所示，软件才会验算并给出验算结果。

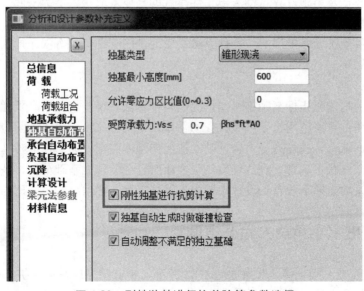

图 4-20　刚性独基进行抗剪验算参数选择

## 4.10 关于基础构件简化验算与有限元计算的结果差异问题

Q：基础设计中，对于布置独立基础或者承台的工程，程序可以提供"构件算法"和"有限元算法"，按照构件算法和有限元算法计算结果差异很大，如何理解？结果怎么取舍？

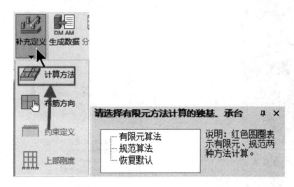

图 4-21 指定独立基础承台的算法

A：程序默认单柱下独立基础或承台只提供构件算法，其他情况，如多柱下独立基础或承台、剪力墙下独立基础或承台等，同时提供构件算法及有限元算法。用户可以通过"分析设计"—"补充定义"—"计算方法"交互指定独立基础、承台是构件算法还是有限元算法，如图 4-21 所示。

构件算法及有限元算法在原理上有以下几点的差异：

（1）构件算法（构件算法）：假定整个基础是刚性体，各种荷载作用下基础本身不变形，做刚体运动。基于这个假定计算反力、冲剪、内力配筋，通常配筋只有底筋。

（2）有限元算法：整个承台视为筏板，各种荷载作用下上部、基础和地基协调变形。配筋有顶筋和底筋。

在软件处理上的差异：

（1）荷载差异。构件算法尽管可以考虑防水板传递荷载，但是先将荷载倒算到柱底，再进行分析计算，有限元算法是有限元整体分析，荷载直接通过基础构件传递。

（2）构件算法是单独计算，不考虑相连基础的整体效应及上下部共同作用；有限元法计算考虑相连基础整体效应及上下部共同作用。

（3）桩刚度及基床系数影响。构件算法不受地基刚度影响，有限元算法受桩基刚度及地基刚度差异影响。

适用情况：

很难准确通过量化指标来确定哪些情况用构件算法，哪些情况用有限元算法。只能大概地归纳为：构件算法适用尺寸不大、受力简单的独立基础，或者桩数不多、尺寸不大、受力相对简单的承台，这样的受力构件基本能保持刚体假定，如单柱下独基承台。有限元算法适用于基础形状不规则、桩数较多、受力相对复杂的独立基础承台，基础不能满足刚体假定，如复杂剪力墙下承台。设计中要根据具体工程实际情况采用合理的计算方法。

## 4.11 关于桩水平承载力特征值调整的问题

Q：《桩基规范》第 5.7.2-7 条如图 4-22 所示，要求验算地震作用桩基的水平承载力时，单桩水平承载力特征值调整系数 1.25，该系数在软件中如何考虑？

**7**　验算永久荷载控制的桩基的水平承载力时，应将上述 2～5 款方法确定的单桩水平承载力特征值乘以调整系数 0.80；验算地震作用桩基的水平承载力时，应将按上述 2～5 款方法确定的单桩水平承载力特征值乘以调整系数 1.25。

图 4-22　《桩基规范》第 5.7.2 条第 7 款的要求

A：按照《桩基规范》第 5.7.2 条第 7 款，验算地震作用下桩基的水平承载力时，应将按照该条第 2～5 款方法确定的单桩水平承载力特征值乘以调整系数 1.25。软件的处理是：桩定义中输入水平承载力特征值，水平承载力特征值是没有考虑抗震调整系数 1.25 的。软件是在计算阶段考虑，对于有地震作用参与的荷载组合，就按照单桩水平承载力特征值乘以调整系数 1.25 来控制。

如图 4-23 所示，桩定义水平承载力特征值 $R_h$＝200kN，无地震工况参与的荷载组合时，水平承载力特征值 $R_h$ 取 200kN，如图 4-24 所示；有地震工况参与的荷载组合时，水平承载力特征值乘以 1.25 的系数 $R_h$ 取 250kN，如图 4-25 所示。

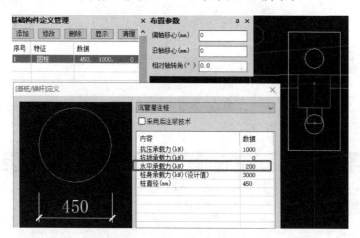

图 4-23　定义桩水平承载力为 200kN

当前荷载组合

【2】SATWE 标准组合:1.00*恒+1.00*风 x

承台底面荷载：(考虑柱底剪力的影响)

N=2886.4kN　$M_x$=-107.8kN.m　$M_y$=73.3kN.m　$Q_x$=25.0kN　$Q_y$=25.2kN

桩反力表

| 桩号 | X | Y | 桩净反力 QN(kN) | 桩反力 Q(kN) | 是否满足 |
|---|---|---|---|---|---|
| 1 | 0.0 | -750.0 | 1371.35 | 1513.10 | >1.2×RA |
| 2 | 0.0 | 750.0 | 1515.05 | 1656.80 | >1.2×RA |

桩总反力 $Q_P$＝　3169.9 kN；　　　桩均反力 $Q_{ave}$＝　1584.9 kN

$Q_{ave} > R_A$

单桩水平力 Hik: 17.7　　　Rh:　　　200.0

单桩竖向抗压承载力验算不满足!!!

单桩竖向抗拔承载力验算满足!!!

单桩水平承载力验算满足!!!

图 4-24　无地震工况参与 $R_h$＝200kN

当前荷载组合

【14:】SATWE 标准组合:1.00*恒+0.50*活+1.00*地 x

承台底面荷载：（考虑柱底剪力的影响）
N=6139.0kN    $M_x$=575.6kN.m    $M_y$=-238.8kN.m    $Q_x$=-719.0kN    $Q_y$=-44.7kN

桩反力表

| 桩号 | X | Y | 桩净反力 QN(kN) | 桩反力 Q(kN) | 是否满足 |
|---|---|---|---|---|---|
| 1 | -750.0 | 0.0 | 3228.72 | 3370.47 | >1.5×RA |
| 2 | 750.0 | 0.0 | 2910.28 | 3052.03 | >1.5×RA |

桩总反力$Q_p$=    6422.5 kN;    桩均反力$Q_{ave}$=    3211.3 kN

$Q_{ave} > 1.2*R_A$

单桩水平力 Hik:    360.2    Rh:    250.0

单桩竖向抗压承载力验算不满足!!!

单桩竖向抗拔承载力验算满足!!!

单桩水平承载力验算不满足!!!

图 4-25    地震工况参与 $R_h$ = 250kN

## 4.12    关于基础工程量统计的问题

Q：如图 4-26 及图 4-27 所示，基础软件 V6 版的工程量统计中，基础投影面积是否包括拉梁的投影面积？

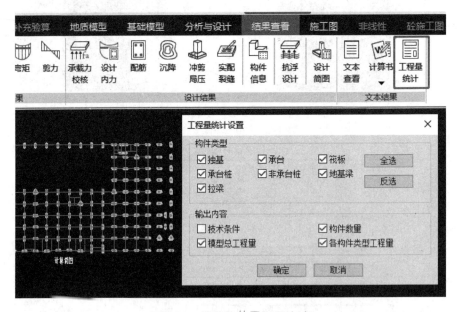

图 4-26    基础软件工程量统计

A：基础软件 V6 版本中的工程量统计，可以汇总基础构件的混凝土用量和钢筋用量，基础构件类型包括：独立基础、承台、筏板、承台桩、非承台桩、地基梁和拉梁。软件可

## 2 模型总材料用量

**表 2-1　模型总材料用量**

| 混凝土用量(m^3) | 钢筋用量(吨) | 基础投影面积(m^2) | 单位面积用钢量<br>(kg/m^2) |
|---|---|---|---|
| 5829.65 | 76.261 | 645.83 | 118 |

## 3 构件材料用量

**表 3-1　构件材料用量统计表**

| 构件类型 | 混凝土用量(m^3) | 钢筋用量(吨) |
|---|---|---|
| 独基 | 0.00 | 0.000 |
| 承台 | 909.00 | 52.090 |
| 筏板 | 0.00 | 0.000 |
| 承台桩 | 4420.71 | — |
| 非承台桩 | 0.00 | — |
| 地基梁 | 0.00 | 0.000 |
| 拉梁 | 499.94 | 24.171 |

图 4-27　基础软件混凝土和钢筋工程量统计的结果

以按照基础构件类别汇总给出不同类基础的工程量。

软件提供了单位面积用钢量的经济指标，计算这个指标需要考虑基础投影面积，注意基础投影面积中是不包括拉梁的投影面积的。因为基础软件中拉梁不参与基础的整体计算，仅作为构造构件用于增强基础的整体性及调节基础的不均匀沉降，所以软件的处理方式是将拉梁的投影面积排除在外。

## 4.13　关于桩冲切验算结果与手工校核结果不对应的问题

Q：某桩承台基础柱冲切计算结果如图 4-28 所示，提示柱冲切验算结果不满足要求，手工校核该冲切结果与软件验算的冲切力结果不对应，这是为什么？

依据混凝土结构设计规范11.1.6条规定，地震组合下受冲切承载力除以0.85

| 组合编号 | F1 | Qcc | βx | βy | b | h | ax | ay | βhp | ft | h0 | Qcc | λx | λy | R/S | 验算结果 |
|---|---|---|---|---|---|---|---|---|---|---|---|---|---|---|---|---|
| (28) | 229061 | 117835 | 1.05 | 1.31 | 6000 | 3000 | 1780 | 2680 | 0.90 | 1.57 | 2950 | 117835 | 0.60 | 0.91 | 0.51 | 不满足 |

图 4-28　某桩承台柱冲切验算结果

A：按《桩基规范》第 5.9.7-1 条要求，冲切力计算规则如下：

$$F_l = F - \Sigma Q_i$$

其中 $F$ 为上部荷载总值，$\Sigma Q_i$ 为冲切锥体范围内桩反力总值。

程序计算冲切力时，有两点需要注意，一是要考虑结构的重要性系数，二是冲切锥体的确定会遍历所有桩边到柱边连线，最后取最不利结果输出。

该工程最终最不利的冲切锥体截面如图 4-29 所示，该柱下最不利基本组合对应的荷载值如图 4-30 所示。

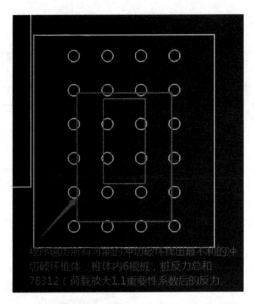

图 4-29　某桩承台冲切验算最不利的冲切锥体截面

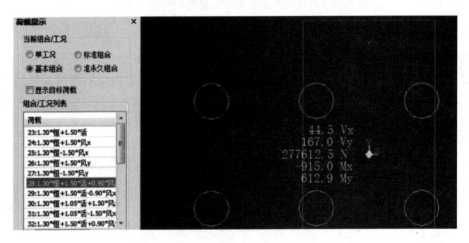

图 4-30　最不利基本组合下柱的荷载

冲切锥体范围内有 6 根桩。所以，冲切力的计算为：

$$277612.5×1.1-76312=229061\mathrm{kN}$$

手工校核冲切力结果与程序输出结果一致。

## 4.14　关于基础软件对桩长计算的问题

Q：软件中对桩长的计算，如果是嵌岩桩，能否按照规范的要求对桩长自动满足嵌岩段要求？

A：《桩基规范》第 3.3.3 条基桩的布置应该符合下列条件：对于嵌岩桩，嵌岩深度应综合荷载、上覆土层、基岩、桩径、桩长诸因素确定；对于嵌入倾斜的完整和较完整岩的全断面深度不宜小于 0.4$d$ 且不小于 0.5m，倾斜度大于 30% 的中风化岩，宜根据倾斜度及岩石完整性适当加大嵌岩深度；对于嵌入平整、完整的坚硬岩和较硬岩的深度不宜小于 $0.2d$，且不应小于 $0.2m$。

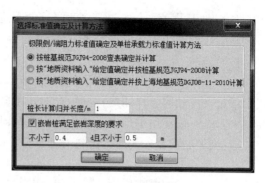

图 4-31  嵌岩桩满足嵌岩深度
要求相关的参数设置

基础 JCCAD 程序在基础模型菜单下的 "桩"—"计算"—"桩长计算" 菜单里增加 "嵌岩桩满足嵌岩深度的要求" 的控制项，如图 4-31 所示。

程序计算过程如下：

（1）前提条件：必须输入地勘资料且必须有岩石土层。否则，勾选该项不起作用。

（2）勾选 "嵌岩桩满足嵌岩深度要求"，并且输入嵌岩深度的控制参数 $a$（默认 $0.4d$）与 $b$（默认取值 $0.5m$）。

（3）先按现行桩长计算方式计算出桩长 $l$，即满足承载力要求。

此时桩长 $l$ 分三种情况：

① 已经嵌岩，且嵌岩深度不小于 $\max\{a，b\}$，则桩长直接取值 $l$；

② 已经嵌岩，但嵌岩深度小于 $\max\{a，b\}$，则桩长取值 $l =$ 桩顶标高 − 岩石层顶标高 $+\max\{a，b\}$；

③ 没有嵌岩，则桩长取值 $l =$ 桩顶标高 − 岩石层顶标高 $+\max\{a，b\}$。

## 4.15  关于桩承载力校核的问题

Q：图 4-32 为软件计算的筏板基础承载力校核结果，在 $1.0$ 恒 $+1.0$ 活下的最大反力值，程序校核的时候为何承载力乘以 $1.2$ 的调整系数？

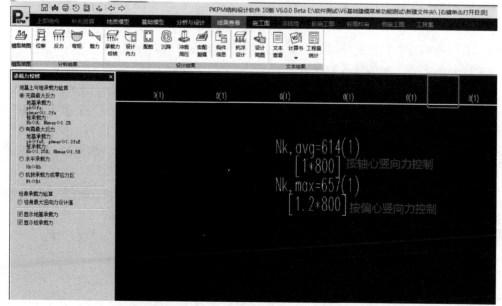

图 4-32  筏板基础承载力校核在 "恒 + 活" 下的最大反力乘以了 1.2

A：《地基规范》第 5.2.1 条对于天然地基与桩基的承载力校核，规定如下。

基础底面的压力，应符合下列规定：

1）当轴心荷载作用时

$$p_k \leqslant f_a$$

式中：$p_k$——相应于作用的标准组合时，基础底面处的平均压力值（kPa）；

$f_a$——修正后的地基承载力特征值（kPa）。

2）当偏心荷载作用时，除符合式（5.2.1-1）要求外，尚应符合下式规定：

$$p_{kmax} \leqslant 1.2 f_a$$

式中：$p_{kmax}$——相应于作用的标准组合时，基础底面边缘的最大压力值（kPa）。

从规范对承载力的校核要求来看，公式中并没有详细规定什么荷载是轴心竖向力，什么荷载是偏心竖向力。

但从规范对于反力的求解公式可以看出，无论是天然地基还是桩基，轴向竖向作用与偏心竖向作用的区别就在于是否考虑弯矩的影响。

《地基规范》第 5.2.2 条对于基础反力的计算，规定如下。

基础底面的压力，可按下列公式确定：

1）当轴心荷载作用时

$$p_k = \frac{F_k + G_k}{A}$$

式中：$F_k$——相应于作用的标准组合时，上部结构传至基础顶面的竖向力值（kN）；

$G_k$——基础自重和基础上的土重（kN）；

$A$——基础底面面积（m²）。

2）当偏心荷载作用时

$$p_{kmax} = \frac{F_k + G_k}{A} + \frac{M_k}{W}$$

$$p_{kmin} = \frac{F_k + G_k}{A} - \frac{M_k}{W}$$

式中：$M_k$——相应于作用的标准组合时，作用于基础底面的力矩值（kN·m）；

$W$——基础底面的抵抗矩（m³）；

$p_{kmin}$——相应于作用的标准组合时，基础底面边缘的最小压力值（kPa）。

软件计算反力的时候，所有组合都是按考虑弯矩的影响计算最大反力；按荷载总值除以基底面积求解基础的平均反力，按荷载总值除以总桩数求解最大桩反力。校核最大反力的时候承载力乘以调整系数 1.2，平均反力乘以调整系数 1.0。任何一项不满足即提示承载力不满足。

并且需要注意，即使在 1.0×恒＋1.0×活组合工况下，也不仅仅是轴力，还会有弯矩的存在。

《地基规范》第 8.5.4 条规定群桩中单桩桩顶竖向力应按下列公式进行计算：

1）轴心竖向力作用下：

$$Q_k = \frac{F_k + G_k}{n}$$

式中：$F_k$——相应于作用的标准组合时，作用于桩基承台顶面的竖向力（kN）；

$G_k$——桩基承台自重及承台上土自重标准值（kN）；

$Q_k$——相应于作用的标准组合时，轴心竖向力作用下任一单桩的竖向力（kN）；

$n$——桩基中的桩数。

2）偏心竖向力作用下：

$$Q_{ik} = \frac{F_k + G_k}{n} \pm \frac{M_{xk}y_i}{\sum y_i^2} \pm \frac{M_{yk}x_i}{\sum x_i^2}$$

式中：$Q_{ik}$——相应于作用的标准组合时，偏心竖向力作用下第 $i$ 根桩的竖向力（kN）；

$M_{xk}$、$M_{yk}$——相应于作用的标准组合时，作用于承台底面通过桩群形心的 $x$、$y$ 轴的力矩（kN·m）；

$x_i$、$y_i$——桩 $i$ 至桩群形心的 $y$、$x$ 轴线的距离（m）。

《地基规范》第 8.5.5 条规定单桩承载力计算应符合下列规定：

1）轴心竖向力作用下：

$$Q_k \leqslant R_a$$

式中：$R_a$——单桩竖向承载力特征值（kN）。

2）偏心竖向力作用下，除满足上式外，尚应满足下列要求：

$$Q_{ikmax} \leqslant 1.2R_a$$

对单桩承载力校核时，软件对最大反力的时候承载力乘以调整系数 1.2，平均反力乘以调整系数 1.0。任何一项不满足即提示桩承载力不满足。

## 4.16　关于桩反力手算与电算不符的问题

Q：布置四桩承台，如图 4-33 所示，单桩承载力计算与手工校核出入较大，但是如果模型中加入筏板后，再进行手工校核，单桩承载力计算值与手工校核值一致，这是为什么？

A：该桩承台基础中，四桩承台尺寸：5m×5m×1.7m（厚）。柱底恒载标准值为 9300.4kN；活载标准值为 6642.2kN，弯矩忽略不计。

手工校核桩承台自重：$G_k = 5×5×1.7×25 = 1062.5$kN；

轴心竖向力，手核结果：$N_k = (9300.4 + 6642.2 + 1062.5) / 4 = 4251.275$kN；

软件计算结果：$N_k = 6295$kN（构件计算结果），与手工校核计算出入较大。

加入筏板再计算该模型，计算结果：$N_k = 4251.3$kN（构件计算结果）与手核结

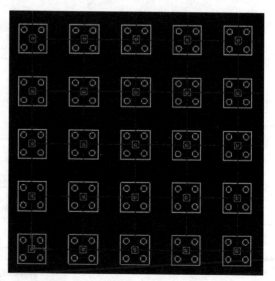

图 4-33　基础中布置了四桩承台

果一致，如图 4-34 所示。为何加入筏板后单桩竖向力由 6295kN 降为 4251.3kN？

1、桩承载力验算

承台及覆土重：

采用公式：

$$N_{ik} = \frac{F_k + G_k}{n} + \frac{M_x y_i}{\sum_{i=1}^{n} y_i 2} + \frac{M_y x_i}{\sum_{i=1}^{n} x_i 2}$$

$G_k = Weight + Area \times H \times \gamma$

$= 1062.5 + \boxed{25.0 \times \quad 0.0}$

$= 1062.5$ kN

$\sum X_{i2} = 2410000.0 \quad \sum Y_{i2} = 2250000.0$

当前荷载组合

| 【1：】SATWE 标准组合：1.00*恒+1.00*活 |
|---|

承台底面荷载 ：（考虑柱底剪力的影响）

N=15942.6kN    $M_x$=-77.5kN.m    $M_y$=12.9kN.m    $Q_x$=2.8kN    $Q_y$=16.6kN

桩反力表

| 桩号 | X | Y | 桩净反力 QN(kN) | 桩反力 Nik(kN) | 是否满足 |
|---|---|---|---|---|---|
| 1 | -850.0 | -750.0 | 3809.87 | 4075.49 | >1.2×RA |
| 2 | 750.0 | -750.0 | 4100.68 | 4366.30 | >1.2×RA |
| 3 | 750.0 | 750.0 | 4152.34 | 4417.97 | >1.2×RA |
| 4 | -750.0 | 750.0 | 3879.71 | 4145.34 | >1.2×RA |

桩总反力$Q_p$= 17005.1 kN;    桩均反力$Q_{ave}$= $\boxed{4251.3\ kN}$

图 4-34  基础中布置了四桩承台再布置筏板后查看桩承台验算结果

模型中出现上述差异主要是由于覆土重的区别。建入筏板后，承台覆土重随筏板荷载里定义的筏板覆土重确定，用户没有输入筏板的覆土重，此时覆土重是 0kPa，图 4-33 所示的详细结果中显示覆土重为 0。如果仅仅有桩承台，不输入筏板时，程序会自动算承台覆土重，覆土重是 327kPa，用户手算时没有考虑覆土重。

查看详细的桩承台计算结果，如图 4-35 所示，可以看到程序会自动计算覆土重。在

1、桩承载力验算

承台及覆土重：

采用公式：

$$N_{ik} = \frac{F_k + G_k}{n} + \frac{M_x y_i}{\sum_{i=1}^{n} y_i 2} + \frac{M_y x_i}{\sum_{i=1}^{n} x_i 2}$$

$G_k = Weight + Area \times H \times \gamma$

$= 1062.5 + \boxed{25.0 \times \quad 327.0}$

$= 9237.5$ kN

$\sum X_{i2} = 2410000.0 \quad \sum Y_{i2} = 2250000.0$

当前荷载组合

| 【1：】SATWE 标准组合：1.00*恒+1.00*活 |
|---|

承台底面荷载 ：（考虑柱底剪力的影响）

N=15942.6kN    $M_x$=-77.5kN.m    $M_y$=12.9kN.m    $Q_x$=2.8kN    $Q_y$=16.6kN

桩反力表

| 桩号 | X | Y | 桩净反力 QN(kN) | 桩反力 Nik(kN) | 是否满足 |
|---|---|---|---|---|---|
| 1 | -850.0 | 750.0 | 3739.91 | 6049.28 | >1.2×RA |
| 2 | 750.0 | -750.0 | 4166.40 | 6475.77 | >1.2×RA |
| 3 | 750.0 | 750.0 | 4218.07 | 6527.44 | >1.2×RA |
| 4 | -750.0 | 750.0 | 3818.23 | 6127.60 | >1.2×RA |

桩总反力$Q_p$= 25180.1 kN;    桩均反力$Q_{ave}$= $\boxed{6295.0\ kN}$

$Q_{ave} > R_A$

图 4-35  基础中布置了四桩承台查看桩承台验算结果

软件中影响桩承台覆土重自动计算的参数为"室内地面标高",如图 4-36 所示,软件根据桩承台的标高和"覆土平均容重",自动计算单位面积覆土重。该桩承台基础的"室内地面标高"为 0,承台底标高为 $-18.05$m,承台高度 1.7m,则承台顶标高为 $-16.35$m,覆土平均重度为 20kN/m³,则该桩承台基础顶单位面积覆土重为 $16.35\times20=327$kPa。

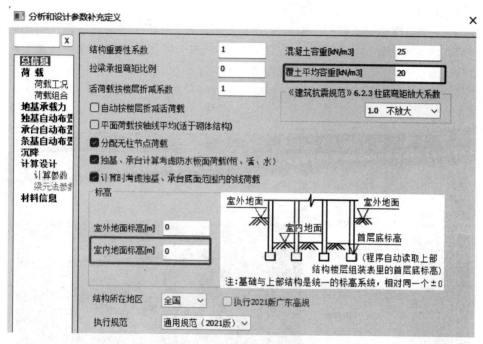

图 4-36　基础软件中自动计算桩承台覆土重的参数

## 4.17　关于锚杆拔力手工校核与电算不符的问题

Q:软件计算的锚杆拔力和手工校核计算结果差异太大,主要是什么原因?

A:手工校核计算锚杆拔力的时候,一般是统计某一特定范围的恒载及其他抗浮工况荷载、水浮力,差值除以锚杆根数得到锚杆拔力。有限元计算的时候是考虑整体分析,解有限元刚度方程得到每个锚杆的拔力。两种算法的差异如下:

手工校核会简化到一定区域或者一定范围,如校核柱子抗浮的时候,一般习惯统计柱子从属面积。有限元计算的时候没有明确的从属面积,只是分析荷载、刚度、变形得到每个锚杆的反力。

手工校核的时候无法考虑整体效应,整体效应包括上下部共同作用(基础计算时表现为考虑上部刚度)、基础的刚度贡献、锚杆刚度的影响。尤其是上下部共同作用与基础刚度贡献会使得锚杆反力相对更加均匀。

主裙楼结构,主楼荷载会在裙楼相关范围产生应力扩散。手工校核一般不考虑主楼荷载的影响,有限元分析的时候会自动考虑这种效应。

## 4.18 关于基础设计时输入首层填充墙荷载的问题

Q：框架结构首层有柱间的填充墙荷载，进行基础设计时，如何将该荷载直接加到筏板上进行计算分析？

A：在基础软件中的基础模型中，使用"荷载"—"附加柱墙荷载编辑"的功能可以将柱间填充墙的线荷载输入到筏板上，如图 4-37 所示。操作过程为：在"荷载"—"附加柱墙荷载编辑"中定义，并将线荷载布置到轴线上，如图 4-38 所示；在分析与设计模块的"荷载查看"中可以按照恒载或活载确认布置的线荷载，如图 4-39 所示。

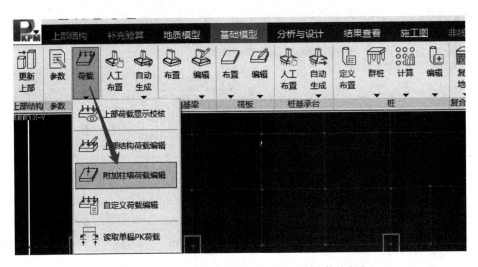

图 4-37 基础软件中进行"附加柱墙荷载编辑"

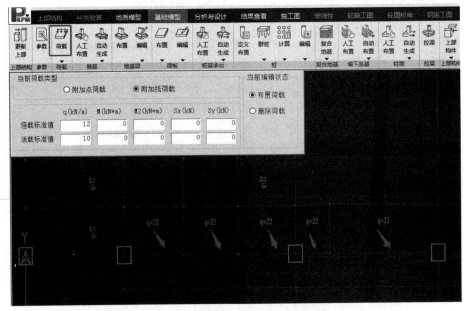

图 4-38 轴线上输入附加线荷载

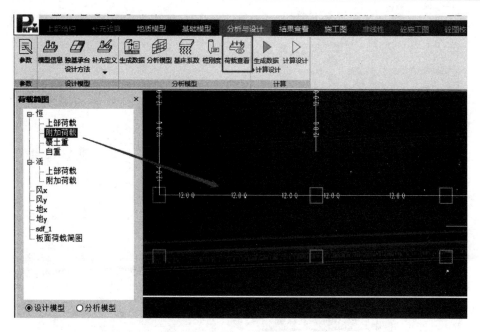

图 4-39　生成数据后通过"荷载查看"进一步查看和确认输入的附加线荷载

## 4.19　关于两桩承台按深梁设计的问题

Q：矩形两桩承台按梁设计时，JCCAD 软件中输出配筋结果如图 4-40 所示，其中各项结果的含义是什么？

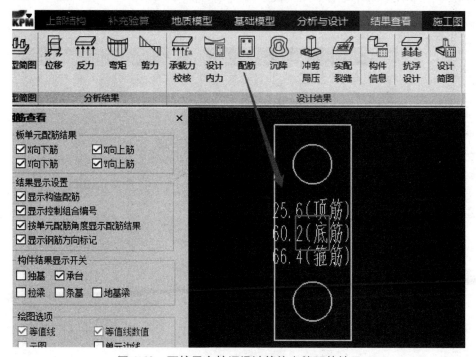

图 4-40　两桩承台按深梁计算输出的配筋结果

A：基础软件计算两桩承台时可以选择按梁构件计算，如图 4-41 所示，参数中勾选"矩形两桩承台按梁构件计算"。

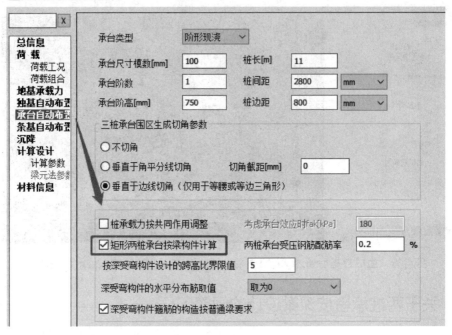

图 4-41　两桩承台按深梁设计参数

计算后在结果查看的配筋中输出配筋，具体的含义可以参见（图 4-42）基础模型—单独验算、计算书中的配筋。

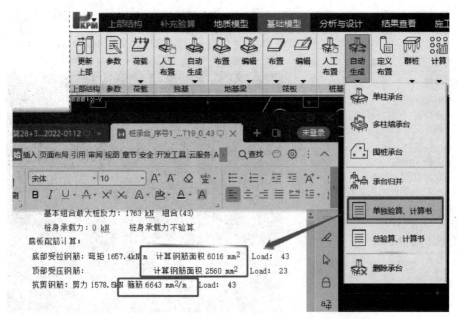

图 4-42　基础模型—单独验算、计算书中输出配筋

每个配筋结果的含义如下：

25.6：顶部钢筋，计算钢筋面积 25.6cm²；

60.2：底部受拉钢筋，计算钢筋面积 60.2cm²；

66.4：箍筋、竖向的抗剪钢筋，在 1000mm 范围内间距为 200mm 的计算箍筋面积为 66.4cm²；如图 4-43 所示，承台的剖面图中的 3 号钢筋就是箍筋，按照 1000mm 的长度计算箍筋面积。

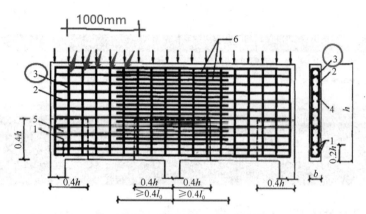

图 4-43　两桩承台按梁构件计算箍筋配筋示意

## 4.20　关于软弱下卧层验算的问题

Q：基础软件中验算软弱下卧层时，构件信息中输出的地基压力扩散角的角度是 0，如图 4-44 所示，是什么原因？

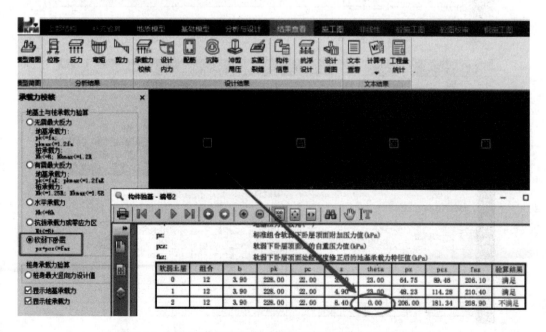

图 4-44　软弱下卧层验算构件信息输出地基压力扩散角是 0

A：基础软件 V1.3 版结果查看中，承载力校核中的软弱下卧层验算，在构件信息中输出的地基压力扩散角的角度是 0，核查基础模型发现是由于土层标高输入有误。

地质模型中软弱下卧层的土层厚度 9.6m 输入有误，4 层和 5 层土的底标高都输成了 −10.90m，如图 4-45 及图 4-46 所示，使得第 5 层土的计算厚度为 0 了。解决办法是用单点编辑修改 5 层的图层底标高为 −20.50m，如图 4-47 所示。重新计算后，结果查看构件信息中的地基压力扩散角计算正确，软弱下卧层验算满足，输出的详细验算结果如图 4-48 所示。

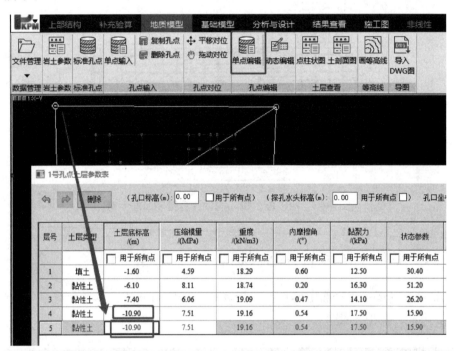

图 4-45  地质模型单点编辑中软弱下卧层的土层标高输入有误，上下层相同

| 层号 | 土层类型 | 土层底标高/(m) | 压缩模量/(MPa) | 重度/(kN/m3) | 内摩擦角/(°) | 黏聚力/(kPa) | 状态参数 |
|---|---|---|---|---|---|---|---|
| 1 | 填土 | -1.60 | 4.59 | 18.29 | 0.60 | 12.50 | 30.40 |
| 2 | 黏性土 | -6.10 | 8.11 | 18.74 | 0.20 | 16.30 | 51.20 |
| 3 | 黏性土 | -7.40 | 6.06 | 19.09 | 0.47 | 14.10 | 26.20 |
| 4 | 黏性土 | -10.90 | 7.51 | 19.16 | 0.54 | 17.50 | 15.90 |
| 5 | 黏性土 | -10.90 | 7.51 | 19.16 | 0.54 | 17.50 | 15.90 |

| 层号 | 土层类型 | 土层厚度/(m) | 极限侧摩擦力/(kPa) | 极限桩端阻力/(kPa) | 地基承载力特征值/(kPa) | 压缩模量/(MPa) | 重度/(kN/m3) | 内摩擦角/(°) | 黏聚力/(kPa) | 状态参数 |
|---|---|---|---|---|---|---|---|---|---|---|
| 1 | 填土 | 1.60 | 0.00 | 0.00 | 30.00 | 1.60 | 18.29 | 12.50 | 30.40 | 0.60 |
| 2 | 黏性土 | 4.50 | 78.00 | 0.00 | 200.00 | 8.11 | 18.74 | 16.30 | 51.20 | 0.20 |
| 3 | 黏性土 | 1.30 | 44.00 | 0.00 | 150.00 | 6.06 | 19.09 | 14.10 | 26.20 | 0.47 |
| 4 | 黏性土 | 3.50 | 40.00 | 0.00 | 140.00 | 7.51 | 19.16 | 17.50 | 15.90 | 0.54 |
| 5 | 黏性土 | 9.60 | 34.00 | 0.00 | 100.00 | 4.62 | 17.97 | 12.50 | 14.20 | 0.88 |

图 4-46  地质模型中软弱下卧层的土层厚度 9.6m

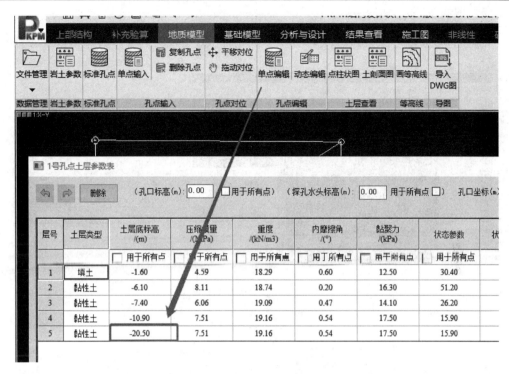

图 4-47　将地质模型中软弱下卧层的土层标高修改正确

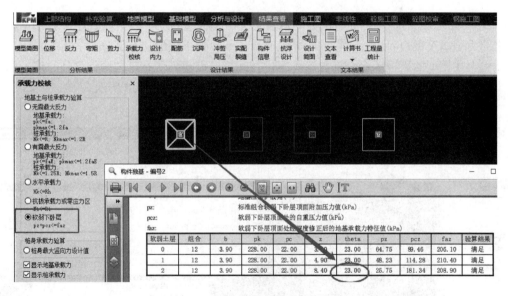

图 4-48　结果查看构件信息中的地基压力扩散角计算正确，验算满足

## 4.21　关于筏板基础抗浮验算结果与手工校核不符的问题

Q：基础模块局部抗浮稳定验算菜单下，所有竖向构件（柱、墙）的水浮力之和为什么不等于整体抗浮计算书中的总浮力？如图 4-49 所示，所有竖向构件（柱、墙）的水浮

力之和为 25567.7kN，计算书输出筏板总浮力 20939.2kN。20939.2×1.05＝21986.16kN（1.05 是抗浮稳定安全系数），远小于所有竖向构件（柱、墙）的水浮力之和 25567.7kN。

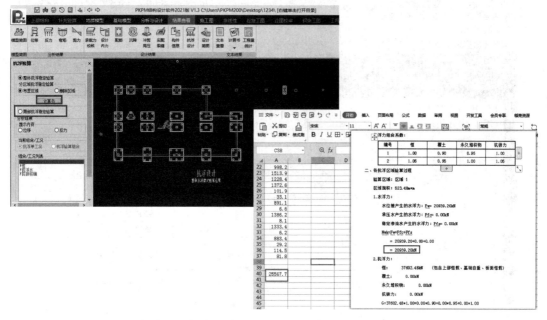

图 4-49　基础软件水浮力验算结果与手工校核对比

A：观察图 4-49，基础周边部分的承台是突出筏板边界的，在整体抗浮计算书中，总的水浮力是以筏板边界统计计算的，并没有计入承台伸出去的这个部分。

将上述模型的周边承台全部删除，再进行计算，可得到所有竖向构件（柱、墙）的水浮力之和 22151.2kN，与计算书输出总浮力相差仍较大，如图 4-50 所示。

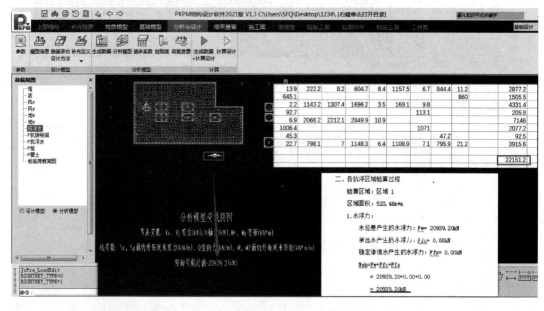

图 4-50　删除突出筏板边界的承台进行抗浮验算结果与手工校核对比

继续查看变形结果，如图 4-51 所示，在筏板凹凸拐角处，水浮力工况下位移存在正值，这是因为在水浮力作用下，筏板在竖向构件支座处存在上翘下陷，进而出现计算误差。

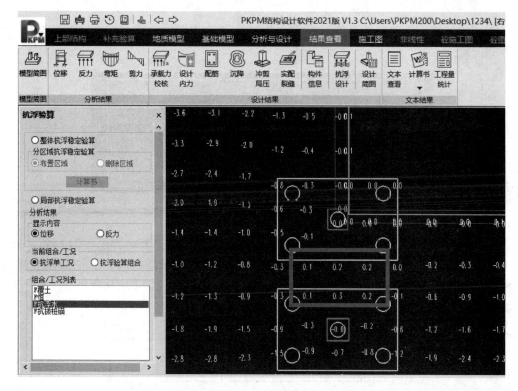

图 4-51　抗浮水作用下筏板的变形值

将筏板修改为矩形筏板，使模型尽量不要出现水浮力下向上的位移，再进行计算，如图 4-52 所示，水浮力验算结果与手工校核结果基本一致。(24103.2－23950.08)/23950.08≈0.64%，误差小于 1%。

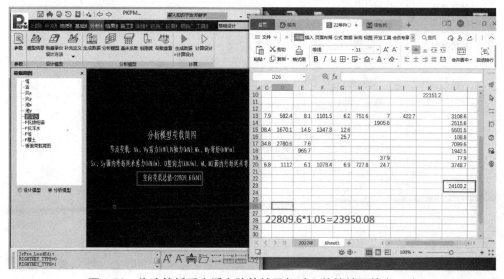

图 4-52　修改筏板后水浮力验算结果与手工校核结果基本一致

## 4.22 关于两桩承台箍筋计算结果超限的问题

Q：JCCAD 中，两桩承台按深受弯构件计算，箍筋为何出现 999.9，显示超限？如图 4-53 所示。

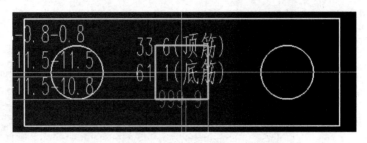

图 4-53 两桩承台按深受弯构件计算箍筋超限

A：两桩承台斜截面抗剪按《混规》附录公式（G.0.4-2）计算，如图 4-54 所示。公式第 1 项是由混凝土抗剪提供，第 2 项是竖向分布钢筋提供，第 3 项是水平分布筋提供。该基础模型参数中水平钢筋取 0，如图 4-55 所示，相当于只有公式的第 1 项和第 2 项。承台计算跨高比 $1 \backslash h = 1.58$ 小于 2，则公式的第 2 项中 $A_{sv}$ 无解，导致 $V > 1.75/(\lambda+1) \times f_t b h_0$。

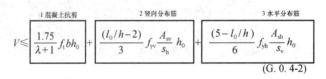

$$V \leqslant \underbrace{\frac{1.75}{\lambda+1} f_t b h_0}_{1\ 混凝土抗剪} + \underbrace{\frac{(l_0/h-2)}{3} f_{yv} \frac{A_{sv}}{s_h} h_0}_{2\ 竖向分布筋} + \underbrace{\frac{(5-l_0/h)}{6} f_{yh} \frac{A_{sh}}{s_v} h_0}_{3\ 水平分布筋}$$

（G.0.4-2）

图 4-54 混凝土规范附录 G.0.4-2

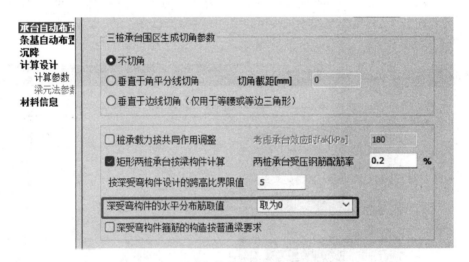

图 4-55 深受弯构件水平分布筋取值为 0

此时的解决方案有以下两种：

（1）增大承台高宽、提高混凝土强度等级，混凝土提供全部剪力（即从公式第 1 项想办法）。

（2）采用水平加竖向分布筋的形式（公式的第 2 项和第 3 项，选择图 4-56 中方框两项）。

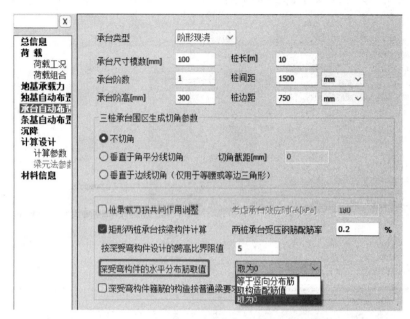

图 4-56　深受弯构件水平分布筋取值可取构造或等于竖向分布筋

## 4.23　关于锚杆刚度取值的问题

Q：JCCAD 软件中，锚杆抗拔刚度是如何确定的？

A：实际设计中，锚杆刚度的确定一般需现场试验数据，无现场试验数据可参考《高压喷射扩大头锚杆技术规程》JGJ/T 282—2012 第 4.6.9 条计算锚杆刚度，其计算公式如下：

$$k_{\mathrm{T}} = \frac{A_{\mathrm{s}} E_{\mathrm{s}}}{L_{\mathrm{c}}}$$

式中：$k_{\mathrm{T}}$——锚杆的轴向刚度系数（kN/m）；

　　　$A_{\mathrm{s}}$——锚杆杆体的截面面积（m²）；

　　　$E_{\mathrm{s}}$——锚杆杆体的弹性模量（kN/m²）；

　　　$L_{\mathrm{c}}$——锚杆杆体的变形计算长度（m），可取 $L_{\mathrm{c}} = L_{\mathrm{f}} \sim L_{\mathrm{f}} + L_{\mathrm{d}}$。

JCCAD 软件中按照该规程的要求，需要输入锚杆体截面面积，锚杆变形计算长度及锚杆杆体弹性模量。锚杆定义时，可以输入锚杆的筋体面积，如图 4-57 所示。$E_{\mathrm{s}}$ 为"锚杆杆体弹性模量"在"参数定义"—"计算设计"参数里输入，如图 4-58 所示。

当输入锚杆杆体截面面积 $A_{\mathrm{s}}$ 为 800mm² 时，按照规范要求计算的锚杆刚度为：

$k_{\mathrm{T}} = 800\mathrm{mm^2} \times 200000\mathrm{N/mm^2}/10000\mathrm{mm} = 16000\mathrm{N/mm} = 16000\mathrm{kN/m}$

软件根据相关参数自动计算的锚杆抗拔刚度如图 4-59 所示，与手工校核结果一致。

如果锚杆参数定义里的"筋体面积"值输为 0，则程序自动按照《建筑工程抗浮技

图 4-57　锚杆定义时输入筋体的面积

图 4-58　"计算设计"参数中定义锚杆的弹性模量

标准》JGJ 476—2019（以下简称《抗浮标准》）公式（7.5.6）计算 $A_s$，其中 $N_t$ 取锚杆定义的抗拔承载力特征值：

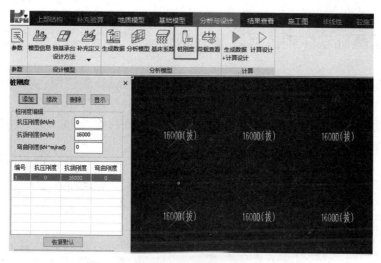

图 4-59　软件自动计算的锚杆抗拔刚度

$$A_s \geqslant \frac{K_t \cdot N_t}{f_y}$$

式中：$A_s$——锚杆筋体截面面积（$mm^2$）；

　　　$N_t$——荷载效应的基本组合下锚杆承担荷载标准值（kN）；

　　　$K_t$——锚杆筋体抗拉安全系数，取 2.0；

　　　$f_y$——钢绞线、钢筋抗拉强度设计值（kPa）。

其中该公式中 $f_y$ 根据材料信息里锚杆的钢筋级别来确定。软件自动按《抗浮标准》的公式（7.5.6）计算筋体面积：

$$A_s = 2 \times 300 \times 103N/360N/mm^2 = 1666.66mm^2$$

再按照《高压喷射扩大头锚杆技术规程》第 4.6.9 条计算锚杆的刚度为：

$$k_T = 1666.66mm \times 200000N/mm^2/10000mm = 33333N/mm = 33333kN/m$$

软件根据相关参数自动计算的锚杆抗拔刚度如图 4-60 所示。

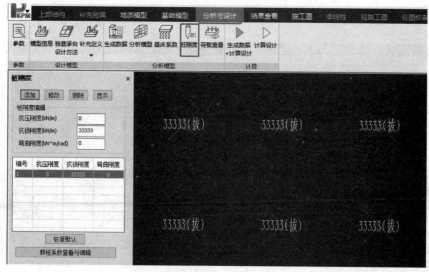

图 4-60　筋体面积输入为 0 时按照锚杆抗拔承载力计算锚杆抗拔刚度

## 4.24 关于基础软件中抗浮验算的问题

Q：在 JCCAD 软件中，基础的抗浮设计流程是怎样的？

A：图 4-61 是基础进行抗浮设计的完整流程。

以某筏板基础为例阐述一下抗浮设计流程。筏板底标高－10m，历史最高水位标高－4.5m，锚杆抗拔承载力为 450kN。

第一步：筏板抗浮验算查看筏板的整体抗浮计算结果。点筏板编辑菜单下的板抗浮计算，查看发现筏板整体抗浮是满足要求的，如图 4-62 及图 4-63 所示。

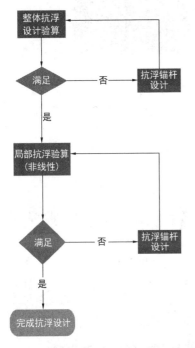

图 4-61 基础抗浮设计的流程图

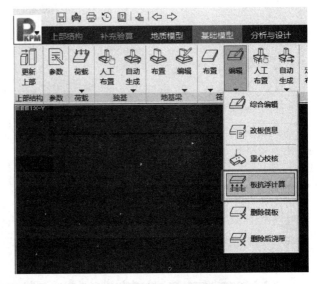

图 4-62 筏板基础整体抗浮计算

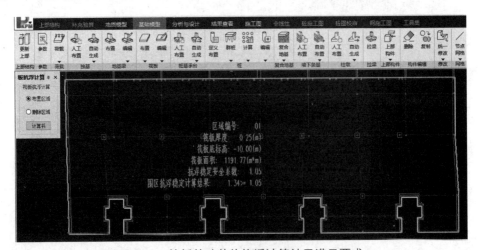

图 4-63 筏板基础整体抗浮计算结果满足要求

第二步：根据位移结果确定锚杆布置区域。计算完成后查看"1.0 恒＋1.0 水"工况下的位移，筏板中间部分是上抬区，如图 4-64 所示。

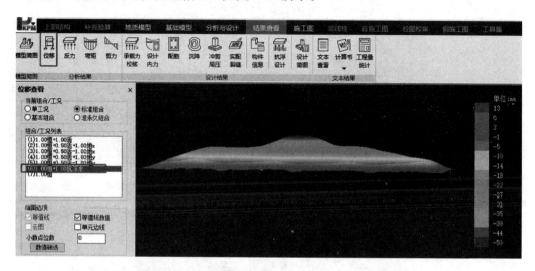

图 4-64　筏板基础在 1.0 恒＋1.0 水工况下的位移

对中间水浮力作用下的上抬区域通过群桩输入布置锚杆，如图 4-65 所示。

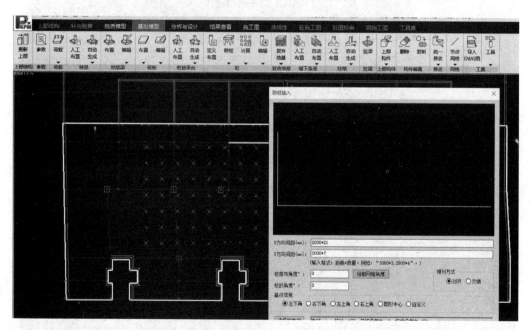

图 4-65　对筏板中间局部上抬区布置锚杆

布置好锚杆后，查看位移结果满足要求，如图 4-66 所示。

第三步：根据计算结果优化锚杆布置。计算完成后，承载力校核查看发现部分锚杆的承载力为 0，如图 4-67 所示，说明这些锚杆不起作用。根据锚杆的受力大小，去掉作用不大的锚杆，最终优化后锚杆的布置结果如图 4-68 所示。

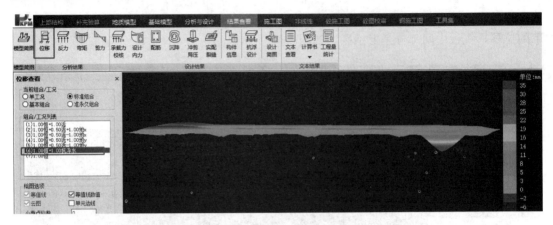

图 4-66　布置锚杆后的位移

图 4-67　锚杆的抗拔承载力结果

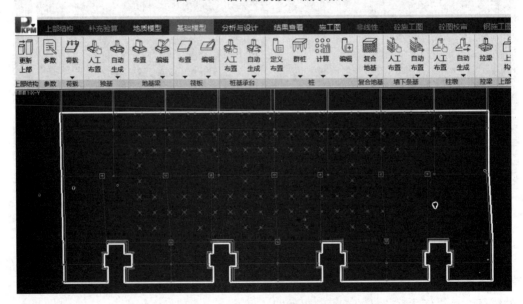

图 4-68　锚杆优化后的布置方案

## 4.25 关于自重荷载大于水浮力抗浮验算仍然不满足的问题

Q：筏板厚度 400mm，常规和抗浮水位均输入－0.88m，底板自重（10.4kN/mm²）大于水浮力（8.8kN/m²），如图 4-69 及图 4-70 所示，基础抗浮验算为什么还不满足？如图 4-71 所示。

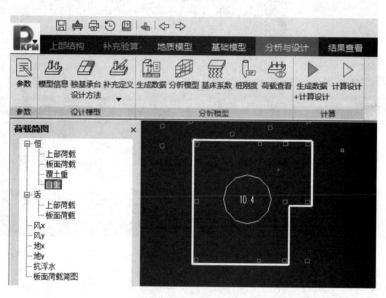

图 4-69　筏板基础自重为 10.4kN/mm²

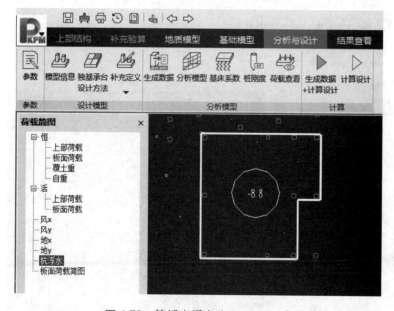

图 4-70　筏板水浮力为 8.8kN/mm²

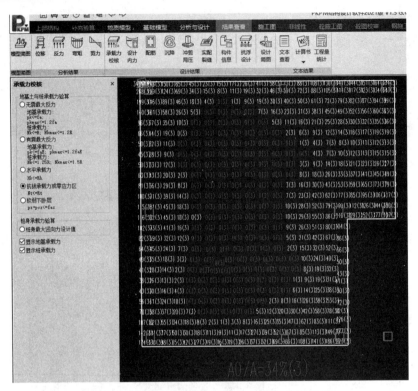

图 4-71　筏板基础抗拔承载力或零应力区结果

A：尽管筏板自重超过了水浮力，满足了整体抗浮验算的要求。但是由于板面作用的上部荷载都分布在筏板的周边，在这种作用力下，筏板呈倒锅底形变形，从位移结果就能看出这种变化趋势，如图 4-72 所示，不考虑水浮力的情况下，筏板中心区域位移为 0。

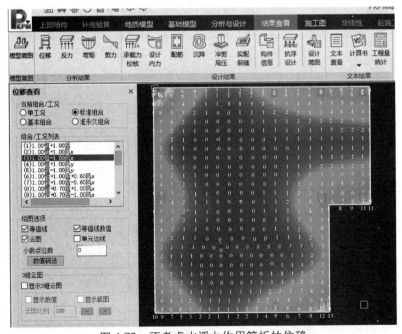

图 4-72　不考虑水浮力作用筏板的位移

如图 4-73 所示，考虑水浮力后，筏板整体上移，中心区域出现负位移。抗拔承载力或零应力区结果是不满足要求，并且会出现红色的零应力区的显示。

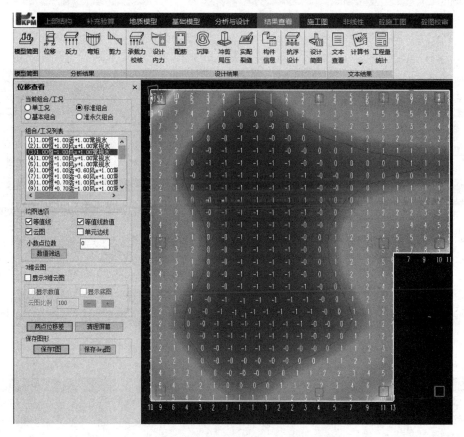

图 4-73　考虑水浮力作用后筏板的位移

## 4.26　关于筏板基础无法计算裂缝的问题

Q：基础软件计算筏板时，结果中查看中弯矩、反力和配筋等均正常，只是无法计算出裂缝，是什么原因？如图 4-74 所示。

A：经过检查该筏板模型、软件计算的筏板，弯矩、反力和配筋等各种计算结果均正常的，只是没有计算出裂缝。该筏板基础没有被主体结构的柱、墙分隔成房间，这种情况软件无法计算裂缝。

基础软件计算裂缝的基本前提条件是要求有房间划分的。就是基础软件要求筏板基础中有类似于混凝土楼板的房间，即由上部结构主体的柱或墙落到筏板基础上划分出房间，这样筏板基础才能进行裂缝的计算。所以问题在于没有竖向构件形成的房间，如图 4-75 所示。

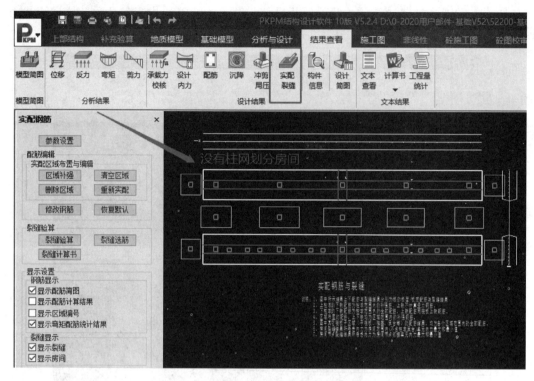

图 4-74　基础软件无法计算出筏板的裂缝

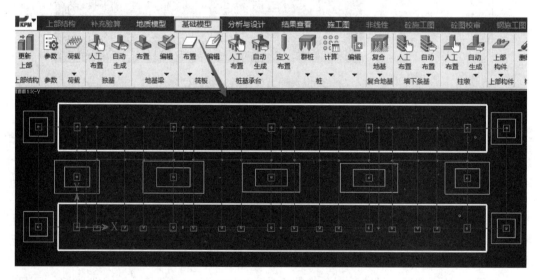

图 4-75　基础模型中没有划分出房间

## 4.27　关于设缝结构框架柱下布置基础梁的问题

Q：如图 4-76 所示：这种设缝结构在设缝位置需要布置柱下条形基础，基础建模时，应该如何布置才能考虑两侧柱的荷载均传给条形基础？

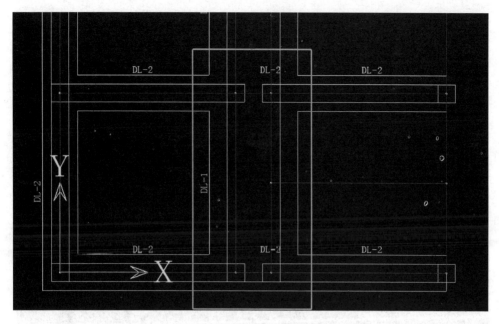

图 4-76　设缝结构在缝隙处柱下布置条形基础

A：在 JCCAD 软件 V5 版本之前，程序不对分缝处的地基梁进行处理，此时需要用户输入单梁后，将另一根柱上的荷载导算到当前地基梁轴线的柱底手工布置或修改荷载做近似考虑。

V5 版本以后，对于分缝处布置的地基梁，当地基梁布置在其中的一列柱轴线上，只要地基梁肋梁宽包住了两列柱，程序就会自动将两列柱的荷载导算到地基梁上，不需要人工导算荷载，可以直接完成计算。

# 第 5 章　钢结构设计的相关问题剖析

## 5.1　关于钢梁稳定应力比计算结果为 0 的问题

Q：为什么同样截面相同跨度的屋面梁，有的钢梁没有稳定应力比的计算结果？如图 5-1 所示。

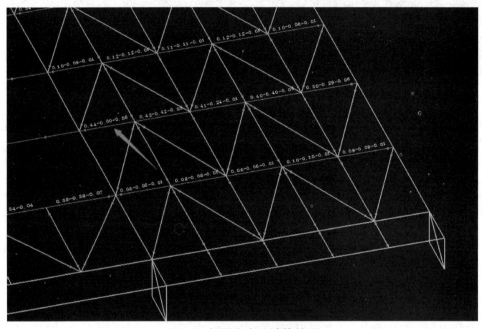

图 5-1　钢梁应力比计算结果

A：钢结构钢梁不需要验算稳定的前提条件在《钢结构设计标准》GB 50017—2017（以下简称《钢标》）里面有明确规定，第 6.2.1 条：当有密铺板在梁的受压翼缘上并与其牢固相连，能阻止梁受压翼缘的侧向位移时，可不计算梁的整体稳定；第 6.2.4 条：当箱形截面简支梁符合本标准 6.2.1 条的要求，或其截面尺寸满足 $h/b_0 \leqslant 6$，$l_1/b_0 \leqslant 95\epsilon_k^2$ 时，可不计算整体稳定性，其中 $l_1$ 为受压翼缘侧向支撑点间的距离。

需要注意的是，箱形截面判断前提是简支梁，其次才判断截面尺寸。查看该模型中钢梁构件验算的详细信息，如图 5-2 所示。

对于本案例中的梁，根据规范的要求，均需要考虑整体稳定验算，但查看构件信息时发现，此钢梁在所有的基本组合下，轴力 N 均为拉力（SATWE 中拉力为正值，压力为负值）也就是说此钢梁是拉弯构件，而拉弯构件也不需要验算整体稳定，所以显示结果中整体稳定应力比为 0。

**四、构件设计验算信息**

1 -M ------ 各个计算截面的最大负弯矩
2 +M ------ 各个计算截面的最大正弯矩
3 Shear --- 各个计算截面的剪力
4 N-T ------ 最大轴拉力(kN)
5 N-C ------ 最大轴压力(kN)
6 [No1](No2) --- No1:组合原则编号　No2:基本组合编号

| | -I- | -1- | -2- | -3- | -4- | -5- | -6- | -7- | -J- |
|---|---|---|---|---|---|---|---|---|---|
| -M | 0.00 | 0.00 | 0.00 | 0.00 | 0.00 | 0.00 | 0.00 | 0.00 | 0.00 |
| LoadCase | [24](156) | [24](156) | [24](156) | [24](156) | [24](156) | [24](156) | [24](156) | [24](156) | [24](156) |
| +M | 188.72 | 22.99 | 40.90 | 57.89 | 73.95 | 89.08 | 103.29 | 116.57 | 128.92 |
| LoadCase | [2](4) | [2](4) | [2](4) | [2](4) | [2](4) | [2](4) | [2](4) | [2](4) | [2](4) |
| Shear | -66.34 | -63.23 | -60.13 | -57.03 | -53.92 | -50.82 | -47.71 | -44.61 | -41.51 |
| LoadCase | [2](4) | [2](4) | [2](4) | [2](4) | [2](4) | [2](4) | [2](4) | [2](4) | [2](4) |
| N-T | 157.75 | 157.59 | 157.44 | 157.28 | 157.13 | 156.97 | 156.82 | 156.66 | 156.51 |
| LoadCase | [2](4) | [2](4) | [2](4) | [2](4) | [2](4) | [2](4) | [2](4) | [2](4) | [2](4) |
| N-C | 23.46 | 23.38 | 23.30 | 23.23 | 23.15 | 23.08 | 23.00 | 22.93 | 22.85 |
| LoadCase | [21](114) | [21](114) | [21](114) | [21](114) | [21](114) | [21](114) | [21](114) | [21](114) | [21](114) |
| 强度验算 | [2](4) N=157.75, M=-188.72, F1/f=0.44 | | | | | | | | |
| 稳定验算 | [1](1) N=154.50, M=-187.56, F2/f=0.00 | | | | | | | | |
| 抗剪验算 | [2](4) V=-66.34, F3/fv=0.06 | | | | | | | | |
| 下翼缘稳定 | 跨中截面,不进行下翼缘稳定计算 | | | | | | | | |
| 宽厚比 | b/tf=38.00 > 34.66 翼缘宽厚比不满足构造要求《钢结构设计标准》GB50017-2017 3.5.1条给出宽厚比限值 | | | | | | | | |
| 高厚比 | h/tw=38.00 ≤ 102.34 | | | | | | | | |

图 5-2　该钢梁验算输出的详细信息

## 5.2　关于钢柱长细比超限的问题

Q：同一个门式刚架纵向榀，相同柱距，为什么有些系杆长细比超限，而有些系杆长细比没有超限？如图 5-3 所示。

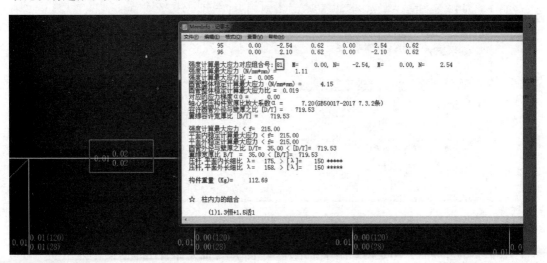

图 5-3　同一榀门式钢架纵向计算有的系杆长细比有的超限，有的不超限

A：查看该纵向榀门式钢架的详细计算结果，可以看到这根超限的系杆强度和稳定应力比控制组合是 81 号组合，对应的组合是：1.2恒＋0.6活1＋1.3左地震，根据《门式

刚架轻型房屋钢结构技术规范》GB 51022—2015（以下简称《门式刚架规范》）第 3.4.3 条要求"当地震作用组合的效应控制结构设计时，门式刚架轻型房屋钢结构的抗震构造措施应符合下列要求……5 柱的长细比不应大于 150"，该系杆按照长细比限值 150 来控制。而其他未超限的系杆的应力比控制组合是非地震控制，所以这些柱按照长细比限值 180 控制。

设计中需要注意，对门式刚架构件的长细比限值控制与构件的承载力是否由抗震控制相关，与非抗震控制的要求相比，抗震控制的长细比、板件宽厚比、高厚比等限值均需从严。

## 5.3　关于门式钢架结构吊车荷载不同的布置方式结果不同的问题

Q：为什么在 STS 二维设计中布置吊车荷载时，先点左边节点后点右边节点和先点右边节点后点左边节点，计算出来的结果有差异？

A：二维钢结构设计时，布置吊车荷载时，首先要设置吊车的偏心参数，如图 5-4 所示。

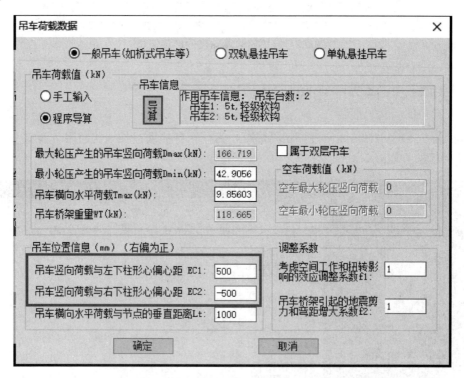

图 5-4　吊车荷载布置相关的参数

参数中的左和右并不是门式钢架中的左端和右端，而是布置吊车时候，第一个点和第二个点分别会被识别为左和右，所以布置时候，先左后右的布置，吊车荷载简图如图 5-5 所示，而先布置右边后布置左边，吊车荷载简图如图 5-6 所示。

可以比较明显地看出偏心位置的差异，通常情况下，牛腿都是位于柱子内侧的，所以先右后左的布置顺序并不合理，与实际情况不符，应按照先左后右的布置方式。

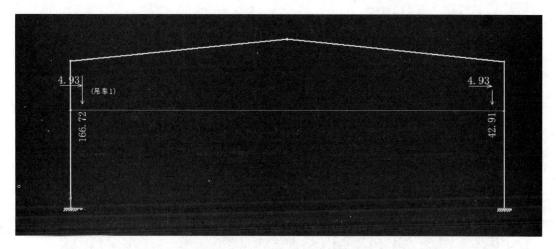

图 5-5　先左后右布置吊车荷载简图

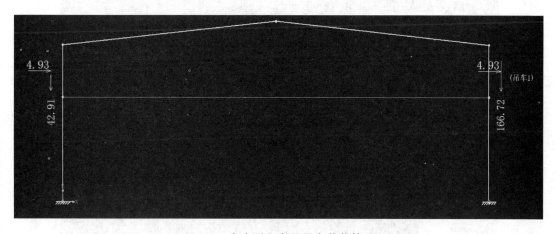

图 5-6　先右后左布置吊车荷载简图

## 5.4　关于有抗风柱的门式刚架结构在抗风柱处竖向变形大的问题

Q：门式刚架中设置了抗风柱，模型如图 5-7 所示，为什么设置了抗风柱的节点处，会有非常大的竖向位移？如图 5-8 所示。

A：因为抗风柱的属性设置是只承担山墙风荷载，在考虑竖向工况的时候，程序会按照把抗风柱抽掉、不考虑抗风柱的模型来计算，而抗风柱对应的水平段的梁两端均为铰接，此节点将会变成一个弹性节点，从而导致异常的位移结果出现。

解决办法：可以设置抗风柱为同时承担水平力和竖向力的方式，如图 5-9 所示，注意此时抗风柱不能采用长圆孔和弹簧板等释放竖向位移的节点，计算简图如图 5-10 所示，计算结果如图 5-11 所示，可以看到此时的计算结果是正常的。

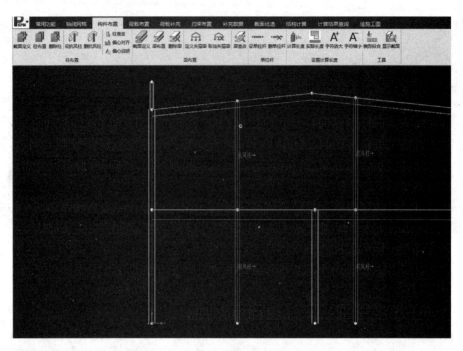

图 5-7　门式刚架模型中设置了抗风柱

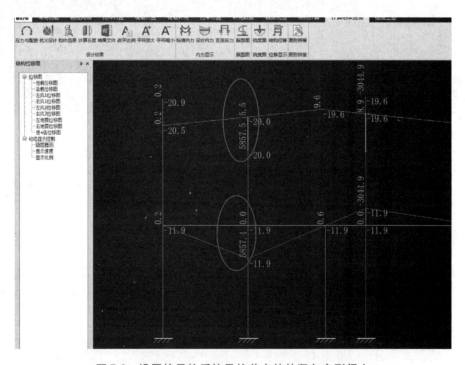

图 5-8　设置抗风柱后抗风柱节点处的竖向变形很大

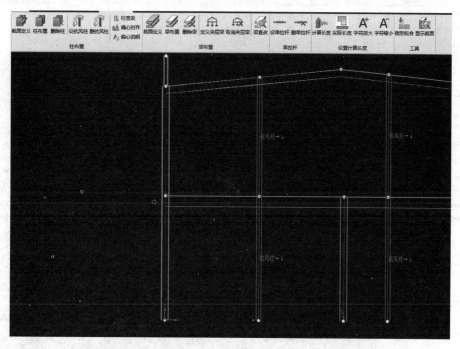

图 5-9　设置门式刚架模型中的抗风柱同时承担水平力和竖向力

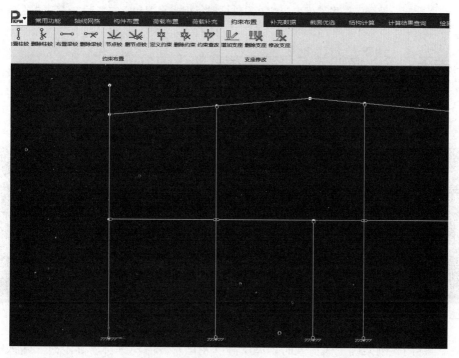

图 5-10　设置门式刚架模型中的抗风柱同时承担水平力和竖向力的计算模型

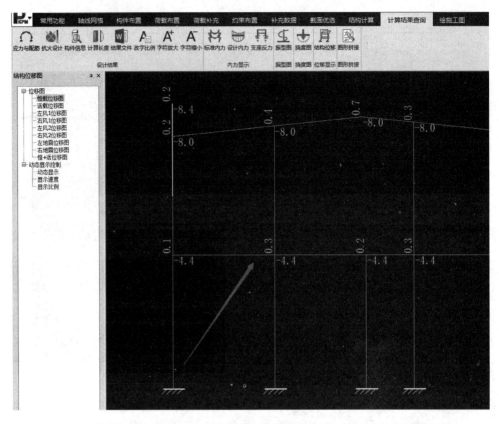

图 5-11　设置门式刚架模型中的抗风柱同时承担水平力和竖向力后的计算结果

## 5.5　关于钢梁上增加节点导致风荷载变化值的问题

Q：请问 STS 二维计算中，梁上增加了节点之后，为什么风荷载值会有变化？如图 5-12 所示。

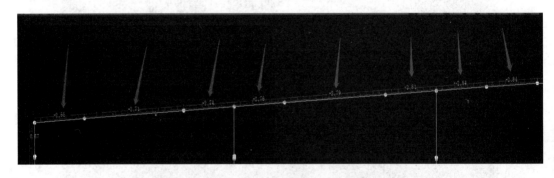

图 5-12　门式刚架梁上增加节点，风荷载值变化

A：二维门式刚架确定风荷载时，风压高度变化系数由程序自动确定时，输入梁中间的节点之后，程序会将梁识别为多段，每一段的高度会有变化，程序进行插值考虑，会得到每一段梁的风荷载值，所以会有多个梁段的风荷载数值显示。

删除梁上多余的节点，程序按照同一高度确定风压高度变化系数，风荷载显示如图 5-13 所示。

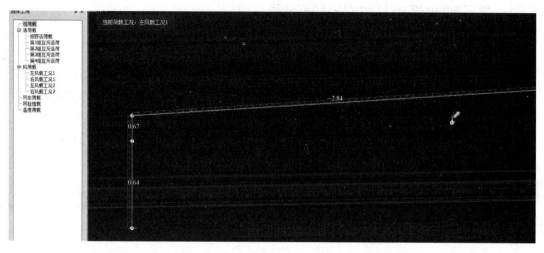

图 5-13　删除门式刚架梁上的节点，风荷载值沿梁长一致

## 5.6　关于门式刚架柱（梁）增加节点引起面外稳定应力变化的问题

Q：门式刚架柱（梁）中增加节点后，引起面外稳定巨大变化的原因是什么？

A：门式刚架中的柱（梁）增加节点后，柱（梁）由原来的整根变成多段，其设计内力所依据的截面发生变化，《门式刚架规范》要求柱（梁）面外按照压弯构件进行验算，根据以下公式进行计算。

$$\frac{N_1}{\eta_{ty}\varphi_y A_{\theta 1} f} + \left(\frac{M_1}{\varphi_b \gamma_x W_{\theta 1} f}\right)^{1.3-0.3k_\sigma} \leqslant 1$$

由上式可知，柱（梁）面外稳定的中间过程将会有如下差异：

公式的弯矩项中的弯矩要读取各个柱段各自的大端弯矩，加节点后柱（梁）大端弯矩 $M_1$ 取值会发生变化。

在根据柱（梁）面外计算长度确定柱弹性屈曲临界弯矩时，中间参数等效弯矩系数 $C_1$ 会用到柱两端截面的弯矩比。加节点后柱端截面位置发生变化，尤其是整根柱与两段柱各截面位置变化后，原本存在反弯点柱段弯矩变为同向或原来整段柱两端弯矩同向由于柱分段后出现反弯点的情况，都导致该比值数值甚至符号发生变化，进而引起等效弯矩系数 $C_1$ 较大的变化。

$$C_1 = 0.46k_M^2\eta^{0.346} - 1.32k_M\eta^{0.132} + 1.86\eta^{0.023} \leqslant 2.75$$

不论采取什么方法确定柱的弹性屈曲临界弯矩，柱两端弯矩比都会引起稳定系数 $\varphi_b$ 较大的变化。

弯矩项中的指数项，即小端截面压应力除以大端截面压应力得到的比值 $k_\sigma$ 也与弯矩比的变化相关。如果柱采用变截面，分段后截面发生变化，截面模量取值也与没有节点是有区别的，进而影响稳定应力的弯矩项指数的确定，影响弯矩项的稳定应力。

综上，柱（梁）中增加节点后依据《门式刚架规范》公式计算面外稳定应力，确实会与增加前有很大的差异。

## 5.7 关于轴心受拉构件的设计问题

Q：按《钢标》计算轴心受拉构件，程序是如何处理的？

A：在《钢标》中，对轴心受拉构件的截面强度计算公式，和旧版《钢结构设计规范》GB 50017—2003 相比有所变化。按新《钢标》第 7.1.1 条，轴心受拉构件的强度有两项验算，分别为毛截面屈服和净截面断裂：

轴心受拉构件，当端部连接及中部拼接处组成截面的各板件都由连接件直接传力时，其截面强度计算应符合下列规定：

除采用高强度螺栓摩擦型连接者外，其截面强度应采用下列公式计算：

毛截面屈服：

$$\sigma = \frac{N}{A} \leqslant f$$

净截面断裂：

$$\sigma = \frac{N}{A_n} \leqslant 0.7 f_u$$

在程序中会分别验算两项，取不利项输出。

以某轴心受拉构件为例，展示具体校核过程。该轴心受拉构件进行校核时的基本信息如图 5-14 所示。

```
                    ---- 总 信 息 ----
    钢材: Q235
    钢结构净截面面积与毛截面面积比： 0.85
    支撑杆件容许长细比： 200
    柱顶容许水平位移/柱高： 1 / 150


                    ---- 标准截面信息 ----

    1、标准截面类型

    （ 1） 5, 0.17800E+05, 0.10000E+03, 0.20600E+06
    （ 2） 34,  2L75x8              , 0.010 等边角钢组合


    2、标准截面特性

    截面号    Xc           Yc            Ix            Iy            A
      1                                0.17800E-03  0.00000E+00  0.10000E-01
      2     0.08000      0.02150      0.11992E-05  0.28148E-05  0.23006E-02
```

图 5-14　该验算轴心受拉构件的基本信息

该轴心受拉构件输出的组合内力及应力比结果如图 5-15 所示。

对图 5-15 所示的截面进行毛截面屈服和净截面断裂的承载力验算，详细如下：

```
钢柱            7
截面类型= 34; 布置角度=   0; 计算长度: Lx=   4.24, Ly=   8.49; 长细比: λx= 185.8, λy= 242.6
构件长度=   4.24;  计算长度系数: Ux=   1.00    Uy=   2.00
抗震等级: 不考虑抗震
截面参数: 2L75x8    热轧等边角钢组合, d(mm) =   10
轴压截面分类: X轴:b类, Y轴:b类
构件钢号: Q235
宽厚比等级: S3
验算规范: 普钢规范GB50017-2017

            柱 下 端                      柱 上 端

   组合号      M        N        V        M        N        V
     1       0.00    -95.65     0.00     0.00    96.44     0.00

强度计算最大应力对应组合号: 1, M=    0.00, N=   -95.65, M=    0.00, N=    96.44
强度计算最大应力 (N/mm*mm) =     41.92
强度计算最大应力比 = 0.195

强度计算最大应力 < f= 215.00
拉杆,平面内长细比 λ= 186. ≤ [λ]=    200
拉杆,平面外长细比 λ= 243. > [λ]=    200 *****
```

图 5-15　该轴心受拉构件输出的应力比结果

毛截面屈服：

$$\sigma = \frac{N}{A} = \frac{96.44 \times 10^3}{0.23006 \times 10^{-2} \times 10^6} = 41.9195$$

其应力比为：

$$\frac{41.9195}{215} = 0.19497$$

净截面断裂：

$$\sigma = \frac{N}{A_n} = \frac{96.44 \times 10^3}{0.85 \times 0.23006 \times 10^{-2} \times 10^6} = 49.3171$$

其应力和毛截面屈服接近，但是由于钢材抗拉强度更大，所以净截面断裂对应的应力比更小，不起控制作用。

最终该轴心受拉构件的应力比手工校核结果与软件输出的构件信息中给出的最大应力比一致。

再修改构件的净毛截面面积比为 0.5，其余条件不变，重新计算，结果如图 5-16 所示。

由于除净毛截面面积比之外，其余条件均相同，所以毛截面屈服结果不变。

净截面断裂：

$$\sigma = \frac{N}{A_n} = \frac{96.44 \times 10^3}{0.5 \times 0.23006 \times 10^{-2} \times 10^6} = 83.839$$

其应力比为：

$$\frac{83.839}{0.7 \times 370} = 0.3237$$

```
                          ---- 总信息 ----
钢材: Q235
钢结构净截面面积与毛截面面积比：0.50
支撑杆件容许长细比：200
柱顶容许水平位移/柱高：1 / 150
```

```
钢 柱        7
截面类型= 34; 布置角度= 0; 计算长度：Lx=  4.24, Ly=  8.49; 长细比：λx= 185.8,λy= 242.6
构件长度= 4.24; 计算长度系数：Ux=  1.00   Uy=  2.00
抗震等级：不考虑抗震
截面参数：2L75x8  热轧等边角钢组合, d(mm) = 10
轴压截面分类：X轴:b类, Y轴:b类
构件钢号：Q235
宽厚比等级：S3
验算规范：普钢规范GB50017-2017

              柱 下 端                    柱 上 端

   组合号     M        N        V        M        N        V
    1       0.00    -95.65     0.00     0.00    96.44     0.00

强度计算最大应力对应组合号: 1, M=   0.00, N=  -95.65, M=   0.00, N=  96.44
强度计算最大应力 (N/mm*mm) =    83.83
强度计算最大应力比 = 0.324

强度计算最大应力 < 0.7*fu= 259.00
拉杆,平面内长细比 λ=  186. ≤ [λ]=   200
拉杆,平面外长细比 λ=  243. > [λ]=   200 *****

构件重量 (Kg)=   76.62
```

图 5-16  修改钢构件净毛面积比，该轴心受拉构件输出的应力比结果

此时净截面断裂的应力比更大，所以起控制作用，手工校核结果与软件输出的结果一致。

对轴心受拉构件的截面强度验算，软件分别验算毛截面屈服和净截面断裂，并取不利输出。

## 5.8  关于吊车梁板件宽厚比的控制问题

Q：门式刚架厂房三维模型计算吊车梁时，采用 Q235 的钢梁可以正常计算，用 Q345 钢计算时，显示红色提示超限，如图 5-17 所示，是什么原因？

A：吊车梁钢材由 Q235 提高到 Q345 后，吊车梁验算结果由满足到超限，确实很难理解，我们先来看看使用 Q345 后，工字形吊车梁究竟是什么验算指标超限了。经过查询构件信息，如图 5-17，发现采用 Q345 钢吊车梁的翼缘宽厚比超限了，限值是 10.729。

采用 Q235 钢吊车梁的翼缘宽厚比满足要求，限值是 13，如图 5-18 所示。

这样出现超限问题的原因就找到了，由于 Q345 钢在进行宽厚比控制时，宽厚比限值为 $13\varepsilon_k$，而采用 Q235 时不需要考虑 $\varepsilon_k$，对于翼缘宽厚比而言，Q235 钢材更容易满足要求。所以会出现提高了钢材强度，吊车梁的翼缘宽厚比反而超限的现象。

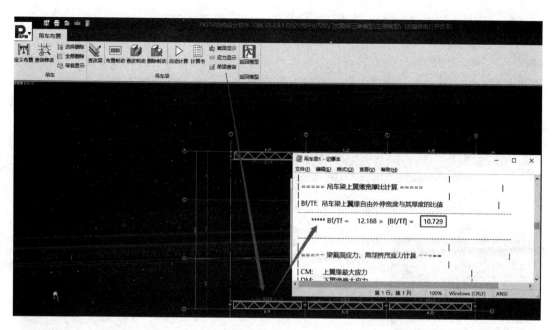

图 5-17　选择 Q345 吊车梁板件宽厚比超限显红

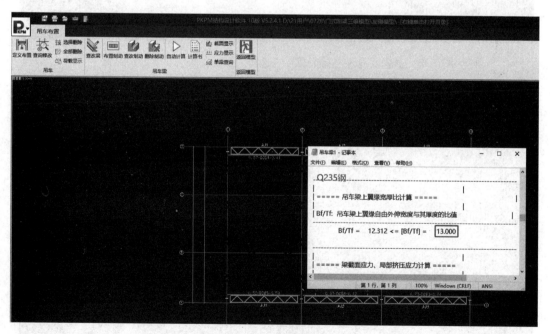

图 5-18　选择 Q235 吊车梁板件宽厚比满足要求

## 5.9　关于门式刚架托梁上的荷载计算问题

Q：门式刚架厂房三维设计中定义托梁后，托梁如何导算荷载？导算到两边的荷载如何查看？

A：在 STS 门式刚架厂房三维设计软件中，是按照三维建模、二维计算的原则形成一个形式上的三维模型，最终的计算模型还是各个横向的主刚架立面楢和纵向立面楢分别进行计算。对于中间抽柱的厂房，定义托梁后程序会将托梁上承受的集中荷载导算到与托梁相连的两侧柱节点上，程序中的导荷情况可以通过"显示节点荷载"查看。

首先，在定义托梁后，在显示设置中勾选"显示导荷节点"，然后选择需要查看的工况，如图 5-19 所示。查看抽柱楢托梁恒载工况的导荷情况，如图 5-20 所示。

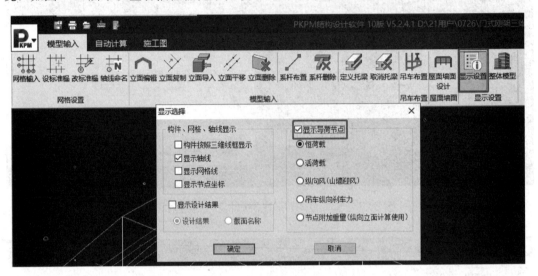

图 5-19　选择"显示导荷节点"并选择"工况类型"查看导荷结果

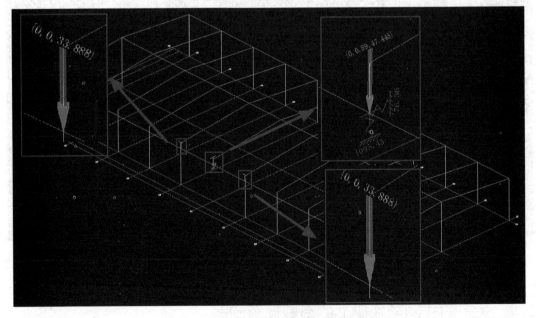

图 5-20　抽柱楢托梁恒载下的导荷结果

抽柱位置托梁上导荷节点数值为（0，0.89，47.445），表示 $x$ 向（纵向楢水平方向）荷载为 0，$y$ 向（主刚架方向）荷载为 0.89kN，$z$ 向（竖向）荷载为 47.445kN。

　　此时导到两边榀的只有竖向荷载，为 33.888kN。发现导到两边榀的竖向荷载之和大于托梁上的节点荷载，这是由于恒载导算时，托梁自重也要导算到两侧榀当中，所以最终导算的结果应为（托梁自重＋托梁上恒载）/2，此时会比单独考虑被承托榀导算的荷载略大。

## 5.10　关于钢框架梁柱节点设计梁端剪力取值问题

　　Q：钢框架节点设计时，梁柱采用栓焊连接，螺栓设计时梁端设计剪力取梁腹板净截面受剪承载力的 1/2，软件中输出的梁端剪力值结果如图 5-21 所示，采用手工校核与电算结果不同，是什么原因？

```
梁编号 = 1, 连接端: 1
采用钢截面: WH500X250X8X10
梁钢号: Q235
连接柱截面: WH500X250X8X10
柱钢号: Q235
连接设计方法: 按梁端部内力设计(拼接处为等强)。

工字型柱与工形梁(0)度固接连接
连接类型为          :— 单剪连接
梁翼缘塑性截面模量/全截面塑性截面模量: 0.727
常用设计法 算法: 翼缘承担全部弯矩, 腹板只承担剪力

螺栓连接验算:
螺栓群作用弯矩 M (kN*m)、轴力 N (kN)、剪力 V (kN)(分配后): 0.00, 0.00, |174.25|
 |(剪力V 取 梁腹板净截面抗剪承载力设计值的1/2)|
 采用 10.9级 高强度螺栓 摩擦型连接
 螺栓直径 D = 20 mm
 高强度螺栓连接处构件接触面 喷硬质石英砂或铸钢棱角砂
 接触面抗滑移系数 u = 0.45
 高强螺栓预拉力 P = 155.00 kN
 连接梁腹板和连接板的高强螺栓单面抗剪承载力设计值 Nvb = 62.77 KN
 连接梁腹板和连接板的高强螺栓所受最大剪力 Ns = 58.08 KN <= Nvb, 设计满足
 腹板螺栓排列(平行于梁轴线的称为"行"):
   行数:3,  螺栓的行间距: 120mm, 螺栓的行边距: 85mm
   列数:1,            螺栓的列边距: 40mm
```

图 5-21　梁柱连接设计输出的构件详细信息显示的梁端剪力值

　　A：根据《钢结构连接节点设计手册》，梁腹板与连接板采用摩擦型高强度螺栓连接时，所需的高强度螺栓数目为以下三者中的大值。

$$n_{wb} = \frac{V}{N_v^{bH}}$$

或

$$n_{wb} = \frac{A_{nw} f_v}{2 N_v^{bH}} \quad \left.\right\} \text{取三者中的较大者}$$

或

$$n_{wb} = \frac{M_L^b + M_R^b}{l_0 N_v^{bH}}$$

　　式中，$N$ 是单个摩擦型高强度螺栓的单面抗剪承载力设计值。所以程序在计算设计螺栓数量时的剪力取上述三者的较大值。图 5-21 所示的梁端螺栓设计时，这个梁端设计剪力 $V$ 取梁腹板净截面受剪承载力的 1/2。程序按照腹板净截面平均受剪承载力进行计算，采用腹板净截面面积乘以腹板抗剪强度设计值，即 $A_{wn} f_v$，所以腹板净截面面积是我们需要

校核的参数，腹板净截面面积为腹板面积扣除梁腹板两侧与翼缘连接切角尺寸和各行螺栓孔的直径，如图 5-22 所示。

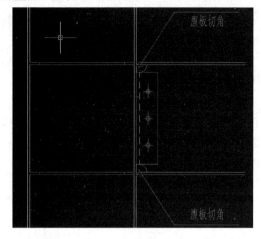

图 5-22　梁柱连接设计时梁端的螺栓布置情况

由于在确定设计剪力时还没有确定出螺栓的个数和直径，所以程序采用近似方法考虑螺栓孔对腹板的削弱，默认将扣除梁腹板两侧与翼缘连接切角尺寸后的面积乘以 0.85 考虑。所以图 5-22 中的腹板净截面平均受剪承载力为：

$$A_{wn}f_v/2 = (500 - 2 \times 10 - 2 \times 35) \times 8$$
$$\times 0.85 \times 125/2$$
$$= 174.25\text{kN}$$

手工校核结果与程序计算结果是一致的。

## 5.11　关于钢框架三维计算中相同的柱长细比限值不同的问题

Q：某钢框架三维模型，计算完毕查看柱轴压比限值，发现该结构中柱子的长细比限制不同，按照规范要求，同一抗震等级的柱长细比限值应该一致，并且是 80、100 这样的整数值，为什么软件输出的这个长细比限值有的是按照 150 控制了？并且有的柱长细比限值还带有小数，如图 5-23 所示。

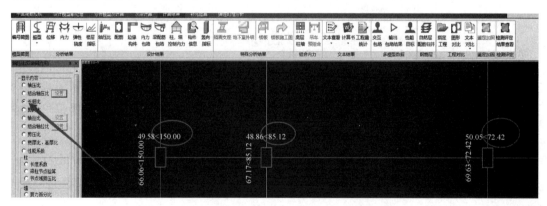

图 5-23　相同抗震等级及截面的柱长细比限值不同

A：钢柱长细比的限值与结构体系有关，钢框架结构按照抗震等级确定钢柱的长细比限值，而单层钢结构厂房与多层钢结构厂房长细比的限值与轴压比大小有关。查看该结构在计算时结构体系的选择，确定该结构体系是多层钢结构厂房，而非钢框架，如图 5-24 所示。

根据《抗规》第 9.2.13 条和附录 H.2.8，钢结构厂房的长细比的限值还需要判断轴压比的大小；轴压比大于 0.2 时，钢结构厂房长细比的限值还与轴力有关。

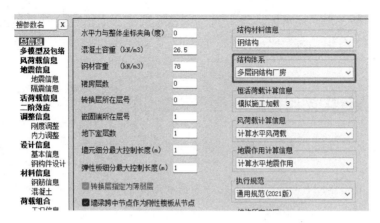

图 5-24　结构体系选择了"多层钢结构厂房"

《抗规》第 9.2.13 条要求，单层钢结构厂房框架柱的长细比，轴压比小于 0.2 时，不宜大于 150；轴压比不小于 0.2 时，不宜大于 $120\sqrt{123/f_{ay}}$。

抗规附录 H.2.8 多层钢结构厂房的基本抗震构造措施，尚应符合下列规定：框架柱的长细比不宜大于 150；当轴压比大于 0.2 时，不宜大于 $125(1-0.8N/A_f)\sqrt{123/f_y}$。

## 5.12　关于吊车梁挠度限值控制问题

Q：在吊车梁工具箱计算中，为什么吊车梁挠度限值是 1/833.333，不是标准中要求的轻级工作制吊车的挠度限值 1/750？

A：查询吊车梁的相关信息数据，如图 5-25 所示，该吊车梁的跨度为 15m，其上的

图 5-25　吊车梁计算时的相关参数

吊车为轻级工作制，根据《钢标》附录 B.1.1 注 3 规定"当吊车梁或吊车桁架跨度大于 12m 时，其挠度容许值 $[v_T]$ 应乘以 0.9 的系数"。该吊车梁跨度大于 12m，所以该吊车梁的挠度限值为 $0.9 \times (1/750) = 1/833.333$，是符合标准要求的。

## 5.13 关于设计中如何模拟半龙门吊的问题

Q：在钢结构二维设计中，当模型中需要设置半龙门吊车时，吊车荷载应该如何在模型中模拟考虑？

A：半龙门吊车作用在厂房中只需要考虑搭在刚架、排架柱上的受力，所以可以采用以下方式建模计算半龙门吊车：

在模型中根据半龙门吊车所在位置和吊车跨度，在厂房内侧或外侧建立与刚架牛腿高度相等的悬臂柱，然后根据吊车参数正常定义并布置桥式吊车，查看结果时则不需要考虑悬臂柱的计算结果，布置效果如图 5-26 所示。

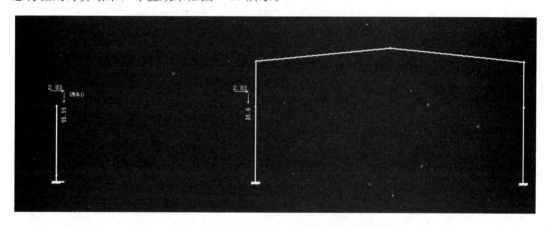

图 5-26　半龙门吊建模布置

需要注意的是，如果龙门吊在结构外侧，需要首先生成风荷载，然后再人工布置悬臂柱，否则自动生成的风荷载会加载到外侧悬臂柱上，而不会加载到结构柱上。查看结果时则不需要考虑悬臂柱的结果，忽略其设计结果即可。

## 5.14 关于门式刚架柱长细比小反而超限的问题

Q：如图 5-27 所示的门式刚架结构，为什么同一个门式刚架中有些柱长细比 174 没有超限，但是有些柱长细比 152 却超限了，程序对超限判断是否有误？

A：分别查看该门式刚架模型中的两根柱的构件信息，发现左侧柱的应力控制组合均为非地震作用组合，右侧柱的应力控制组合存在地震作用参与，图 5-28 为右侧柱详细的构件验算结果，因此，该长细比超限的右侧柱满足《门式刚架规范》第 3.4.3 条"地震作用组合的效应控制结构设计"的条件，因此执行这一条要求。该条中规定柱的长细比不应大于 150，所以右侧柱显示超限，左侧柱是非抗震组合控制，故不需要执行这一条，其长细比限值为 180，所以这根柱是不超限的。

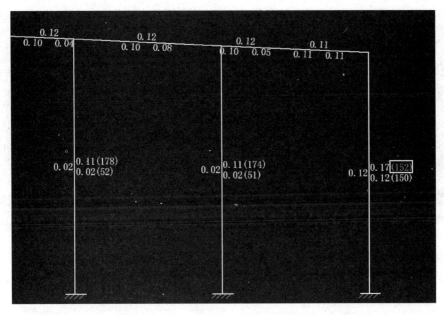

图 5-27　门式刚架结构二维计算柱长细比小的反而超限显红（方框）

图 5-28　右侧超限显红的柱输出的详细计算结果

## 5.15　关于抗风柱承担竖向荷载导致门式刚架柱计算长度系数变化的问题

Q：两个其他条件完全相同的门式刚架模型，唯一的不同只是中间的抗风柱是否承担竖向荷载，如图 5-29 所示，左边门式刚架的抗风柱既要承担山墙风荷载又要承担竖向荷

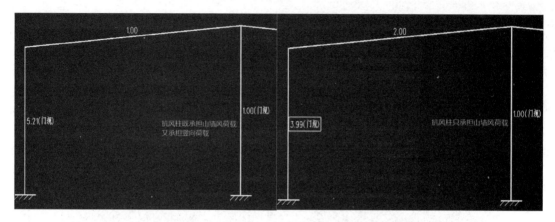

图 5-29　修改抗风柱属性门式刚架柱计算长度系数差异很大

载，右边的门式刚架抗风柱只承担山墙风荷载，为什么两种情况下的门式刚架柱计算长度系数差很多，并且设置抗风柱承担竖向荷载后，门式刚架柱计算长度系数变大很多？

$$\eta = \sqrt{1 + \frac{\sum N_j/h_j}{1.1 \sum P_i/H_i}} \qquad (A.0.6\text{-}1)$$

$$N_j = \frac{1}{h_j} \sum_k N_{jk} h_{jk} \qquad (A.0.6\text{-}2)$$

$$P_i = \frac{1}{H_i} \sum_k P_{ik} H_{ik} \qquad (A.0.6\text{-}3)$$

图 5-30　《门式刚架规范》中考虑有摇摆柱时对框架柱计算长度系数的放大

A：对设有摇摆柱的门式刚架和框架结构，其他柱子必须为摇摆柱提供侧向支承，这些提供支承的柱子的稳定性必须分出一部分余量去帮助摇摆柱保持稳定，所以《门式刚架规范》附录 A.0.6 规定"当有摇摆柱时，确定梁对刚架柱的转动约束时应假设梁远端铰支在摇摆柱的柱顶，且确定的框架柱的计算长度系数应乘以放大系数 $\eta$"，如图 5-30 所示。

抗风柱既承担山墙风荷载又承担竖向荷载时就相当于兼做摇摆柱，而抗风柱只承担山墙风荷载时，则相当于没有抗风柱，所以二者对应的门式刚架柱的计算长度会较大差异，并且考虑兼做摇摆柱后，其他柱的计算长度系数会变大。

## 5.16　关于门式刚架结构防火设计的问题

Q：钢结构二维和门式刚架三维模型中各个构件所用的防火涂料不同时，应该如何指定？

A：在门式刚架二维设计软件中，首先要在防火设计参数中根据防火涂料厂家提供的资料，定义多个该结构模型所需要防火涂料属性，如图 5-31 所示。然后在"结构计算"—"抗火设计"中指定并布置防火信息到各个构件上，如图 5-32 所示。

门式刚架三维厂房设计中的防火信息的指定和二维设计中大致相同，需要到各个榀的立面编辑中去指定各个构件的防火涂料信息。

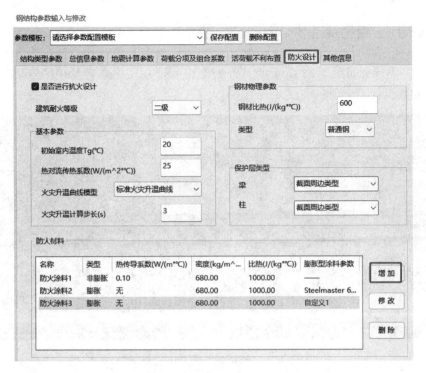

图 5-31　根据实际情况增加所需的防火涂料

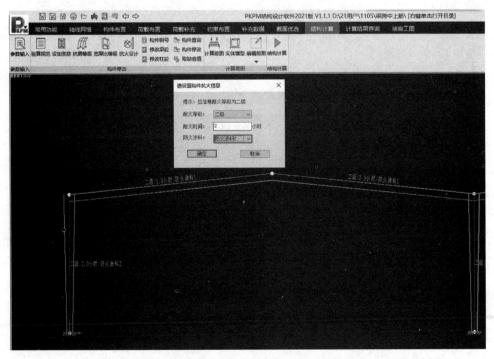

图 5-32　布置实际采用的防火涂料到对应的构件上

## 5.17　关于二维桁架变形异常的问题

Q：请问为什么如图 5-33 所示的二维桁架模型，计算完毕后发现节点位移特别大，是哪里的参数设置不合理？

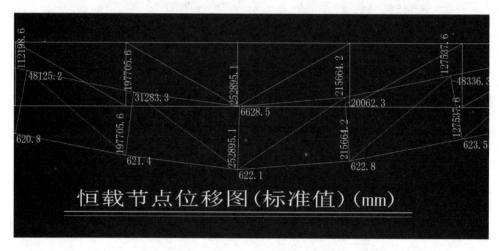

图 5-33　二维桁架在恒载下变形异常

A：经检查，发现用户模型存在以下两个问题：

（1）模拟支座的杆件设置不对。对于简支桁架，模拟支座的杆件应两端铰接。

（2）用户把上弦杆件设置成了单拉杆，实际受压退出工作形成机构，因此造成计算结果异常，位移显示也异常。

修改方法为：删除所有单拉杆，并且正确设置模拟支座的杆件。以上两点修改后再计算，内力及变形结果均正常，该桁架恒载下的变形如图 5-34 所示。

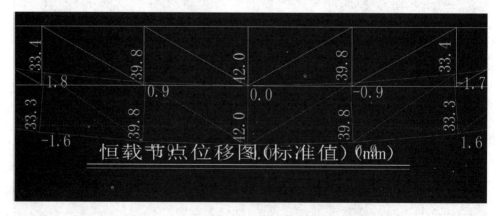

图 5-34　修改模型后二维桁架在恒载下的变形

## 5.18　关于压型钢板施工阶段验算的问题

Q：如图 5-35 所示为软件压型钢板施工阶段验算结果，压型钢板施工阶段验算时，程序中的施工荷载是如何确定的？

```
───────────────施工阶段压型钢板验算结果───────────────
房间   子间   压板   布板   计算   计算   抗弯   计算   容许   荷载
编号   编号   编号   角度   跨度   弯矩   能力   挠度   挠度
             (度)   (mm)  (kN*m) (kN*m) (mm)  (mm)  kN/m2
 1    505   90.0  2900  9.64×  8.66  19.05× 16.11  9.17
 3     15   90.0  2899  8.46  11.14  12.06  16.11  8.05
 4     15   90.0  2900  8.46  11.14  12.06  16.11  8.05
 5     15   90.0  2900  8.46  11.14  12.06  16.11  8.05
 6     15   90.0  2900  8.46  11.14  12.06  16.11  8.05
 7     15   90.0  2900  8.46  11.14  12.06  16.11  8.05
 8     15   90.0  2900  8.46  11.14  12.06  16.11  8.05
 9     15   90.0  2900  8.46  11.14  12.06  16.11  8.05
10     15   90.0  2900  8.46  11.14  12.06  16.11  8.05
11     15   90.0  2900  8.46  11.14  12.06  16.11  8.05
12     15   90.0  2900  8.46  11.14  12.06  16.11  8.05
13     15   90.0  2900  8.46  11.14  12.06  16.11  8.05
15    504   90.0  2700  8.36×  6.86  17.53× 15.00  9.17
16    504    0.0  1500  2.58   6.86   1.67   8.34  9.17
```

图 5-35　压型钢板施工阶段验算结果

A：以该钢结构模型中第 1 层左上角布置压型钢板的房间 13 为例，对施工荷载进行校核，该房间楼板厚度为 110mm，压型钢板型号为：部颁标准 YX-75-200-600（Ⅱ）-1.6 其截面如图 5-36 所示，截面尺寸汇总为表 5-1。

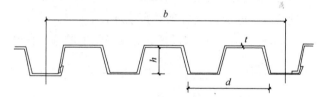

图 5-36　压型钢板截面示意图

**压型钢板截面尺寸**　　　　　　　　　　　　　　　　表 5-1

| 压板类型 | 开口型 | 压板类型 | 开口型 |
|---|---|---|---|
| 板有效宽度（$l$） | 600 | 波距（$b$） | 200 |
| 楼板顺肋跨度 | 2900 | 板厚（$t$） | 1.6 |
| 楼板垂肋跨度 | 6080 | 材料 | Q235 |
| 波高（$h$） | 75 | 压型钢板净重 $\rho$（kg/m²） | 20.7001 |

施工阶段荷载确定过程如下：

1）施工荷载标准值：

肋顶以上混凝土自重为模型中设置的板厚乘以湿混凝土自重：
$$S_{c平板} = h_{平板} \times \rho_c = 0.11 \times 25 = 2.75 \text{kN/m}^2$$

肋槽中混凝土自重大致为肋槽高度 $h$ 一半乘以混凝土板自重：
$$S_{c肋槽} = h/2 \times \rho_c = 0.075/2 \times 25 = 0.9375 \text{kN/m}^2$$

压型钢板自重：
$$S_s = \rho_s \times g = 20.7 \times 10^{-3} \times 9.8 = 0.20286 \text{kN/m}^2$$

如图 5-37 所示，施工活载根据用户在楼盖参数中定义的楼面施工荷载标准值取

$$S_q = 1.5 \text{kN/m}^2$$

2）施工荷载组合

根据《组合楼板设计与施工规范》CECS：273—2010 第 4.1.7 条要求。

施工阶段，楼承板按承载力极限状态设计时，其荷载效应组合的设计值应按下式确定：

$$S = 1.2S_s + 1.4S_c + 1.4S_q$$

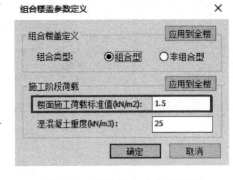

图 5-37　楼盖信息中定义楼面施工荷载标准值

式中：$S$——荷载效应设计值；

　　　$S_s$——楼承板、钢筋自重在计算截面产生的荷载效应标准值；

　　　$S_c$——混凝土自重在计算截面产生的荷载效应标准值；

　　　$S_q$——施工阶段可变荷载在计算截面产生的荷载效应标准值。

注意，由于压型钢板上的混凝土开始浇筑时处于流动状态，最初时可能出现局部混凝土堆积的情况，此时它更接近于可变荷载，因此，这本规范将混凝土自重在计算截面产生的荷载效应标准值的组合系数取为可变荷载的组合系数 1.4。

又因《建筑结构可靠性设计统一标准》GB 50068—2018 中第 8.1.9 条将永久荷载分项系数 $\gamma_G$ 由 1.2 提高到 1.3，可变荷载分项系数 $\gamma_q$ 由 1.4 提高到 1.5，因此压型钢板施工荷载效应组合为 $S = 1.3S_s + 1.5S_c + 1.5S_q$，则该房间上的施工荷载为：

$$S = 1.3S_s + 1.5S_c + 1.5S_q = 1.3 \times 0.20286 + 1.5(2.75 + 0.9375) + 1.5 \times 1.5$$

$$= 8.05 \text{kN/m}^2$$

手工校核结果与软件输出的结果是一致的，以上就是程序在进行压型钢板施工阶段验算时的施工荷载的确定过程。

## 5.19　关于压型钢板施工阶段挠度结果与手工校核有差异的问题

Q：为什么软件压型钢板组合楼盖中施工阶段验算的挠度和手工验算的结果差异巨大？如图 5-38 所示，软件计算的挠度值为 12.06mm，按照手工校核挠度计算值为 17.98mm，比手算的结果小很多。

A：程序中输出 13 号房间的压型钢板施工阶段挠度计算值为 12.06mm，如果要校核该值，按照简支板计算基本组合下的弯矩设计值：

$$M_{max} = \frac{ql^2}{8} = \frac{8.05 \times 2.9^2}{8} = 8.46 \text{kN} \cdot \text{m}$$

根据简支板的挠度计算公式：

$$\delta = \frac{5M_{max}l^2}{48EI} = \frac{5 \times 8.46 \times 2900^2}{48 \times 20600 \times 200} \times 100 = 17.98 \text{mm}$$

这个手工校核结果 17.98mm 显然与程序输出的 12.06mm 相去甚远，究竟是什么原

----------------------施工阶段压型钢板验算结果----------------------

| 房间编号 | 子间编号 | 压板编号 | 布板角度(度) | 计算跨度(mm) | 计算弯矩(kN*m) | 抗弯能力(kN*m) | 计算挠度(mm) | 容许挠度(mm) | 荷载 kN/m2 |
|---|---|---|---|---|---|---|---|---|---|
| 1 | | 505 | 90.0 | 2900 | 9.64 × | 8.66 | 19.05 × | 16.11 | 9.17 |
| 3 | | 15 | 90.0 | 2899 | 8.46 | 11.14 | 12.06 | 16.11 | 8.05 |
| 4 | | 15 | 90.0 | 2900 | 8.46 | 11.14 | 12.06 | 16.11 | 8.05 |
| 5 | | 15 | 90.0 | 2900 | 8.46 | 11.14 | 12.06 | 16.11 | 8.05 |
| 6 | | 15 | 90.0 | 2900 | 8.46 | 11.14 | 12.06 | 16.11 | 8.05 |
| 7 | | 15 | 90.0 | 2900 | 8.46 | 11.14 | 12.06 | 16.11 | 8.05 |
| 8 | | 15 | 90.0 | 2900 | 8.46 | 11.14 | 12.06 | 16.11 | 8.05 |
| 9 | | 15 | 90.0 | 2900 | 8.46 | 11.14 | 12.06 | 16.11 | 8.05 |
| 10 | | 15 | 90.0 | 2900 | 8.46 | 11.14 | 12.06 | 16.11 | 8.05 |
| 11 | | 15 | 90.0 | 2900 | 8.46 | 11.14 | 12.06 | 16.11 | 8.05 |
| 12 | | 15 | 90.0 | 2900 | 8.46 | 11.14 | 12.06 | 16.11 | 8.05 |
| 13 | | 15 | 90.0 | 2900 | 8.46 | 11.14 | 12.06 | 16.11 | 8.05 |
| 15 | | 504 | 90.0 | 2700 | 8.36 × | 6.86 | 17.53 × | 15.00 | 9.17 |

图 5-38　软件计算的某压型钢板组合楼盖挠度的计算结果

因所导致的呢?

查看规范《组合楼板设计与施工规范》CECS：273—2010 第 4.1.8 条要求可知，施工阶段，楼承板挠度应按荷载的标准组合计算：

$$\Delta_e = \Delta_{1Gk} + \Delta_{1Qk}$$

式中：$\Delta_e$——施工阶段按荷载效应的标准组合计算的楼承板挠度；

$\Delta_{1Gk}$——施工阶段按永久荷载效应的标准组合计算的楼承板挠度值；

$\Delta_{1Qk}$——施工阶段按可变荷载效应的标准组合计算的楼承板挠度值。

原来是因为手工校核用错了荷载组合，应该用标准组合 $M_{max,k}$，而不是基本组合的 $M_{max}$，重新计算标准组合下的 $M_{max,k}$：

$$S_k = S_s + S_c + S_q = 0.20286 + (2.75 + 0.9375) + 1.5 = 5.39 \text{kN/m}^2$$

$$q_k = S_k \times 1 = 5.39 \text{kN/m}$$

$$M_{max,k} = \frac{q_k l^2}{8} = \frac{5.39 \times 2.9^2}{8} = 5.67 \text{kN} \cdot \text{m}$$

再根据简支板挠度计算公式：

$$\delta = \frac{5 M_{max} l^2}{48EI} = \frac{5 \times 5.67 \times 2900^2}{48 \times 20600 \times 200} \times 100 = 12.056 \text{mm}$$

手工校核结果与软件计算输出结果是一致的，程序计算的结果也是正确的。

## 5.20　关于二维门式刚架基础反力结果的问题

Q：门式刚架二维基础计算书中输出的基本组合内力和支座反力输出结果不同，如图 5-39 所示，图上输出的柱底的组合弯矩为 $-560.51\text{kN} \cdot \text{m}$，计算书中输出的基底的作用力组合弯矩为 $-770.13\text{kN} \cdot \text{m}$，两个结果不同且差异较大，是何原因？

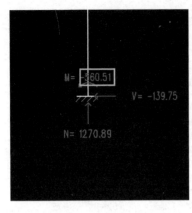

基础计算采用柱底力基本组合
基础计算最大配筋对应基本组合号：167
基底作用力：弯矩 M= -770.13，轴力 N= 1270.89，偏心值 e= -0.61
基底附加应力（扣除覆土及基础自重）：最大值 Tmax= 127.68，最小值 Tmin= 15.22

--- 基础各截面计算结果 ---

| 截面号 | 冲剪所需高度 | 构造所需高度 | 至边缘距 | Tmax基底应力 | 基底高度 | 截面弯矩 | X向配筋 | X向弯矩 | Y向配筋 | Y向 |
|---|---|---|---|---|---|---|---|---|---|---|
| (0-0) | 0.44 | 0.60 | 1.68 | 86.66 | 0.60 | 475.03 | 2618. | 266.28 | 1522. | |
| (1-1) | 0.19 | 0.45 | 0.84 | 107.17 | 0.45 | 144.84 | 1090. | 77.26 | 611. | |
| (2-2) | 0.59 | 1.50 | 1.96 | 79.97 | 1.50 | 595.93 | 1260. | 356.32 | 764. | |

（说明：计算配筋所采用高度为构造所需高度与冲剪所需高度的较大值，单位：mm2）
基础边缘高度（m）：0.300
(0-0)剖面计算配筋率：X向：0.196%，Y向：0.093%
(0-0)剖面按0.15%构造配筋面积(mm2)：X向：2008.，Y向：2465.
(0-0)剖面按0.2%构造配筋面积(mm2)：X向：2677.，Y向：3287.

图 5-39　二维基础计算书输出的基底弯矩结果与支座反力弯矩结果有差异

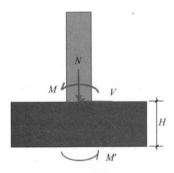

图 5-40　二维基础计算书中的
弯矩计算简图

A：二维结果查看中的相同组合下的支座反力中输出的支座弯矩为$-560.51$kN·m，基础结果文件中显示的弯矩是$-770.13$kN·m，相差确实很大。柱底的反力仅仅是柱底的弯矩，而基础中的基底反力还要考虑基础埋深。进一步查看程序发现，程序在进行基础承载力验算时，会考虑柱底剪力在基础底面产生的附加弯矩，如图 5-40 所示的 $M'$。

此时基础文件中的基底的设计弯矩为：

$$M + M' = M + VH = -560.51 - 139.75 \times 1.5$$
$$= -770.135 \text{kN} \cdot \text{m}$$

所以程序中输出的设计内力与手工校核一致，没有问题。

## 5.21　关于钢结构框架支撑体系有无侧移判断的问题

Q：某工程在一混凝土地下车库上建一个钢结构两层框架带中心支撑，由于室内外高差较大（1400mm），在钢柱脚处设置 900×900×1400 刚性混凝土短柱连接，建立了两个模型，分别是有混凝土短柱及无短柱情况，分别如图 5-41 及图 5-42 所示，试算发现模型

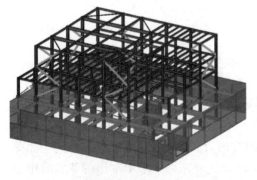

图 5-41　设置刚性混凝土短柱的模型

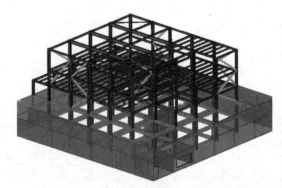

图 5-42　不设置刚性混凝土短柱的模型

结果差距很大。尤其是让程序自动判断结构有无侧移时，对于带短柱的模型，无论此混凝土短柱截面大小、混凝土短柱层有无梁、有无楼板、是否设其层为地下室层，均无法计算出无侧移的结果。而不带此混凝土短柱的模型一直是无侧移。混凝土短柱刚度比大于上部钢柱 10 倍，已经足够大，为何会有这样的区别？支撑已经很多了，软件计算完毕判断结果为有侧移，和概念判断不符。

A：软件中对于有无侧移的判断，在软件中是根据《钢标》第 8.3.1 条中的公式（8.3.1-6）判断的，如图 5-43 所示。

**2　有支撑框架：**

**当支撑结构（支撑桁架、剪力墙等）满足式（8.3.1-6）要求时，为强支撑框架，框架柱的计算长度系数 $\mu$ 可按本标准附录 E 表 E.0.1 无侧移框架柱的计算长度系数确定，也可按式（8.3.1-7）计算。**

$$S_b \geqslant 4.4\left[\left(1+\frac{100}{f_y}\right)\Sigma N_{bi} - \Sigma N_{0i}\right] \quad (8.3.1-6)$$

$$\mu = \sqrt{\frac{(1+0.41K_1)(1+0.41K_2)}{(1+0.82K_1)(1+0.82K_2)}} \quad (8.3.1-7)$$

图 5-43　《钢标》第 8.3.1 条有无侧移的判断公式

带支撑结构有无侧移，其中程序判断的一条原则就是：从底部开始判断，如果某一层被判断有侧移，其以上各层不论是否满足有无侧移要求，均按照有侧移考虑。模型中如果有短柱层，既没有墙和斜杆，又没有钢柱，按照规范不等式两侧都为 0。因此该层被判定为有侧移，以上各层就都为有侧移。

## 5.22　关于板件高厚比验算时应力梯度的计算问题

Q：STS 二维设计中，柱构件验算执行《钢标》时，对应腹板高厚比限值判断时的应力梯度 $\alpha_0$ 程序是如何计算的，如图 5-44 所示？

```
腹板容许高厚比计算对应组合号:191,  M=    29.97, N=  183.82, M=   -42.30, N=   -77.23
对应的应力梯度 α0 =      0.89
GB50017腹板容许高厚比 [H0/TW] =     54.26
GB50017翼缘容许宽厚比 [B/T] =    12.38
```

图 5-44　钢构件设计时输出的详细的腹板高厚比验算结果

A：程序对腹板板件高厚比限值的控制，会计算每个组合下的板件高厚比限值，并且输出最不利的结果，同时也输出腹板高厚比对应的最不利的组合以及对应的应力梯度 $\alpha_0$。按照下面的方法计算柱的应力梯度：

图 5-45 中输出的板件高厚比控制组合为 191 组合。在进行应力梯度校核时，取柱顶和柱底较大的轴力 $N$，用柱顶和柱底对应的 $M$ 去跟轴力项分别进行计算，算出两组 $\alpha_0$，并从中选取最不利的值采用。

$$\sigma_{max} = \frac{183.82}{0.035} + \frac{42.3}{0.01} = 9482$$

$$\sigma_{\min} = \frac{183.82}{0.035} - \frac{42.3}{0.01} = 1022$$

$$\alpha_0 = \frac{9482 - 1022}{9482} = 0.89$$

用软件输出的弯矩和轴力校核最大应力与最小应力，并计算应力梯度 $\alpha_0$，手工校核结果与程序输出结果一致。

## 5.23   关于计算竖向地震导致钢结构雨棚拉杆内力过大的问题

Q：如图 5-45 所示，SATWE 计算的某钢结构雨棚应力比严重超限，查看雨棚拉杆构件的详细信息，如图 5-46 所示，该拉杆轴力非常大，远远大于设计经验，是何原因？

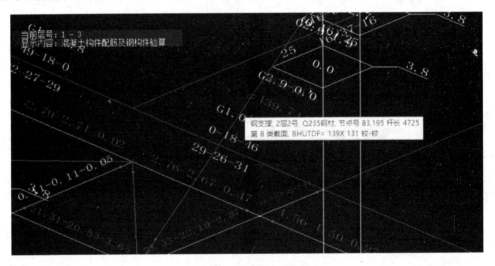

图 5-45   钢结构雨棚应力比验算结果

| 荷载工况 | Axial | Shear-X | Shear-Y | MX-Bottom | MY-Bottom | MX-Top | MY-Top |
|---|---|---|---|---|---|---|---|
| (1)DL | 39.01 | 0.00 | -0.24 | 0.00 | 0.00 | 0.00 | 0.00 |
| (2)LL | 60.40 | 0.00 | 0.00 | 0.00 | 0.00 | 0.00 | 0.00 |
| (3)WX | 0.00 | 0.00 | 0.00 | 0.00 | 0.00 | 0.00 | 0.00 |
| (4)WY | 0.00 | 0.00 | 0.00 | 0.00 | 0.00 | 0.00 | 0.00 |
| (5)EXY | 0.00 | 0.00 | 0.00 | 0.00 | 0.00 | 0.00 | 0.00 |
| (6)EXP | 0.00 | 0.00 | 0.00 | 0.00 | 0.00 | 0.00 | 0.00 |
| (7)EXM | -0.00 | 0.00 | 0.00 | 0.00 | 0.00 | 0.00 | 0.00 |
| (8)EYX | 0.01 | 0.00 | 0.00 | 0.00 | 0.00 | 0.00 | 0.00 |
| (9)EYP | 0.01 | 0.00 | 0.00 | 0.00 | 0.00 | 0.00 | 0.00 |
| (10)EYM | 0.00 | 0.00 | 0.00 | 0.00 | 0.00 | 0.00 | 0.00 |
| (11)EX | 0.00 | 0.00 | 0.00 | 0.00 | 0.00 | 0.00 | 0.00 |
| (12)EY | 0.01 | 0.00 | 0.00 | 0.00 | 0.00 | 0.00 | 0.00 |
| (13)EZZ | 16103.51 | 0.00 | -0.14 | 0.00 | 0.00 | 0.00 | 0.00 |
| (14)EX0 | 0.00 | 0.00 | 0.00 | 0.00 | 0.00 | 0.00 | 0.00 |
| (15)EY0 | 0.01 | 0.00 | 0.00 | 0.00 | 0.00 | 0.00 | 0.00 |

图 5-46   雨棚拉杆构件在竖向地震下轴力异常大

A：查看该工程模型。由于计算时本工程采用反应谱法进行了竖向地震作用的计算，查看各振型的参与质量，如图 5-47 所示，结构竖向地震作用有效质量系数非常小，仅仅为 0.16%，远小于《高规》第 5.1.3 条质量参与系数和大于 90% 的要求，导致计算的竖向地震作用很小。

规范对竖向地震计算有最低限值的要求，如果不满足，需要按照最低限值的要求进行调整。类似水平地震作用的减重比调整，这样就导致竖向地震作用的调整系数非常大，进而引起全楼地震力异常。由于竖向地震作用的有效质量系数也不满足规范要求，因此，其异常大的计算结果也没有意义。

第 1 地震方向 EX　的有效质量系数为 99.59%,参与振型足够
第 2 地震方向 EY　的有效质量系数为 99.43%,参与振型足够
第 3 地震方向 EZZ 的有效质量系数为 0.16%,参与振型不足

图 5-47　该结构水平及竖向地震作用有效质量系数

建议可通过增加振型数，使竖向地震作用有效质量系数达到 90%，或者采用底部轴力法或等效静力法计算竖向地震，避免振型激励不够导致地震作用调整系数过大而引起异常。

加大阵型数正常计算，满足竖向地震有效质量系数 90% 的要求，竖向地震 EZZ 下拉杆轴力为 10.29kN，符合设计经验。

## 5.24　关于圆管柱径厚比限值控制的问题

Q：如图 5-48 所示软件输出构件信息，显示圆管柱的径厚比超限，为什么软件中输出的圆钢管柱的径厚比按照《钢标》的要求校核不上？根据《钢标》第 3.5.1 条要求，圆管柱在 S4 级下的径厚比限值为 $100\varepsilon_k^2$，限值应该为 66.2，与软件输出的限值结果差异较大。

A：查看该钢管柱的相关信息，发现该圆管柱宽厚比等级是 S4 级，抗震等级选择的是二级。根据《钢标》第 3.5.1 条要求，圆管柱在 S4 级下的径厚比限值为 $100\varepsilon_k^2$，限值应

| 项目 | 内容 |
|---|---|
| X向长细比= | $\lambda_x$= 20.52 ≤ 65.09 |
| Y向长细比 | $\lambda_y$= 20.52 ≤ 65.09 |
| | 《抗规》8.3.1条：钢框架柱的长细比，一级不应大于 $60\sqrt{\frac{235}{f_y}}$，二级不应大于 $80\sqrt{\frac{235}{f_y}}$ |
| | 三级不应大于 $100\sqrt{\frac{235}{f_y}}$，四级不应大于 $120\sqrt{\frac{235}{f_y}}$ |
| | 《钢结构设计标准》GB50017-2017 7.4.6、7.4.7条给出构件长细比限值 |
| | 程序最终限值取两者较严值 |
| 径厚比= | RRT= 26.67 ≤ 36.41 |
| | 《抗规》8.3.2条给出径厚比限值 |
| | 《钢结构设计标准》GB50017-2017 3.5.1条 给出了径厚比限值 |
| | 程序最终限值取两者的较严值 |
| 钢柱强柱弱梁验算: | X向　(8) N=-232.46 Px=0.25 |
| | Y向　(8) N=-232.46 Py=0.13 |
| | 《抗规》8.2.5-1条 钢框架节点左右梁端和上下柱端的全塑性承载力，除下列情况之一外，应符合下式要求: |
| | 柱所在楼层的受剪承载力比相邻上一层的受剪承载力高出25%; |
| | 柱轴压比不超过0.4，或$N_2$≤ $\phi A_c f$($N_2$为2倍地震作用下的组合轴力设计值) |
| | 与支撑斜杆相连的节点; |
| | 等截面梁; |

图 5-48　钢管柱输出的径厚比超限信息

该为 66.2。由于该圆管柱抗震等级是二级，同时应该满足抗震下的径厚比限值要求。但是《抗规》第 8.3.2 条未对圆管柱径厚比限值做出要求。只有《高层民用建筑钢结构技术规程》JGJ 99—2015（以下简称《高钢规》）第 7.4.1 条对圆管柱径厚比限值做出要求，如图 5-49 所示。软件中圆管柱径厚比的限值按照《高钢规》抗震等级对应的限值和按照《钢标》S4 对应的限值两者从严控制。

表7.4.1 钢框架梁、柱板件宽厚比限值

| 板件名称 | | 抗震等级 | | | | 非抗震设计 |
|---|---|---|---|---|---|---|
| | | 一级 | 二级 | 三级 | 四级 | |
| 柱 | 工字形截面翼缘外伸部分 | 10 | 11 | 12 | 13 | 13 |
| | 工字形截面腹板 | 43 | 45 | 48 | 52 | 52 |
| | 箱形截面壁板 | 33 | 36 | 38 | 40 | 40 |
| | 冷成型方管壁板 | 32 | 35 | 37 | 40 | 40 |
| | 圆管（径厚比） | 50 | 55 | 60 | 70 | 70 |
| 梁 | 工字形截面和箱形截面翼缘外伸部分 | 9 | 9 | 10 | 11 | 11 |
| | 箱形截面翼缘在两腹板之间部分 | 30 | 30 | 32 | 36 | 36 |
| | 工字形截面和箱形截面腹板 | $72-120\rho$ | $72-100\rho$ | $80-110\rho$ | $85-120\rho$ | $85-120\rho$ |

注：1 $\rho = N/(Af)$ 为梁轴压比；
　　2 表列数值适用于 Q235 钢，采用其他牌号应乘以 $\sqrt{235/f_y}$，圆管应乘以 $235/f_y$；

图 5-49 《高钢规》表 7.4.1 条对圆管柱径厚比限值的要求

按照《高钢规》第 7.4.1 条对于抗震等级是二级的圆管柱径厚比限值为 $55\varepsilon_k^2$，此时该柱限值为 36.41，与程序输出的限值结果一致，软件对圆管柱径厚比限值的控制按照两本规范的要求，按 S4 和抗震等级二级双控。

# 第6章 砌体及鉴定加固相关问题

## 6.1 关于底框结构底层纵横向地震剪力放大的问题

Q：砌体及底框结构软件是否考虑了《抗规》第7.2.4条规定的底框底层纵横向地震剪力设计值的地震剪力增大系数？

A：《抗规》第7.2.4条：底部框架-抗震墙砌体房屋的地震作用效应，应按下列规定调整：

1) 对底层框架-抗震墙砌体房屋，底层的纵向和横向地震剪力设计值均应乘以增大系数；其值应允许在 1.2～1.5 范围内选用，第二层与底层侧向刚度比大者应取大值。

2) 对底部两层框架-抗震墙砌体房屋，底层和第二层的纵向和横向地震剪力设计值亦均应乘以增大系数；其值应允许在 1.2～1.5 范围内选用，第三层与第二层侧向刚度比大者应取大值。

对于底部框架-抗震墙结构房屋来说，一般底部空间大、侧向刚度小，上部砌体房屋的墙体多、侧向刚度大，底框-抗震墙结构底部与上部的层间侧向刚度比对此种结构抗震性能有重要影响。为保证底部框架-抗震墙结构抗震性能，规范以强制性条文对层间侧向刚度比作了规定，我们将规范规定的层间刚度比限值整理列入表 6-1 中。

表 6-1

| 烈度 | 6 | 7 | 7.5 | 8 | 8.5 |
|---|---|---|---|---|---|
| 底层框架-抗震墙房屋 | $1.0 \leqslant K_2/K_1 \leqslant 2.5$ | | | $1.0 \leqslant K_2/K_1 \leqslant 2.0$ | |
| 底部两层框架-抗震墙房屋 | $1.0 \leqslant K_3/K_2 \leqslant 2.0$<br>$K_2/K_1 \approx 1$ 一般通过结构布置解决 | | | $1.0 \leqslant K_3/K_2 \leqslant 1.5$<br>$K_2/K_1 \approx 1$ 一般通过结构布置解决 | |

注：$K_i$——$i$ 层侧移刚度

对于软件来说，已经自动考虑了《抗规》第7.2.4条关于底层的纵向和横向地震剪力设计值均应乘以增大系数的规定，增大系数用"底框地震剪力增大系数"来表示。

水平地震力要根据上下层侧移刚度比乘以按下式计算的1.2～1.5的增大系数，2层底框取括号内数值。

$$\eta_v = 1 + 0.17\left(\frac{K_{2(3)}}{K_{1(2)}}\right)$$

$$1.2 \leqslant \eta_v \leqslant 1.5$$

式中　$K_1$，$K_2$，$K_3$——房屋1、2、3层的抗侧移刚度。

软件做了自动计算，并且在计算结果输出中可以看到此系数，如图 6-1 及图 6-2 所示。

图 6-1　整体计算结果输出中查看底框底层纵横向地震剪力增大系数

**底框计算结果**

| 项目 | 计算值 |
| --- | --- |
| 底框总倾覆力矩(kN.m) | 4226.72 |
| 剪力墙抗震等级 | 3 |
| 底框地震剪力增大系数 | 1.48 |
| 各角度下的地震剪力和层间侧向刚度比： | |
| 　计算角度 | 90 |
| 　地震剪力(kN) | 480.95 |
| 　层间侧向刚度比：满足 | 1.39 |
| 　计算角度 | 0 |
| 　地震剪力(kN) | 576.13 |

图 6-2　计算书中输出底框底层纵横向地震剪力增大系数

## 6.2　关于砌体结构修改墙肢钢筋等级面积不变的问题

Q：某砌体结构，墙肢墙厚 240mm，墙高 4300mm，该砌体墙抗剪不够，程序会输出需要增加的钢筋面积，为什么将钢筋等级从 HPB235 提高到 HRB335，配筋面积没有发生改变？如图 6-3 所示。

A：根据《抗规》第 7.2.7 条，$A_{sh}$ 层间砌体墙竖向截面总水平钢筋面积有配筋率的要求，其配筋率应不小于 0.07%且不大于 0.17%。查看该墙肢修改钢筋前后的详细计算结果，经校核，该墙肢是按 0.07%最小配筋率控制的，所以更改钢筋等级，配筋面积没有变化（图 6-4）。

墙肢的最小配筋为：

$$0.07\% \times 墙厚 \times 墙肢高 = 0.07\% \times 240 \times 4300 = 722.4mm^2$$

手工校核结果与程序输出的结果一致，该墙肢的配筋是由构造控制的。

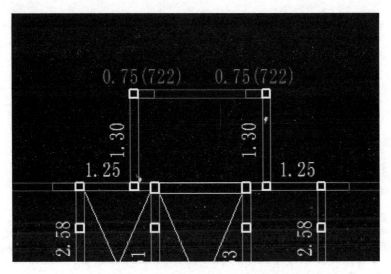

图 6-3 修改墙肢的钢筋等级配筋面积不变

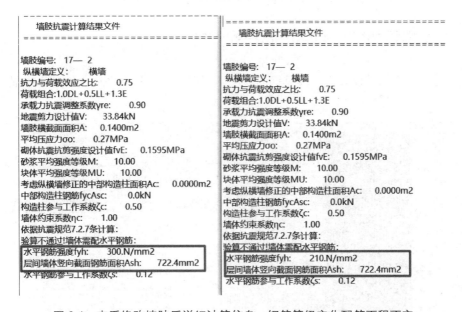

图 6-4 查看修改墙肢后详细计算信息，钢筋等级变化配筋面积不变

## 6.3 关于墙段综合能力指数法计算中从属面积的确定问题

Q：请问砌体结构采用综合抗震能力指数法进行抗震鉴定时，对于墙段综合能力指数计算中的从属面积，程序是如何确定的，如图 6-5 所示？

A：软件的计算方法：如果是刚性楼盖，按该墙肢刚度与楼层所有墙肢的刚度和之比，再乘以楼层面积；如果是柔性楼盖，墙肢刚度改成重力荷载代表值，考虑墙肢重力荷载代表值与楼层所有墙肢的比例，再乘以楼层面积；如果是半刚性楼盖，取两者平均值。

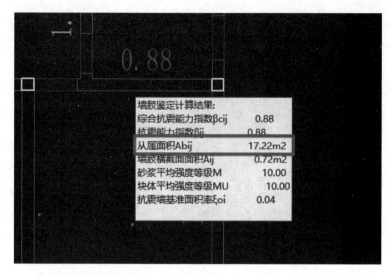

图 6-5　综合能力指数法计算从属面积的输出

## 6.4　关于楼板加固计算配筋面积的问题

**Q**：为什么板加固设计中，计算钢筋大于实配钢筋，但是软件输出的结果中显示的加固材料用量为 0？如图 6-6 所示。

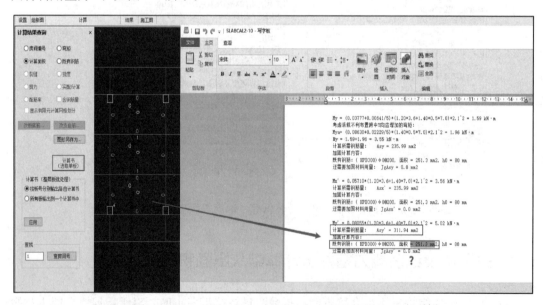

图 6-6　楼板加固计算书中输出加固材料用量为 0

**A**：查看该楼板的基本信息，如图 6-7 所示，楼板选择的钢筋强度等级为 HPB235。在文本计算书中，计算的钢筋面积 $311.94 \mathrm{mm}^2$，该结果是按照钢筋等级 HPB235 计算出来的。

但是楼板中的实配钢筋是按 HPB300 录入的，如图 6-8 所示，程序计算时自动进行了

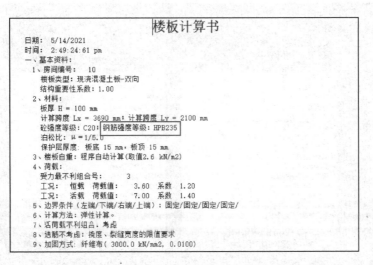

图 6-7 楼板加固计算书中输出的楼板的混凝土及钢筋信息

等强代换，将按 HPB300 得到 251mm² 实配面积，换算成 HPB235，实配钢筋面积是 359mm²，大于 311.94mm² 计算面积，所以不需要加固，软件输出了加固材料用量为 0。

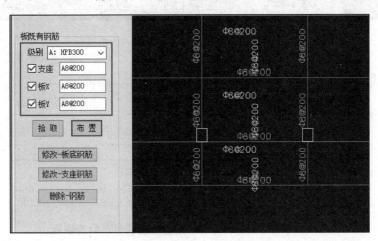

图 6-8 楼板加固中输入的实配钢筋信息

## 6.5 关于砖墙承载力抗震调整系数的取值问题

Q：软件中对砖墙承载力抗震调整系数是如何确定的？如图 6-9 所示的砌体结构输出的墙体的抗震承载力调整系数，为什么有的墙取 0.75，有的墙取 0.9？

A：对于抗震承载力调整系数，程序根据如图 6-10 所示的值判断。对于自承重墙取 0.75，两端设构造柱砖墙取 0.9，所以出现上文所述现象。

自承重墙程序是按单个墙肢分别判断，满足墙重大于 0.9 乘以墙的重力荷载代表值判断为自承重墙。

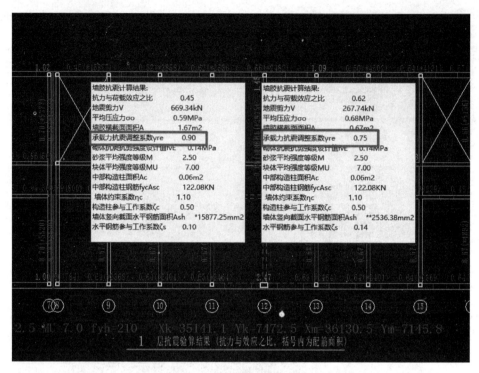

图 6-9　软件输出墙体的承载力抗震调整系数结果

● 承载力调整系数的细化。

| 10 规范构件类别 | 89 规范构件类别 | 受力状态 | $\gamma_{RE}$ |
|---|---|---|---|
| 两端均设构造柱<br>芯柱的砌体剪力墙 | 两端均设构造柱　芯柱的抗震墙 | 受剪 | 0.9 |
| 自承重墙 | 自承重墙 | | 0.75 |
| 无筋、网状配筋<br>水平配筋砖砌体剪力墙 | 其它抗震墙 | | 1.0 |
| 组合砖墙 | —— | | 0.85 |

图 6-10　软件判断墙体的承载力抗震调整系数的依据

## 6.6　关于底框结构层刚度比的计算问题

Q：对于如图 6-11 所示的底框结构，程序是如何计算其楼层的刚度比的？

A：每片墙侧向刚度的准确计算是层间侧向刚度比计算的基础，软件对此进行了专门的研究，总结并分析了现有计算侧向刚度的方法，在串并联方法的基础上，提出一种带洞墙体侧向刚度的简化算法。

计算中假定墙体材料各向同性，墙体底部为固定支座约束，墙体顶部沿水平方向为可动的定向支座约束，且墙顶各点水平侧移相等，计算简图如图 6-12 所示。

《抗规》的方法是首先计算整片墙的侧向刚度，然后根据开洞率进行折减。需要指出的是，墙体开洞率是针对墙体水平截面而言的。另外，开洞影响系数是在墙体两端有柱的

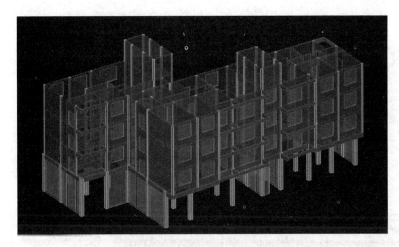

图 6-11　底框结构三维模型图

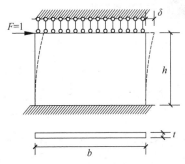

图 6-12　墙体侧移刚度计算简图

情况下，参照无柱墙体侧向刚度计算公式反算得到的，这种方法对洞高和洞口位置的适用条件有比较严格的限制。规范方法的开洞率是针对墙体水平截面的，无法考虑洞口相对高度和洞口位置的变化对墙体侧向刚度的影响。

串并联法将整片墙按门窗洞口划分成小墙段，且假设各小墙段在小变形内符合基本假设，利用材料力学公式分别计算每个小墙段的侧向刚度，然后组合得到整片墙的侧向刚度。串并联方法在一定程度上反映了洞口的大小和位置的变化，它与有限元方法之间的误差与墙体高宽比以及洞口大小有直接联系。

软件在串并联方法的基础上，利用墙体高宽比、洞口相对宽度、相对高度三个影响因素，选择具有代表性的样本，通过数学拟合的方式建立了一个串并联方法修正公式作为侧向刚度的简化算法。

$$\eta = \left( -\Sigma \frac{0.9b_i}{l} + \frac{0.4h}{H}\text{Ln}\left(\frac{h}{H}\right) + 1.33 \right)e^{-\frac{0.45H}{l}}$$

式中　$l$、$H$——墙体的总长度、总高度；

　　　$b_i$、$h$——墙中某个洞口的宽度、所有洞口的平均高度。

该简化算法可以简便而准确地考虑洞口大小、位置的影响，计算精度高，适用于底框-抗震墙结构墙体层间刚度比的计算。采用简化算法后，开洞抗震墙建模时，墙体按洞口输入或者按墙段输入对底部框架-抗震墙结构侧向刚度比的影响就不会那么明显了。对于底框上部的砌体墙侧向刚度，仍然采用规范方法计算。

## 6.7　关于砌体结构等效总重力荷载代表值计算问题

Q：砌体结构中楼层进行了整体楼板开洞，计算书中楼面总恒荷载显示很大，其值达到 10103.8kN，这个值是从何而来？图 6-13 为详细的计算书。另外，结构等效总重力荷载代表值这个值是从哪来的？跟按规范公式计算出来的结果相差很大，请问是什么原因？

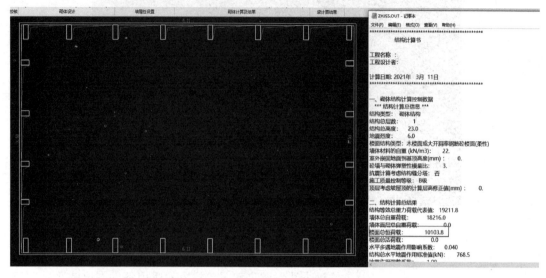

图 6-13　结构计算书中输出的楼面总恒载值

A：虽然楼板开大洞，但是软件仍然输出了很大的楼面总恒荷载值，是因为程序把柱的重量计入楼面总恒荷载了。对于结构等效总重力荷载，单层砌体是取总重力荷载代表值，多层砌体取总重力荷载代表值的 85%。软件中对总重力荷载代表值的计算为：（墙体总自重荷载－50%底层墙体自重荷载＋楼面总恒荷载）＋50%楼面总活荷载，与规范算法略有不同。

## 6.8　关于底框抗震墙结构的墙体配筋异常的问题

Q：两层底层框架抗震墙上部砌体结构，如图 6-14 为三维模型，其下部的剪力墙配筋异常，从左往右，配筋依次增大（1-56），图 6-15 显示的是其中逐渐变大的两个墙的结果，分别为 41 和 56，是不是模型有误？

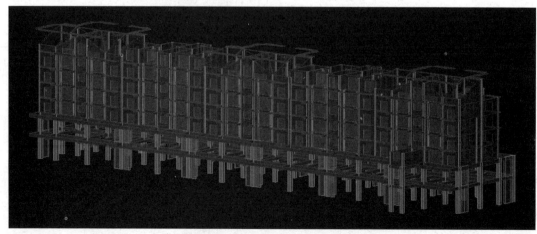

图 6-14　底框抗震墙三维模型图

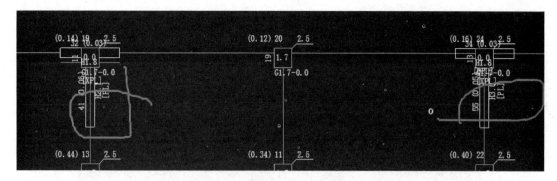

图 6-15 底框抗震墙结构底部墙肢配筋异常

A：经查由于该模型的布置原因，导致两块刚性板差异较大，如图 6-16 所示，但程序的地震力是根据刚性板数目进行代数平分的，导致地震力偏心很大，造成分配到构件的地震力异常，继而造成配筋结果异常。

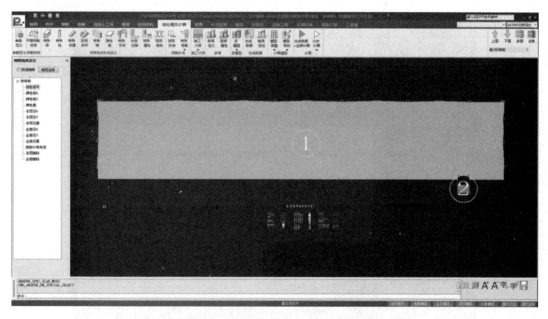

图 6-16 由于布置原因导致软件判断的两块刚性板

解决办法：可以忽略掉上图 2 号刚性板再计算，结果就正常了。忽略办法：将那个小房间定义为板厚为 0，这样既保留了荷载，又可以忽略掉刚性板的存在。

## 6.9 关于托梁荷载计算的问题

Q：如图 6-17 所示的砌体结构，首层左下角托梁荷载导算为什么只有楼盖荷载及梁自重，没有梁上墙重及 2、3 层楼板荷载？如图 6-18 所示。

A：查看该模型，其中的托墙梁和墙的底标高抬高了 1000mm，如图 6-19 所示，这种情况软件无法识别，会将墙荷载导在柱上而非梁上，所以出现没有上部荷载的问题。建议

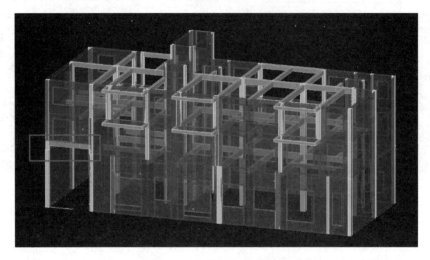

图 6-17 有托梁的砌体结构

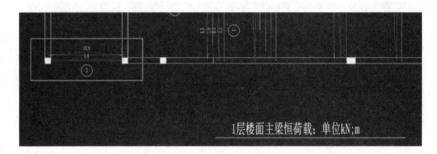

图 6-18 托梁上仅有楼盖荷载及其自重荷载

图 6-19 查看模型中托梁的布置被抬高了 1000mm

简化处理这种情况，不要调整标高。

## 6.10 关于相同的构件最小配筋率不同的问题

Q：请问在 JDJG 模块中，采用旧 C 类 01 系列设计规范进行整体抗震分析，为什么不同标准层、截面相同、抗震等级相同、混凝土强度等级相同、剪力差不多，箍筋最小配筋率却不一样？如图 6-20 及图 6-21 所示。

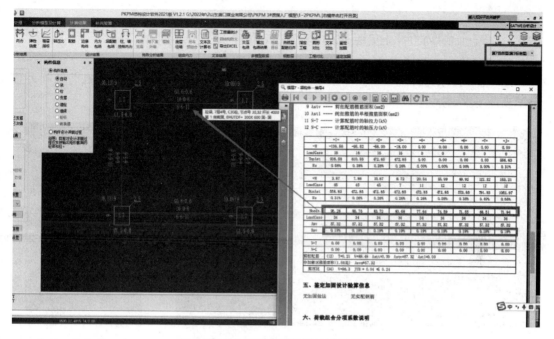

图 6-20　第 7 标准层某梁的计算结果

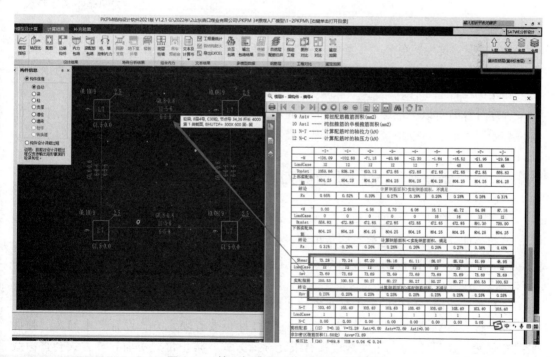

图 6-21　第 8 标准层同位置梁的计算结果

A：JDJG 软件旧 C 类按 01 系列设计规范计算，因为 8 层的梁有轴力，程序按拉剪构件，考虑了《混凝土结构设计规范》GB 50010—2002 第 7.5.14 条要求，箍筋最小配筋按 $0.36 f_t / f_{yv} = 0.25\%$ 控制，而 7 层是纯剪受力状态，拉剪构件比单纯受剪最小配筋率要大，所以在内力、材料等构件基本相同情况下，8 层比 7 层箍筋配筋结果要大。

## 6.11 关于砌体结构顶层墙抗剪承载力不足的问题

**Q:** 某砌体结构三维模型图如图 6-22 及图 6-23 所示,其顶层墙体抗震抗剪承载力总是不满足要求,这是为什么?

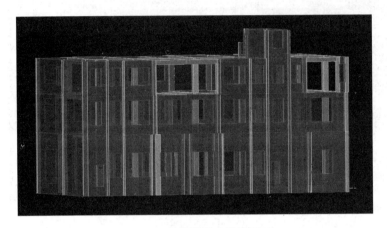

图 6-22 砌体结构三维模型图

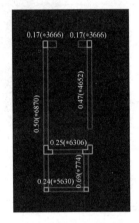

图 6-23 顶层墙体抗震抗剪
承载力总是不满足要求

**A:** 根据《抗规》第 5.2.4 条要求:"采用底部剪力法时,突出屋面的屋顶间、女儿墙、烟囱等的地震作用效应,宜乘以增大系数 3,此增大部分不应往下传递,但与该突出部分相连的构件应予计入。"

程序计算时对该层地震力放大 3 倍,此增大部分不往下传递,但与该突出部分相连的构件会予以考虑。所以顶层墙体会出现抗震承载力不满足要求的现象。

## 6.12 关于既有建筑采用新增剪力墙加固的计算模拟问题

**Q:** 某个既有建筑,在加固工程中如果采用新增剪力墙、改变结构体系的方法进行加固,希望整体计算时不考虑剪力墙承担恒载作用,请问如何实现软件计算?

**A:** 如果要做到模拟新增剪力墙不承担恒载作用,以图 6-24 所示的测试模型为例,可按照以下步骤模拟计算:

(1) 整体建模,增设的剪力墙正常建入模型。

(2) 进入 SATWE 分析—参数定义,在"弹性板按有限元方式设计"中勾选"弹性板按有限元方式"。这是为了实现楼板有限元导荷方式,防止常规楼面导算方式会将恒载导算到墙上。

(3) 前处理中定义弹性楼板,一般情况下定义弹性膜,同时调整构件施工加载次序,如图 6-25 所示,定义弹性楼板如图 6-26 所示。

在参数定义—总信息中选择"构件级施工加载次序",然后再调整墙构件的施工加载次序为模型新增构件的施工次序,即单层模型,新增的墙体是在其他构件完成施工后增加

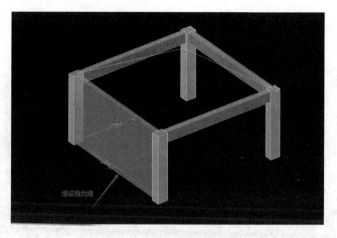

图 6-24　建模中在既有建筑基础上输入新增设剪力墙

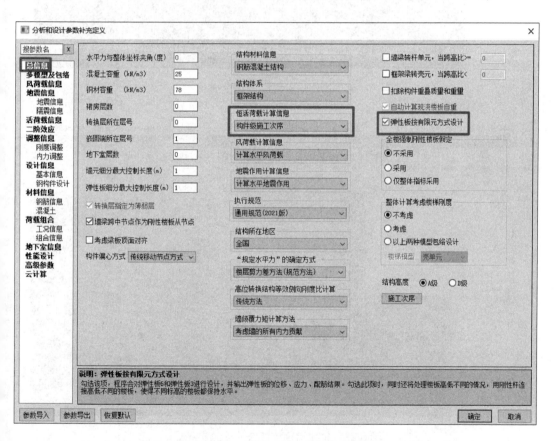

图 6-25　参数中选择"构件级施工次序"和"弹性板按有限元方式设计"

的，因此可以将这片墙的施工次序修改为 2，如图 6-27 所示。此时可以模拟新增部分的施工状态，以及满足设计墙导荷时不考虑楼板荷载的设计意图。

（4）点"生成数据＋全部计算"完成整体计算，查看结果，如图 6-28 所示，采用正常施工次序及单独修改施工次序后墙肢计算结果对比。

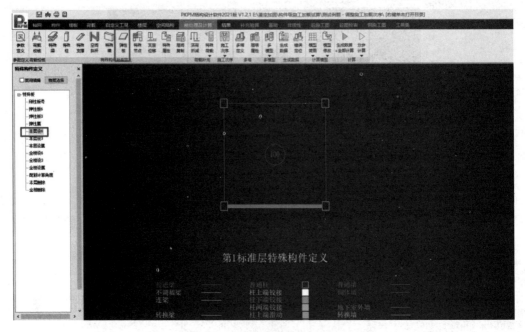

图 6-26　定义楼板为弹性膜

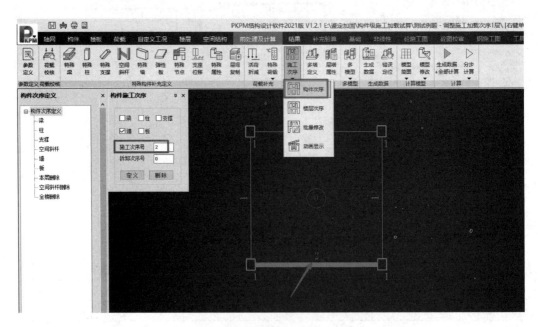

图 6-27　单独指定该墙肢的施工次序

由于该新增的墙肢长 6m，墙厚 0.2m，层高 3.3m，混凝土重度 25kN/m³，剪力墙的自重为 $6 \times 0.2 \times 3.3 \times 25 = 99kN$，由于墙体与柱变形协调，部分恒载分配给了两端相连的柱构件，所以程序计算墙体恒载下的轴力结果为 79.8kN。

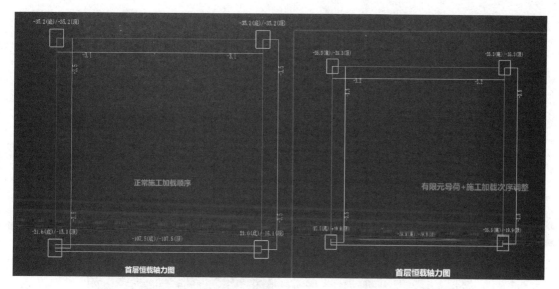

图 6-28　采用正常施工次序及单独修改施工次序后墙肢计算结果对比

## 6.13　关于鉴定加固中考虑《危险房屋鉴定标准》调整系数的问题

Q：JDJG 模块中如何考虑《危险房屋鉴定标准》JGJ 125—2016 表 5.1.2（图 6-29）结构抗力与效应之比调整系数？例如 A 类混凝土结构如何体现调整系数 1.2？

**表 5.1.2　结构构件抗力与效应之比调整系数（$\phi$）**

| 构件类型<br>房屋类型 | 砌体构件 | 混凝土构件 | 木构件 | 钢构件 |
|---|---|---|---|---|
| I | 1.15（1.10） | 1.20（1.10） | 1.15（1.10） | 1.00 |
| II | 1.05（1.00） | 1.10（1.05） | 1.05（1.00） | 1.00 |
| III | 1.00 | 1.00 | 1.00 | 1.00 |

注：1　房屋类型按建造年代进行分类，I 类房屋指 1989 年以前建造的房屋，II 类房屋指 1989 年～2002 年间建造的房屋，III 类房屋是指 2002 年以后建造的房屋；

2　对楼面活荷载标准值在历次《建筑结构荷载规范》GB 50009 修订中未调高的试验室、阅览室、会议室、食堂、餐厅等民用建筑及工业建筑，采用括号内数值。

图 6-29　结构构件抗力与效应之比调整系数

A：根据《危险房屋鉴定标准》（JGJ 125—2016）公式 5.4.3（图 6-30）。

可以将 $\phi$ 换算成 $1/\phi$ 乘以荷载效应设计值，相当于结构的抗力乘以系数 $\phi$，在 JDJG 模块中通过定义结构重要性系数来实现这部分调整。

例如，A 类建筑混凝土构件 $1/\phi = 1/1.2 = 0.833$，则在 JDJG 前处理—特殊属性—重要性系数，进行目标杆件的指定，如图 6-31 所示。

**5.4.3** 混凝土结构构件有下列现象之一者，应评定为危险点：

**1** 混凝土结构构件承载力与其作用效应的比值，主要构件不满足式（5.4.3-1）的要求，一般构件不满足式（5.4.3-2）的要求；

$$\phi \frac{R}{\gamma_0 S} \geq 0.90 \qquad (5.4.3\text{-}1)$$

$$\phi \frac{R}{\gamma_0 S} \geq 0.85 \qquad (5.4.3\text{-}2)$$

图 6-30 混凝土构件承载力与作用效应比值的判断

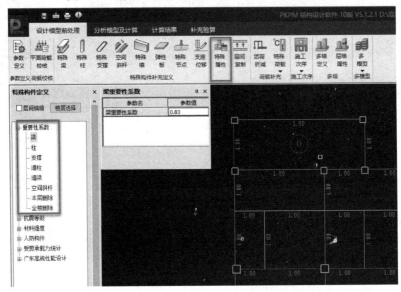

图 6-31 鉴定加固中指定构件的重要性系数

## 6.14 关于钢结构厂房鉴定加固的问题

Q：钢结构厂房，布置加固信息后计算，为什么应力比为 0？如图 6-32 所示。

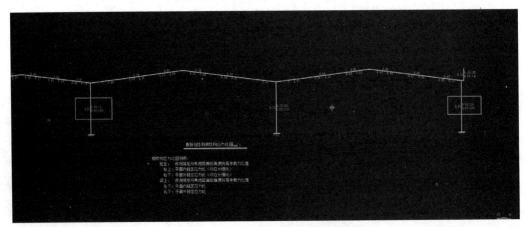

图 6-32 钢结构厂房布置加固信息计算后应力比均为 0

A：因为《钢结构加固设计标准》GB 51367—2019 的验算公式是参照《钢标》考虑的，如果进行钢构件加固设计，则验算规范只能选择《钢标》，而不能选择《门式刚架规范》，否则就会出现应力比为 0 的情况。如图 6-33 所示。

图 6-33　钢结构加固设计规范应选择《钢标》

## 6.15　关于鉴定加固计算钢筋的问题

Q：JDJG 鉴定加固模块中，图 6-34 箭头所指的梁采用增大截面方式加固，计算完后，在"鉴定加固"菜单下查看"梁实配"的时候，图中这根梁不显红，但是点开"构件信息"却提示"计算钢筋＞实配钢筋"，文字结论显红了，请问这说明梁增大的截面不满足吗？

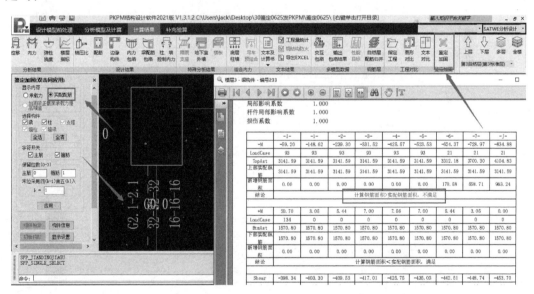

图 6-34　鉴定加固梁的计算结果查看

A：目前"鉴定加固"菜单中"实配钢筋"是针对鉴定模型的，即构件上未布置加固做法，计算面积大于实配面积时，图面数字显红；如果构件已布置加固做法，那么不再遵守上述显红原则，所以会出现此梁采用了增大截面法后，再查看"实配钢筋"，数字未显红的问题。

采用增大截面法"构件信息"中的结论也是针对鉴定的结论，加固时可以不看，直接根据新增钢筋面积配筋即可。

## 6.16 关于钢丝绳网-聚合砂浆加固方法计算的问题

Q：砌体结构采用钢丝绳网-聚合物砂浆加固方法，当选择《砌体结构加固设计规范》GB 50702—2011 计算时，根据此规范表 6.2.1（图 6-35），聚合物砂浆分喷射法和手工涂压两种施工方法，不同施工方法对应不同抗压强度设计值，但是软件中"聚合物砂浆等级"参数却灰掉了，如图 6-36 所示，请问程序的抗压强度设计值是如何取值的？

**表 6.2.1 砂浆轴心抗压强度设计值（MPa）**

| 砂浆品种及施工方法 | | 砂浆强度等级 | | | | | |
|---|---|---|---|---|---|---|---|
| | | M10 | M15 | M30 | M35 | M40 | M45 |
| 普通水泥砂浆 | 喷射法 | 3.8 | 5.6 | — | — | — | — |
| | 手工抹压法 | 3.4 | 5.0 | — | — | — | — |
| 聚合物砂浆或水泥复合砂浆 | 喷射法 | — | — | 14.3 | 16.7 | 19.1 | 21.1 |
| | 手工抹压法 | — | — | 10.0 | 11.6 | 13.3 | 14.7 |

图 6-35 《砌体结构加固设计规范》表 6.2.1 的要求

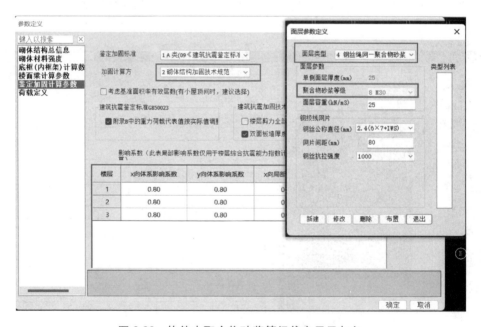

图 6-36 软件中聚合物砂浆等级信息显示灰色

A：表 6.2.1 对应的第 6 章是针对钢筋网水泥砂浆面层加固方法的，这种加固方法程序是按普通水泥砂浆进行计算的。钢丝绳网聚合物砂浆加固法对应的是第 10 章，砂浆强度不参与抗震及抗剪计算，故相关参数会灰掉。

## 6.17    关于砌体计算结果中显示配筋面积的问题

Q：请问图 6-37 所示的砌体结构计算结果中显示的墙体配筋面积是指什么？砌体结构没有钢筋，承载力不满足需要增加的钢筋，查计算书没找到相关解释。

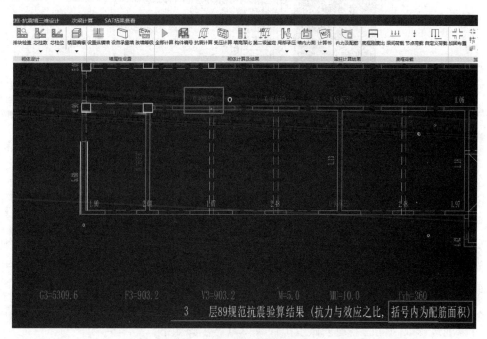

图 6-37    砌体结构计算完毕查看结果墙体显示配筋结果

A：砌体计算完毕查看结果抗震验算结果，墙肢括号中的配筋面积是软件根据《抗规》第 7.2.7 条相关公式计算所得，计算公式如图 6-38 所示。

2    采用水平配筋的墙体，应按下式验算：

$$V \leqslant \frac{1}{\gamma_{RE}}(f_{vE}A + \zeta_s f_{yh} A_{sh}) \qquad (7.2.7\text{-}2)$$

式中：$f_{yh}$——水平钢筋抗拉强度设计值；

   $A_{sh}$——层间墙体竖向截面的总水平钢筋面积，其配筋率应不小于0.07%且不大于0.17%；

   $\zeta_s$——钢筋参与工作系数，可按表7.2.7 采用。

图 6-38    《抗规》第 7.2.7 条墙体水平钢筋的计算公式

当墙段的抗震受剪承载力不满足要求时（抗力与效应比小于 1），软件将该墙段设计为配筋砌体，计算出墙段在层间竖向截面内所需的水平配筋的总截面面积，供设计人员参考。图 6-39 所示是墙段的详细计算结果。

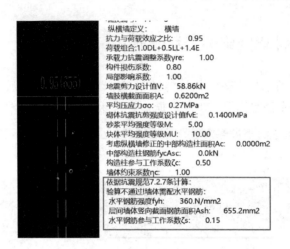

图 6-39   墙段的配筋计算详细结果

## 6.18   关于空斗墙砌体模拟计算的问题

Q：空斗墙是居民自建房广泛使用的一种结构承重墙，自从长沙发生居民自建房倒塌，造成重大伤亡事故后，其安全性排查成为近期各地的热点。请问在 PKPM 软件中如何大致近似模拟空斗墙砌体结构？

A：由于空斗墙砌体已经从现有规范中取消，目前软件不直接支持空斗墙的建模计算，可以通过修改强度适当地去做模拟计算。具体步骤如下：

第一步，按砌体结构建模，墙体材料选择烧结砖，把砌体材料重度由 22 改成实际值，如图 6-40 所示；

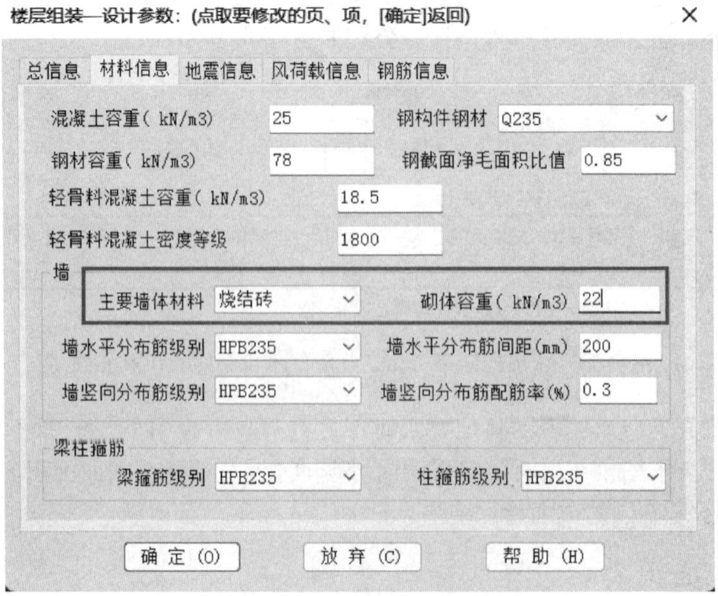

图 6-40   JDJG 软件中修改砌体的重度

第二步，进入砌体信息及计算，用"改墙等级"菜单直接定义空斗墙抗压强度，见图6-41。

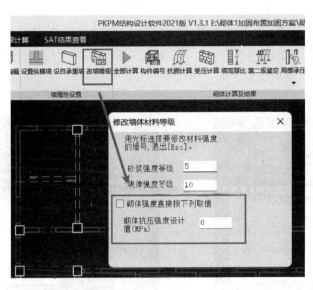

图 6-41  JDJG 软件中修改砌体抗压强度设计值

空斗墙抗压强度可参考《砌体结构设计规范》GBJ 3—1988（以下简称 88 砌体规范），见图 6-42，使用时注意 88 砌体规范材料分项系数为 1.5，现行规范为 1.6，可将图中强度乘以 1.5/1.6 换算为现行规范可靠度。根据 88 规范第 4.1.2 条，空斗墙抗压计算影响系数计算同普通实心黏土砖，见图 6-43，PKPM 建模按烧结砖定义砌体墙材料，其影响系数与空斗墙相同。

一砖厚空斗砌体的抗压强度设计值（MPa）　　表2.2.1—2

| 砖强度等级 | 砂浆强度等级 | | | | 砂浆强度 |
|---|---|---|---|---|---|
| | M5 | M2.5 | M1 | M0.4 | 0 |
| MU20 (200) | 1.65 | 1.44 | 1.31 | 1.26 | 0.98 |
| MU15 (150) | 1.24 | 1.08 | 0.98 | 0.94 | 0.73 |
| MU10 (100) | 0.83 | 0.72 | 0.65 | 0.63 | 0.49 |
| MU7.5 (75) | 0.62 | 0.54 | 0.49 | 0.47 | 0.37 |

注：一砖厚空斗砌体包括无眠空斗、一眠一斗、一眠二斗和一眠多斗数种。

图 6-42  空斗墙按 88 砌体规范抗压强度取值

**第 4.1.2 条**　计算影响系数 $\varphi$ 或查 $\varphi$ 表时，应先对构件高厚比 $\beta$ 乘以下列系数：

一、黏土砖、空心砖、空斗砌体和混凝土中型空心砌块砌体 1.0。

二、混凝土小型空心砌块砌体 1.1。

三、粉煤灰中型实心砌块、硅酸盐砖、细料石和半细料石砌体 1.2。

图 6-43  按 88 砌体规范空斗墙高厚比计算影响系数取值

## 6.19　关于砌体结构加扶壁柱计算的问题

　　Q：某砌体工程外墙存在一些外凸的扶壁柱，建模时发现加扶壁柱与不加扶壁柱对受压计算结果影响很大，如图 6-44 所示，加扶壁柱后所得抗力与效应之比反而减小，且受压截面面积均一致。不知道程序是如何计算的？砖墙扶壁柱是否可以按 T 形截面砖柱输入考虑？

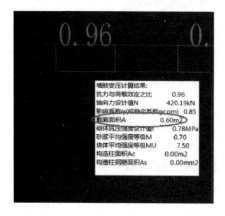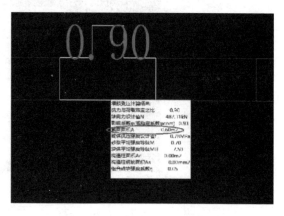

图 6-44　加扶壁柱与不加对受压计算结果影响很大

　　A：壁柱是砖混结构中常见的布置形式，目前砌体程序对墙肢进行验算时不能识别 T 形砖柱，所以在计算截面面积的时候会忽略掉多出来的壁柱面积，故对比时会发现加壁柱与不加壁柱时截面面积结果没变化。

　　但是进行竖向导荷时，程序可以正确计算壁柱部分荷载。

　　组合墙受压抗力效应比公式：

$$\frac{\varphi_{\text{com}}\left[fA_{\text{n}}+\eta(f_{\text{c}}A_{\text{c}}+f'_{\text{y}}A'_{\text{s}})\right]}{N}\geqslant 1$$

　　从上式可以看出，截面面积 $A$ 不变，但导荷考虑壁柱因素后导致 $N$ 变大，抗力效应比会减小，所以加壁柱后受压计算结果反而减小了。

　　对于这种情况，建议用户可以将多出来的翼缘按墙输入，这样程序对矩形砖柱可以识别，翼缘部分程序自动按墙算，墙厚取折算厚度 $H_{\text{t}}$，继而得到合理的结果。

## 6.20　关于 A 类建筑抗震鉴定时承载力调整系数折减的问题

　　Q：按照《建筑抗震鉴定标准》GB 50023—2009 中第 3.0.5 条规定，对于 A 类建筑抗震鉴定时的承载力抗震调整系数的折减系数，软件如何输入？

　　A：根据《建筑抗震鉴定标准》的相关要求，对于 A 类建筑抗震鉴定时，一般情况下承载力抗震调整系数的折减系数可按设计时执行的国家标准《抗规》承载力抗震调整系数值的 0.85 倍采用。对砖墙、砖柱和钢构件连接，仍按设计时执行的国家标准《抗规》承载力抗震调整系数值采用。

鉴定加固的设计参数中，抗震鉴定的承载力调整系数有参数项的默认值，用户可以修改，如图 6-45 所示。

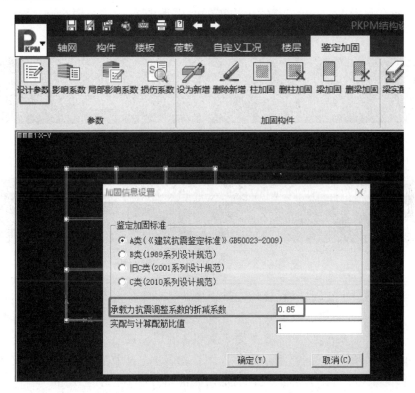

图 6-45　鉴定加固软件中的参数—承载力抗震调整系数的折减系数

## 6.21　关于底框抗震墙中托墙梁的箍筋直径取值问题

Q：某底部框架-抗震墙砌体结构工程，底框部分设防烈度为 7 度，抗震等级为二级，施工图软件生成的混凝土托墙梁的箍筋直径为什么配置了 10mm？如图 6-46 所示。

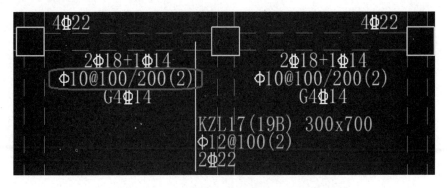

图 6-46　施工图中混凝土托墙梁的实配箍筋

A：该底部框架-抗震墙砌体房屋的钢筋混凝土托墙梁，设防烈度为 7 度，抗震等级为二级，查得梁端纵向受拉钢筋的实配筋率为 0.77%。查看 SATWE 设计结果，如图 6-47 所示，箍筋的计算面积为 G45.0-45.0（加密和非加密），梁施工图中接力 SATWE 数据，自动配梁箍筋 $\phi$10@100/200（2）的实配面积为 157/79，如图 6-48 所示。软件选择配置 $\phi$8@100/200（2），实配面积为 100/50。

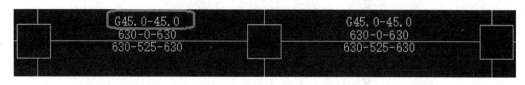

图 6-47　SATWE 设计结果托墙梁的箍筋配筋面积

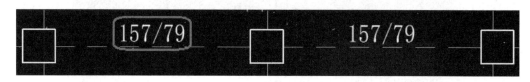

图 6-48　梁施工图的箍筋实配面积

关于梁的箍筋最小直径，《混规》《抗规》《高规》都有相关规定。

《抗规》第 7.5.8 条第 2 款：底部框架-抗震墙砌体房屋的钢筋混凝土托墙梁，箍筋的直径不应小于 8mm。《抗规》6.3.3 条第 3 款和《混规》11.3.6 条第 2 款规定相同，即箍筋最小直径，当梁端纵向受拉钢筋配筋率大于 2% 时，表中箍筋最小直径应增大 2mm。《高规》10.2.7 条第 2 款：转换梁设计的加密区箍筋直径不应小于 10mm。

考虑到转换梁受力复杂，而且十分重要，因此对其箍筋的最小构造配筋提出了比一般框架梁更高的要求。所以目前 PKPM 的施工图软件按照《高规》10.2.7 条第 2 款的规定"箍筋直径不应小于 10mm"来控制底部框架-抗震墙砌体房屋结构钢筋混凝土托墙梁的箍筋。

# 第7章 通用规范执行后设计相关问题

## 7.1 关于通用规范脉动风荷载的计算问题

Q：《工程结构通用规范》GB 55001—2021（以下简称《结通规》）要求所有的结构都要考虑脉动风效应，并且对主体结构，如果采用脉动放大系数的方法考虑，要求脉动风增大系数不应小于1.2，如图7-1所示。在PKPM软件中如何实现《结通规》对脉动风荷载的计算要求？

> **4.6.5** 当采用风荷载放大系数的方法考虑风荷载脉动的增大效应时，风荷载放大系数应按下列规定采用：
>
> **1** 主要受力结构的风荷载放大系数应根据地形特征、脉动风特性、结构周期、阻尼比等因素确定，其值不应小于1.2；
>
> **2** 围护结构的风荷载放大系数应根据地形特征、脉动风特性和流场特征等因素确定，且不应小于$1+\dfrac{0.7}{\sqrt{\mu_z}}$，其中 $\mu_z$ 为风压高度变化系数。

图 7-1 《结通规》对脉动风计算的相关要求

A：脉动风荷载时，按照《荷载规范》的方法，并执行通用规范2021版，软件会自动选择自动计算顺风向风振，如图7-2所示。需要注意的是，如果要正确计算脉动风，需

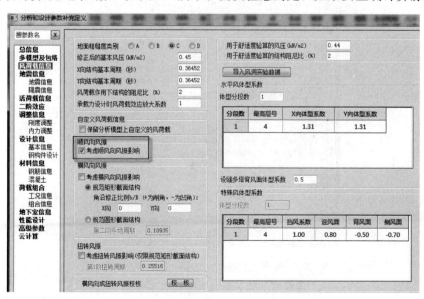

图 7-2 软件执行通用规范 2021 版，默认考虑顺风向风振

要正确地填写结构在两个方向的周期（要按照特征值求解后输出的结构周期，并且乘以周期折减系数回填），同时要填入风荷载作用下的结构阻尼比，如图 7-3 所示。

如果按《荷载规范》计算风振系数小于 1.2，程序自动取该值为 1.2，并在工程文件夹对应的 fort.112 文件中输出每一层每个方向具体的脉动风增大系数，如图 7-4 所示。

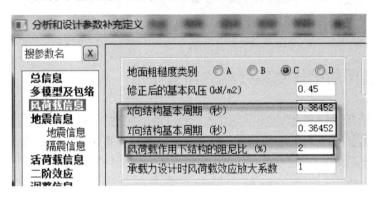

图 7-3　考虑顺风向风振时正确填写周期及阻尼比

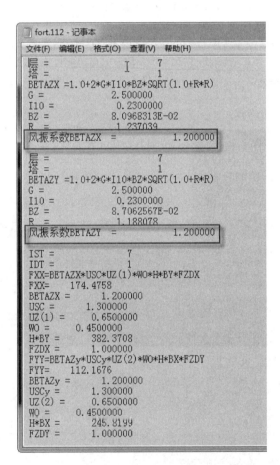

图 7-4　工程文件夹中输出的 fort.112 文件
详细展示楼层脉动风荷载放大系数

对于门式刚架结构等，如果要执行《结通规》的脉动风荷载放大系数，可以通过修改风荷载调整系数 $\beta$ 来实现，如图 7-5 所示。

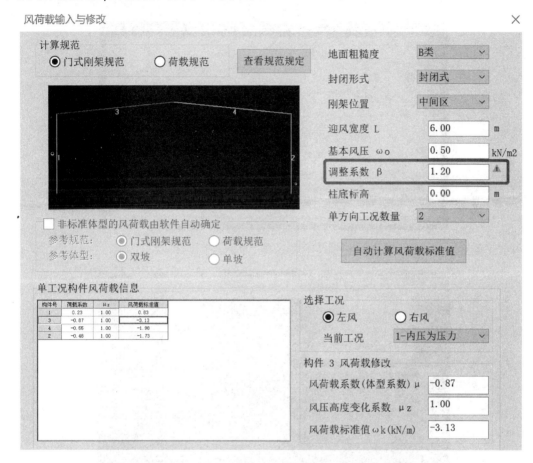

图 7-5　钢结构 STS 软件二维按照调整系数输入脉动风荷载放大系数

## 7.2　关于地下室顶板施工活荷载的计算问题

Q：《结通规》第 4.2.13 条要求，地下室顶板施工活荷载标准值不应小于 5.0kN/m²，并且当有临时堆积荷载以及重型车辆通过时，施工组织设计中应按照实际荷载验算，并采取相应的措施。软件中如何实现施工活荷载的模拟，并参与和其他荷载的组合？

A：《结通规》规定地下室顶板施工活荷载标准值不应小于 5.0kN/m²，施工荷载属于临时荷载，仅仅存在于施工阶段。但是，施工和维修是建筑建造和使用全生命周期中不可或缺的重要工况。

PMCAD 中可以通过自定义工况（图 7-6）输入地下室顶板的施工活荷载，如图 7-7所示。施工活荷载的分项系数按正常活荷载取值，施工活荷载的重力荷载代表值系数为0，设计中可以模拟施工阶段的施工活荷载与恒荷载组合，如图 7-8 及图 7-9 所示。软件配筋阶段会考虑施工活荷载与恒荷载组合的配筋与正常设计阶段的配筋进行包络。

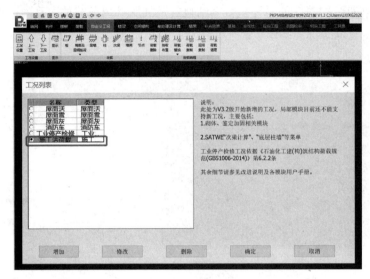

图 7-6  PMCAD 中定义地下室施工活荷载工况

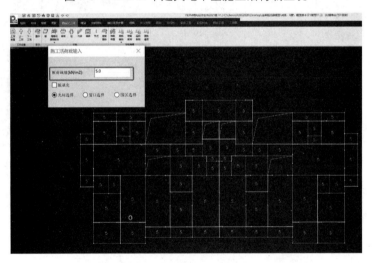

图 7-7  PMCAD 中输入地下室施工活荷载的值

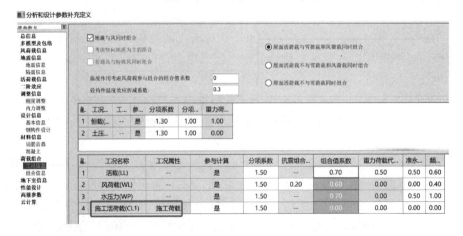

图 7-8  SATWE 按照特殊活荷载处理地下室施工活荷载

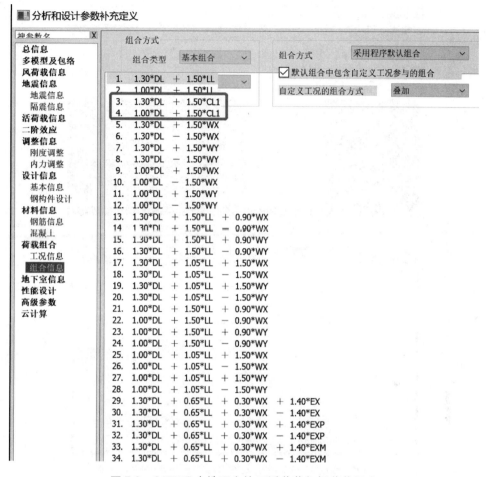

图 7-9　SATWE 中地下室施工活荷载与恒荷载组合

## 7.3　关于楼面局部荷载准确计算的问题

Q：按照《结通规》的要求，当楼面上荷载或者堆积物较多或较重时，需要按照荷载的实际分布情况考虑对结构的影响。设计中如何在软件中考虑楼面上的局部荷载？

A：通常设计中，对于一般矩形房间的楼面活荷载，按照均布荷载布置，然后按照正常的塑性铰导荷的方式将板面的荷载导算到梁上，再进行后续梁、柱、墙等内力计算及配筋设计。楼面和屋面上的满布活荷载对板的设计是按照楼面均布荷载分布形式，按静力手册弹性算法或塑性算法进行设计的。

通用规范执行后，该条由现行《荷载规范》的一般性条文上升为强条。这种楼面上较大的局部荷载都应该按照准确的位置输入考虑，而不应该简单地按照均摊的方式考虑。在设计中需要在楼板上按照局部荷载输入，在梁、柱、墙及楼板内力计算及配筋设计时均应准确考虑局部荷载的实际分布情况。

在 PMCAD 建模中可以输入楼面的局部面荷载、局部线荷载及局部点荷载，如图7-10及图 7-11 所示。

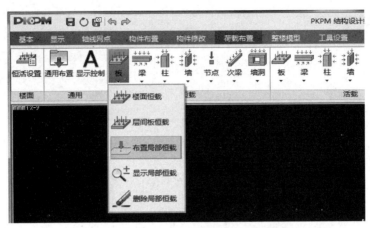

图 7-10　PMCAD 中输入楼面的局部荷载

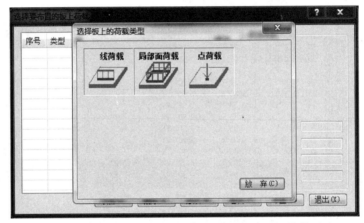

图 7-11　PMCAD 中支持输入的楼面的三种局部荷载形式

现行《荷载规范》第 5.2.1 条主要针对工业建筑楼面的房间荷载，提出了对堆放原料或成品较多、较重的区域，应按照实际情况考虑。《荷载规范》也提供了按照其附录的方式进行等效的处理，但是这种等效操作起来难度大。软件对于输入板面的局部荷载按照有限元方法进行导荷，荷载简图采用三角形、梯形较准确反映荷载分布，对异形房间远离局部荷载方向的构件做荷载修正，如图 7-12 及图 7-13 所示。

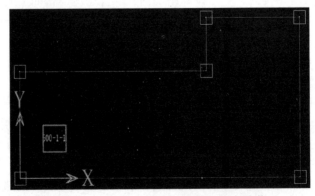

图 7-12　PMCAD 中输入楼面局部点荷载

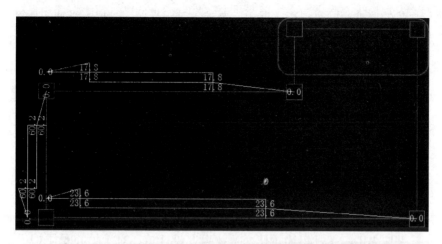

图 7-13  PMCAD 中输入楼面局部点荷载后房间周边梁的导荷

楼板设计时，对于有局部荷载的房间，即便是矩形楼板，软件默认按照有限元方式计算楼板的内力及配筋，如图 7-14 所示。

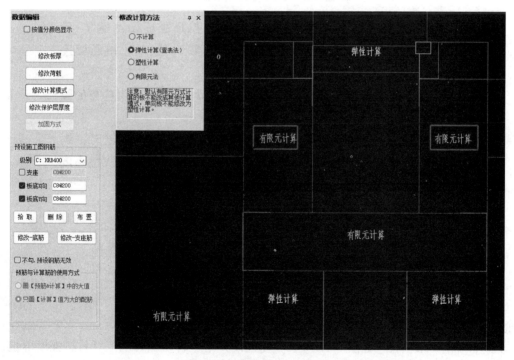

图 7-14  有局部荷载的房间默认按有限元计算内力

## 7.4  关于特殊情况下材料强度取值的问题

Q：如图 7-15 所示，按照《混凝土结构通用规范》GB 55008—2021（以下简称《混通规》）的要求对于轴压构件验算时，钢材强度不超过 400N/mm²。软件在计算的时候是否自动执行规范的要求？同时现行《混规》要求，对于受剪、受扭、受冲切计算，钢材强度取值不超过 360N/mm²，如图 7-16 所示，软件是否也自动执行相关要求？

**4.4.2** 正截面承载力计算应采用符合工程需求的混凝土应力-应变本构关系，并应满足变形协调和静力平衡条件。正截面承载力简化计算时，应符合下列假定：

1 截面应变保持平面；

2 不考虑混凝土的抗拉作用；

3 应确定混凝土的应力-应变本构关系；

4 纵向受拉钢筋的极限拉应变取为 0.01；

5 纵向钢筋的应力取钢筋应变与其弹性模量的乘积，且钢筋应力不应超过钢筋抗压、抗拉强度设计值；对于轴心受压构件，钢筋的抗压强度设计值取值不应超过 400N/mm²；

图 7-15 《混通规》对材料强度取值的特殊要求

**4.2.3** 普通钢筋的抗拉强度设计值 $f_y$、抗压强度设计值 $f_y'$ 应按表 4.2.3-1 采用；预应力筋的抗拉强度设计值 $f_{py}$、抗压强度设计值 $f_{py}'$ 应按表 4.2.3-2 采用。

当构件中配有不同种类的钢筋时，每种钢筋应采用各自的强度设计值。

对轴心受压构件，当采用 HRB500、HRBF500 钢筋时，钢筋的抗压强度设计值 $f_y'$ 应取 400 N/mm²。横向钢筋的抗拉强度

设计值 $f_{yv}$ 应按表中 $f_y$ 的数值采用；但用作受剪、受扭、受冲切承载力计算时，其数值大于 360N/mm² 时应取 360N/mm²。

图 7-16 《混规》对材料强度取值的特殊要求

A：按照《混通规》的要求，对于验算轴压构件时，钢材强度不超过 400N/mm²；《混规》中要求的受剪、受扭、受冲切时，钢材强度取值不超过 360N/mm²，软件默认均自动按照规范要求执行，如图 7-17 所示。基础设计中也自动执行规范对材料强度取值的要求。

对于轴心受压构件，如果钢筋强度超过 400N/mm²，软件会按照 400N/mm² 计算，如图 7-18 所示。

对于受剪、受扭等、受冲切承载力计算，如果钢筋强度超过 360N/mm²，软件会按照 360N/mm² 计算，如图 7-19 所示。

图 7-17　设计中对材料强度取值的自动执行

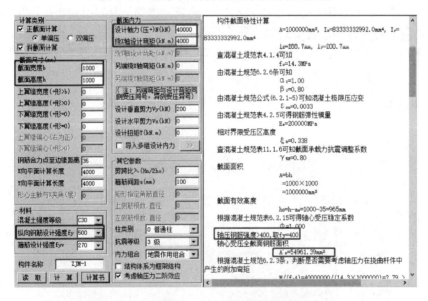

图 7-18　构件轴压验算，材料强度取值不超过 400N/mm²

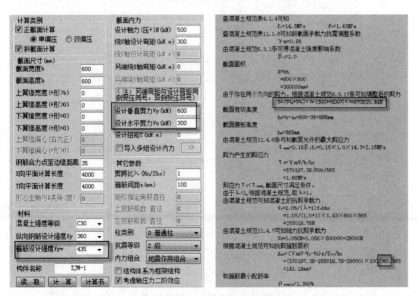

图 7-19　构件受剪时计算，材料强度取值不超过 360N/mm²

## 7.5 关于通用规范荷载分项系数取值及荷载组合的问题

Q：按照通用规范的要求重力荷载的系数及地震作用的分项系数等均变化，软件在计算的时候是否自动按照规范的要求执行分项系数，同时进行相应的组合？

A：使用 PKPM 结构 2021 通用规范版 V1.1 以后的版本，默认执行的规范是 2021 系列通用规范，程序会自动按照通用规范的要求确定重力荷载的分项系数 1.3 及地震作用的分项系数 1.4，并按照相应的原则自动进行荷载的组合。图 7-20 为软件自动默认执行通用规范（2021 版），图 7-21 为软件自动按照通用规范要求确定荷载分项系数，图 7-22 所示为 SATWE 软件按照通用规范的要求自动进行荷载的组合，图 7-23 所示为 JCCAD 软件按照通用规范的要求自动进行荷载的组合。

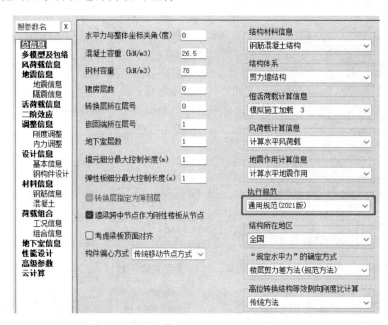

图 7-20 PKPM 软件默认执行通用规范（2021 版）

| 编号 | 工况名称 | 工况属性 | 参与计算 | 分项系数 | 分项系数(有利) | 重力荷载代表值系数 |
|---|---|---|---|---|---|---|
| 1 | 恒载(DL) | -- | 是 | 1.30 | 1.00 | 1.00 |

| 编号 | 工况名称 | 工况属性 | 参与计算 | 分项系数 | 抗震组合值系数 | 组合值系数 | 重力荷载代表值系数 |
|---|---|---|---|---|---|---|---|
| 1 | 活载(LL) | -- | 是 | 1.50 | -- | 0.70 | 0.50 |
| 2 | 风荷载(WL) | -- | 是 | 1.50 | 0.20 | 0.60 | 0.00 |

| 编号 | 工况名称 | 工况属性 | 参与计算 | 分项系数(主控) | 分项系数(非主控) |
|---|---|---|---|---|---|
| 1 | 水平地震(EH) | -- | 是 | 1.40 | 0.50 |

图 7-21 SATWE 软件自动按照通用规范要求确定荷载分项系数

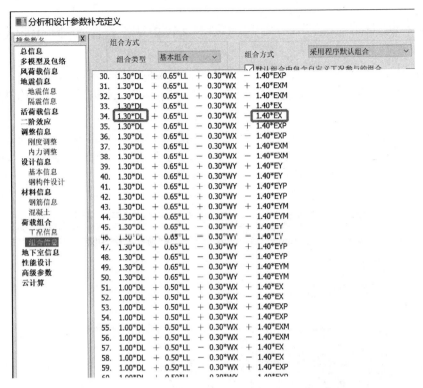

图 7-22  SATWE 软件自动按照通用规范要求确定荷载各项组合

■分析和设计参数补充定义

| 荷载组合 | 分析类型 | 恒 | 活 | 风x | 风y | 地x | 地y | 土压力 | 水压力 |
|---|---|---|---|---|---|---|---|---|---|
| 25 | 非线性 | 1.30 | 1.50 | | | | | | |
| 26 | 非线性 | 1.30 | | 1.50 | | | | | |
| 27 | 非线性 | 1.30 | | -1.50 | | | | | |
| 28 | 非线性 | 1.30 | | | 1.50 | | | | |
| 29 | 非线性 | 1.30 | | | -1.50 | | | | |
| 30 | 非线性 | 1.30 | 1.50 | 0.90 | | | | | |
| 31 | 非线性 | 1.30 | 1.50 | -0.90 | | | | | |
| 32 | 非线性 | 1.30 | 1.05 | 1.50 | | | | | |
| 33 | 非线性 | 1.30 | 1.05 | -1.50 | | | | | |
| 34 | 非线性 | 1.30 | 1.50 | | 0.90 | | | | |
| 35 | 非线性 | 1.30 | 1.50 | | -0.90 | | | | |
| 36 | 非线性 | 1.30 | 1.05 | | 1.50 | | | | |
| 37 | 非线性 | 1.30 | 1.05 | | -1.50 | | | | |
| 38 | 非线性 | 1.30 | 0.65 | | | 1.40 | | | |
| 39 | 非线性 | 1.30 | 0.65 | | | -1.40 | | | |
| 40 | 非线性 | 1.30 | 0.65 | | | | 1.40 | | |
| 41 | 非线性 | 1.30 | 0.65 | | | | -1.40 | | |
| 42 | 非线性 | 1.30 | 0.65 | 0.30 | | 1.40 | | | |
| 43 | 非线性 | 1.30 | 0.65 | -0.30 | | -1.40 | | | |
| 44 | 非线性 | 1.30 | 0.65 | | 0.30 | | 1.40 | | |
| 45 | 非线性 | 1.30 | 0.65 | | -0.30 | | -1.40 | | |
| 46 | 非线性 | 1.30 | | | | | | 1.50 | |
| 47 | 非线性 | 1.30 | | | | | | | 1.50 |

图 7-23  JCCAD 基础软件自动按通用规范要求确定荷载组合

## 7.6 关于通用规范要求的大跨度及长悬臂构件竖向地震计算的问题

Q：按照《混通规》的要求，对于 7 度 0.15g 以上的大跨度及长悬臂构件，要计算构件本身及相连支承构件的竖向地震作用，软件中如何仅实现大跨度及长悬臂构件及相连支承构件的竖向地震作用？

A：PKPM 软件提供了三种计算竖向地震作用的方法，可以选择按底部轴力法简化算法计算竖向地震作用，也可按反应谱方法计算竖向地震作用，另外可选择按等效静力法（竖向地震系数法）计算竖向地震作用，如图 7-24 所示。

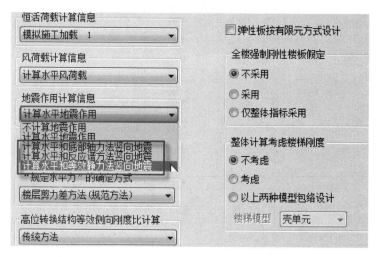

图 7-24　竖向地震作用计算方法选择

如图 7-25 所示，如果要按照反应谱法或底部轴力法进行竖向地震作用计算，需要填写竖向地震作用影响系数最大值，该值可按水平地震影响系数最大值的 65% 采用；同时采用反应谱或者"等效静力法"计算竖向地震时，需要指定竖向地震作用的底线值（由于一般情况下底部轴力法结果都大于底线值，因此，选择底部轴力法计算时软件未控制底线）。

若结构中存在局部大悬臂构件、大跨度构件等，设计中若仅按规范要求，对单构件及相连的支承构件进行竖向地震作用的考虑，其他构件不考虑竖向地震作用的影响。可在计算时选择竖向地震作用的方法，同时在"特殊构件补充定义"下"特殊属性"菜单中选择"竖向地震构件"，指定哪些构件进行竖向地震作用分析，如图 7-26 所示，程序对结

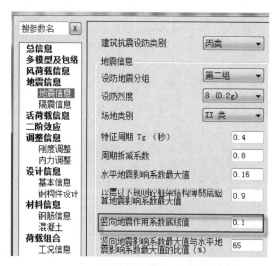

图 7-25　竖向地震计算的底线值

构进行整体竖向地震作用分析，并对定义了竖向地震属性的构件，考虑其竖向地震作用效应与其他荷载效应进行内力组合，并进行配筋设计。对非竖向地震构件，不考虑其竖向地震作用效应与其他荷载效应组合。

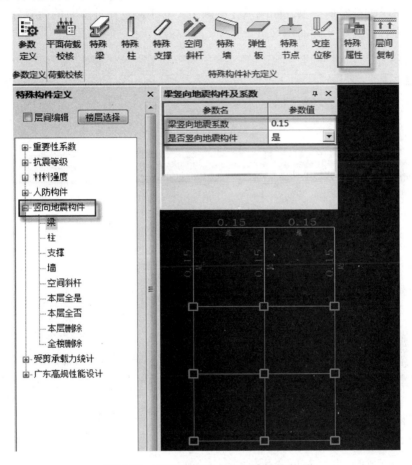

图 7-26　定义需要考虑竖向地震的构件

注意：只有当竖向地震计算选择采用"等效静力法计算"时，才可以允许指定每个构件不同的竖向地震系数。

## 7.7　关于按通用规范要求进行结构刚重比的计算问题

Q：《混通规》对结构整体稳定验算做了要求，同时《钢结构通用规范》GB 55006—2021（以下简称《钢通规》）要求结构整体稳定分析荷载采用设计值。但是通用规范均未对整体稳定如何验算给出具体要求。目前设计中仍然执行《高规》的要求，通过结构刚重比的计算来控制结构的整体稳定。刚重比计算时，荷载的分项系数是按照永久荷载 1.3，可变荷载 1.5 来取值吗，软件中是如何进行刚重比相关的计算的？

A：按照现行《高规》及《混规》要求，对建筑结构整体稳定控制按照刚重比的大小来判断，混凝土与钢结构的刚重比计算方法一致，但是《高规》对混凝土结构的刚重比限值和《高钢规》对钢结构刚重比的限值要求不一致。

软件中提供了按照《高规》及《高钢规》方式计算结构的刚重比，同时对带地下室整体计算的模型，可以在软件中设置砍掉地下室进行刚重比计算，如图 7-27 所示。程序根据指定的材料类型及结构类型判断刚重比的限值。对于刚重比计算时的荷载分项系数，可以选择执行现行《高规》或通用规范。

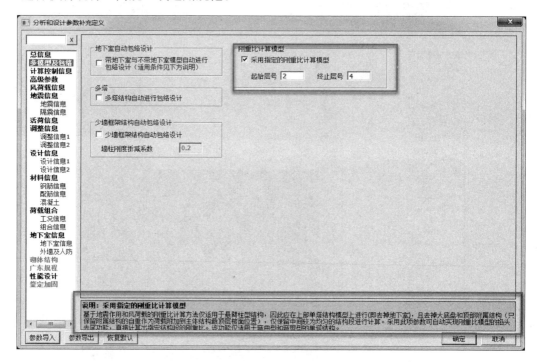

图 7-27　软件中对刚重比计算模型的选取

对于刚重比计算时对应荷载分项系数的取值，建议通用规范执行后，刚重比计算的分项系数对永久荷载取 1.3，对可变荷载取 1.5，软件中对刚重比计算时的分项系数做了单独的设置，如图 7-28 所示。

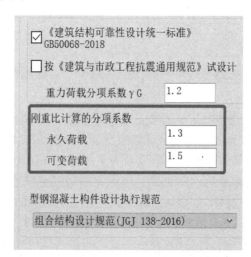

图 7-28　软件中对刚重比计算时分项系数的指定

## 7.8　关于钢结构二阶弹性分析的问题

Q：通用规范执行后，PKPM 软件能否在钢结构二阶弹性分析时，对钢结构假想水平荷载的组合的分项系数取值，地震参与工况取 0.5，同时钢柱计算长度系数取 1？

A：按照《钢通规》要求，钢结构二阶弹性分析，对钢结构假想水平荷载的组合的分项系数取值，地震参与工况取 0.5，同时钢柱计算长度系数取 1。在软件中如果选择了二阶弹性设计方法，软件按照通用规范的要求，自动将柱的计算长度系数值取为 1，同时考虑结构整体缺陷，两个方向整体缺陷倾角为 1/250，同时组合时，对于缺陷工况参与组合的地震工况，缺陷工况的组合系数为 0.5，如图 7-29 及图 7-30 所示。

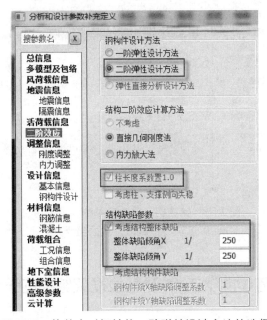

图 7-29　软件中对钢结构二阶弹性设计方法的选择

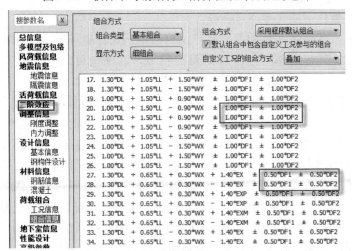

图 7-30　软件中对钢结构二阶弹性时，缺陷工况与地震组合及非地震组合

对于钢结构，采用直接几何刚度法计算结构的二阶效应时，默认重力荷载的组合系数：恒荷载 1.0，活荷载 0.5，同时，程序提供参数修改功能，如图 7-31 所示。

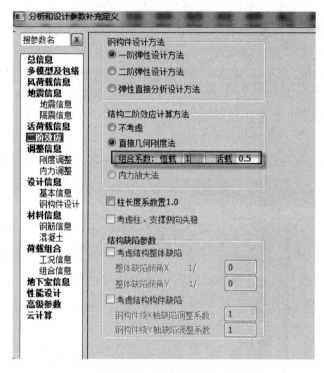

图 7-31　钢结构二阶效应系数计算采用
几何刚度法时恒载与活载的组合系数

## 7.9　关于通用规范中的钢支撑-混凝土框架结构的设计问题

Q：《钢通规》要求钢支撑-混凝土框架结构考虑钢支撑破坏退出工作后的内力重分布影响，在 PKPM 软件中如何实现这种设计？

A：《钢通规》要求钢支撑-混凝土框架结构考虑钢支撑破坏退出工作后的内力重分布影响，相当于考虑钢支撑退出工作后框架的受力，软件中可以方便地实现这类结构的设计。

选择结构体系为"混凝土-钢支撑框架结构"，然后通过软件的自动包络设计实现通用规范的要求，如图 7-32 及图 7-33 所示。

图 7-34 所示为一"钢支撑-混凝土框架"结构，采用软件的自动包络设计，计算完毕之后，可以看到没有钢支撑的框架结构的变形及钢支撑-混凝土框架的变形，分别如图 7-35 及图 7-36 所示，可以看到加钢支撑前混凝土框架结构不能满足规范对变形的要求，加支撑后可以满足变形要求。软件可以自动生成纯混凝土框架结构和钢支撑-混凝土框架结构两种情况下计算配筋的包络值，在主模型下可以直接查看结果。当然可以分别查看纯框架结构和钢支撑-混凝土框架下的配筋结果，分别如图 7-37 及图 7-38 所示，可以看到有些柱子的配筋在纯框架模型下的结果比钢支撑-混凝土框架下的配筋结果大。

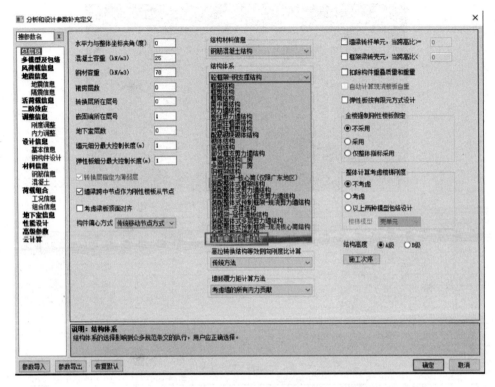

图 7-32　结构体系选择混凝土框架-钢支撑结构

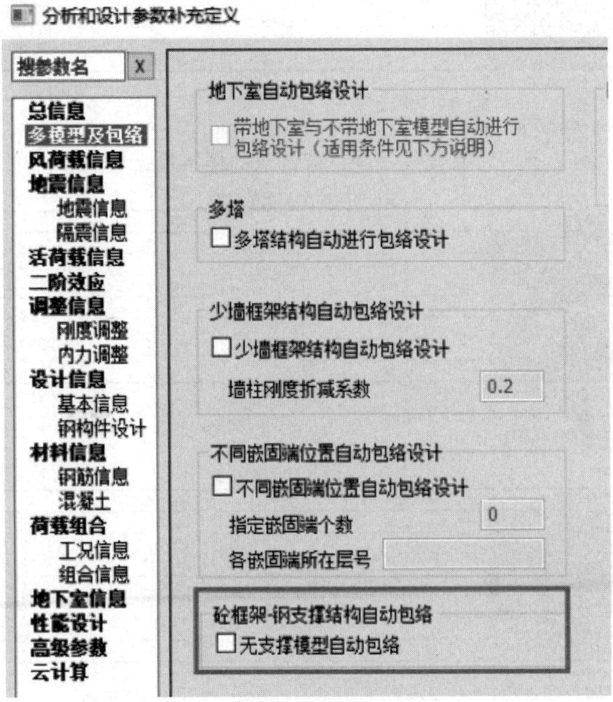

图 7-33　混凝土框架-钢支撑结构自动包络

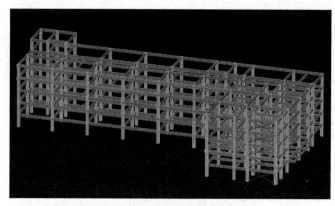

图 7-34  某混凝土框架-钢支撑结构模型三维图

表5 X向地震工况的位移

| 层号 | 最大位移(节点号) | 最大层间位移 | 平均层间位移 | 最大层间位移角(节点号) |
|---|---|---|---|---|
| 7 | 26.03(567) | 1.50 | 1.49 | 1/2401(570) |
| 6 | 24.76(492) | 2.90 | 2.82 | 1/1347(486) |
| 5 | 22.14(403) | 4.78 | 4.70 | 1/816(403) |
| 4 | 17.59(319) | 5.94 | 5.84 | 1/656(316) |
| 3 | 11.78(234) | 6.01 | 5.90 | 1/649(231) |
| 2 | 5.82(140) | 5.59 | 5.51 | 1/750(147) |
| 1 | 0.32(56) | 0.32 | 0.27 | 1/5063(56) |

本工况下全楼最大楼层位移= 26.03（发生在7层1塔）
本工况下全楼最大层间位移角=1/649（发生在3层1塔）
有蓝色底色标识位置双击可以查看图形

表6 Y向地震工况的位移

| 层号 | 最大位移(节点号) | 最大层间位移 | 平均层间位移 | 最大层间位移角(节点号) |
|---|---|---|---|---|
| 7 | 36.72(566) | 2.37 | 2.27 | 1/1521(566) |
| 6 | 34.67(486) | 4.56 | 3.39 | 1/854(486) |
| 5 | 30.47(397) | 6.85 | 5.36 | 1/569(397) |
| 4 | 23.91(313) | 8.33 | 6.54 | 1/468(313) |
| 3 | 15.71(229) | 8.35 | 6.62 | 1/466(231) |
| 2 | 7.48(135) | 7.19 | 5.93 | 1/584(135) |
| 1 | 0.44(56) | 0.44 | 0.32 | 1/3646(56) |

本工况下全楼最大楼层位移= 36.72（发生在7层1塔）
本工况下全楼最大层间位移角=1/466（发生在3层1塔）
有蓝色底色标识位置双击可以查看图形

图 7-35  没有支撑按纯框架计算的楼层最大层间位移角

表5 X向地震工况的位移

| 层号 | 最大位移(节点号) | 最大层间位移 | 平均层间位移 | 最大层间位移角(节点号) |
|---|---|---|---|---|
| 7 | 24.69(567) | 1.54 | 1.50 | 1/2339(566) |
| 6 | 23.44(486) | 2.77 | 2.53 | 1/1407(486) |
| 5 | 20.88(403) | 4.46 | 4.13 | 1/874(403) |
| 4 | 16.61(319) | 5.54 | 5.12 | 1/704(316) |
| 3 | 11.18(234) | 5.66 | 5.25 | 1/688(231) |
| 2 | 5.57(140) | 5.34 | 4.98 | 1/786(147) |
| 1 | 0.30(56) | 0.30 | 0.25 | 1/5360(56) |

本工况下全楼最大楼层位移= 24.69（发生在7层1塔）
本工况下全楼最大层间位移角=1/688（发生在3层1塔）
有蓝色底色标识位置双击可以查看图形

表6 Y向地震工况的位移

| 层号 | 最大位移(节点号) | 最大层间位移 | 平均层间位移 | 最大层间位移角(节点号) |
|---|---|---|---|---|
| 7 | 22.72(573) | 1.67 | 1.35 | 1/2153(573) |
| 6 | 26.61(557) | 3.02 | 2.78 | 1/1290(557) |
| 5 | 23.86(472) | 5.12 | 4.51 | 1/761(472) |
| 4 | 18.99(386) | 6.31 | 5.58 | 1/617(386) |
| 3 | 12.81(304) | 6.52 | 5.73 | 1/598(304) |
| 2 | 6.32(214) | 6.06 | 5.25 | 1/693(214) |
| 1 | 0.41(56) | 0.41 | 0.30 | 1/3933(56) |

本工况下全楼最大楼层位移= 26.61（发生在6层1塔）
本工况下全楼最大层间位移角=1/598（发生在3层1塔）
有蓝色底色标识位置双击可以查看图形

图 7-36  钢支撑-混凝土框架结构的楼层最大层间位移角

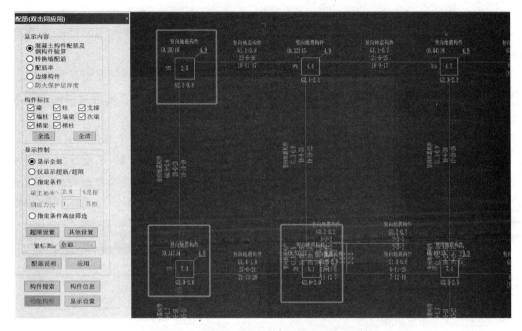

图 7-37　混凝土纯框架结构时构件的配筋

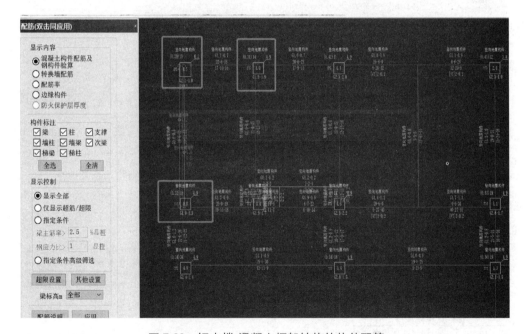

图 7-38　钢支撑-混凝土框架结构的构件配筋

## 7.10　关于通用规范中要求对楼板舒适度分析的问题

Q：《混通规》第 4.2.3：混凝土要求楼盖满足楼盖竖向振动舒适度要求，混凝土高层建筑应满足 10 年重现期水平风荷载作用的振动舒适度要求。是否所有建筑都需要进行楼盖竖向振动舒适度分析?《高规》要求对 150m 以上的建筑进行水平荷载作用振动舒适度分析,按照《混通规》要求,所有高层建筑都需要进行水平风荷载作用的振动舒适度分析吗?

A:《混通规》对结构舒适度提出要求,所有的混凝土结构都要满足舒适度要求。至于是否必须计算,得区分情况,如果能明确判断出该结构的舒适度满足现行规范的相关限值要求,可不做计算。如果不能做明确判断,需要进行计算确定。

计算时需要按照现行《高规》及《建筑楼盖结构振动舒适度技术标准》JGJ/T 441—2019 的要求进行计算。在 PKPM 软件中可以计算结构楼层顶点在 10 年重现期水平风荷载作用下的加速度,如图 7-39 及图 7-40 所示。同时 SLABCAD 软件可以进行楼盖舒适度的计算,计算楼盖的竖向频率,如图 7-41 及图 7-42 所示,可以根据输出结果判断楼板舒适度能否满足规范要求。

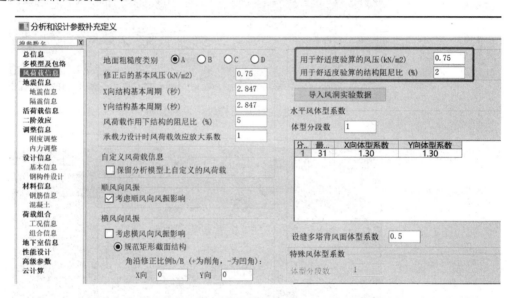

图 7-39　SATWE 软件中输入舒适度验算的风压及阻尼比,计算结构顶点加速度

**结构顶点风振加速度**

根据《高规》3.7.6 条:房屋高度不小于150m的高层混凝土建筑结构应满足风振舒适度要求。在10年一遇的风荷载标准值作用下,结构顶点的顺风向和横风向振动最大加速度计算值对于住宅、公寓不应超过0.15 m/s2,对于办公、旅馆不应超过0.25 m/s2。《高钢规》3.5.5条规定:房屋高度不小于150m的高层民用建筑钢结构在10年一遇的风荷载标准值作用下,结构顶点的顺风向和横风向振动最大加速度计算值对于住宅、公寓不应超过0.2m/s2,对于办公、旅馆不应超过0.28m/s2。具体的计算方法依据《荷载规范》附录J。

**表1　风振加速度**

| 工况 | 顺风向 | 横风向 |
|------|--------|--------|
| WX | 0.145 | 0.417 |
| WY | 0.203 | 0.262 |

图 7-40　SATWE 软件计算输出结构在 10 年重现期水平风荷载下的顶点加速度值

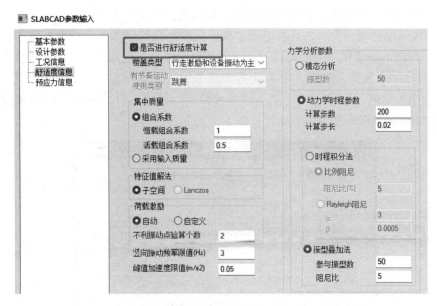

图 7-41 SLABCAD 中进行楼盖竖向荷载下舒适度验算

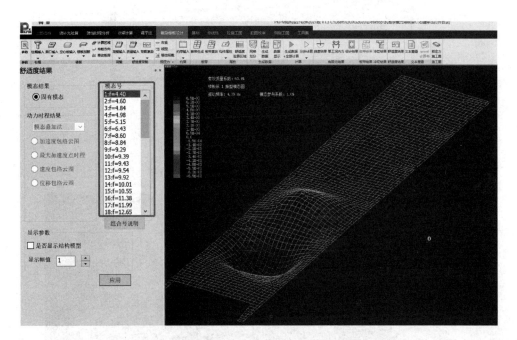

图 7-42 SLABCAD 中进行楼盖竖向荷载下舒适度验算输出楼板的固有频率

## 7.11 关于通用规范要求的混凝土保护层厚度的问题

Q：按《混通规》的要求，对于混凝土构件保护层厚度的要求从现行《混规》一般性条文上升为《混通规》的强条，设计中需要根据现行《混规》环境类别确定混凝土保护层厚度。在软件中输入混凝土保护层厚度，由于配筋计算时软件无法知道纵筋及箍筋的直径，同时也不知道梁中是否要配置两排钢筋，软件在计算中是如何考虑的？

A：按照《混通规》要求，计算中需要确保混凝土保护层厚度满足最小值要求，同时要求保护层厚度不小于钢筋的公称直径。在软件中可以直接定义梁、柱构件及楼板的保护层厚度，如图 7-43 及图 7-44 所示，对于剪力墙的保护层厚度程序直接确定剪力墙的 $a_s$，对一般剪力墙的取值为 max［200，$0.5d$（$d$ 为墙厚），$L/20$（$L$ 为墙长）］，对高厚比小于 4 的短肢剪力墙，程序直接取 40mm。

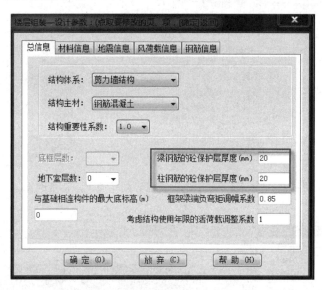

图 7-43　混凝土梁、柱构件保护层厚度的指定

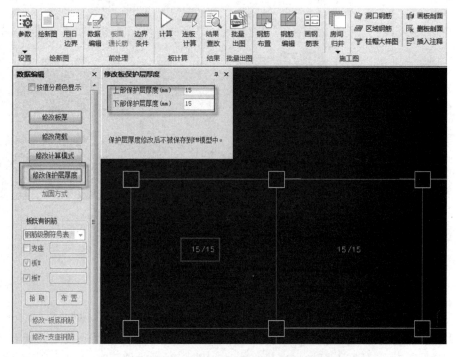

图 7-44　混凝土板构件保护层厚度的指定

软件中填入的保护层厚度主要影响计算配筋时的 $a_s$，$a_s = c + d$（箍筋直径）$+ D/2$（$D$ 为纵筋直径）。注意：软件配筋计算时，默认 $d$ 取值 $10mm$，$D$ 取值 $25mm$。

比如，保护层厚度为 $20mm$ 时，梁的配筋如图 7-45 所示。

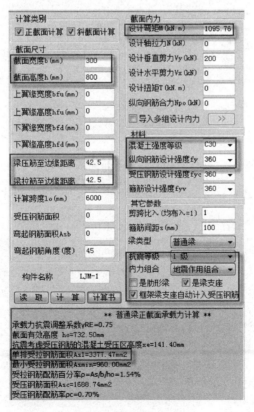

| | -I- | -1- | -2- | -3- | -4- | -5- | -6- | -7- | -J- |
|---|---|---|---|---|---|---|---|---|---|
| -M | -1095.76 | -750.54 | -421.05 | -126.38 | -0.00 | -152.17 | -409.14 | -686.00 | -978.31 |
| LoadCase | 78 | 78 | 114 | 114 | 0 | 111 | 111 | 111 | 75 |
| TopAst | 3377.49 | 2376.27 | 1243.48 | 720.00 | 0.00 | 720.00 | 1205.59 | 2139.73 | 2997.84 |
| Rs | 1.54% | 1.05% | 0.55% | 0.30% | 0.00% | 0.30% | 0.53% | 0.94% | 1.36% |
| | | | | | | | | | |
| +M | 721.85 | 586.25 | 440.81 | 286.47 | 176.17 | 395.17 | 594.75 | 770.48 | 936.09 |
| LoadCase | 111 | 111 | 75 | 75 | 18 | 78 | 78 | 78 | 114 |
| BtmAst | 2105.61 | 1789.28 | 1306.73 | 825.53 | 720.00 | 1161.38 | 1818.50 | 2568.37 | 2862.51 |
| Rs | 0.93% | 0.79% | 0.58% | 0.36% | 0.30% | 0.51% | 0.80% | 1.17% | 1.30% |
| | | | | | | | | | |
| Shear | 562.88 | 458.52 | 433.32 | 394.92 | 343.32 | -323.98 | -362.38 | -387.58 | -491.93 |
| LoadCase | 78 | 78 | 78 | 78 | 78 | 75 | 75 | 75 | 75 |
| Asv | 125.30 | 92.77 | 84.91 | 72.94 | 56.86 | 50.83 | 62.80 | 70.86 | 103.18 |
| Rsv | 0.42% | 0.31% | 0.28% | 0.24% | 0.19% | 0.17% | 0.21% | 0.24% | 0.34% |
| | | | | | | | | | |
| N-T | 0.00 | 0.00 | 0.00 | 0.00 | 0.00 | 0.00 | 0.00 | 0.00 | 0.00 |
| N-C | 0.00 | 0.00 | 0.00 | 0.00 | 0.00 | 0.00 | 0.00 | 0.00 | 0.00 |

剪扭配筋　(18)　T=1.77　V=243.53　Astt=0.00　Astv=35.82　Astl=0.00
非加密区箍筋面积(2.0H处)　Asvm=83.32
剪压比　(78)　V=562.9　JYB = 0.17 ≤ 0.24

图 7-45　某工程中的梁构件在保护层厚度 20mm 时的配筋结果

对该梁配筋校核，梁配筋率大于 $1\%$，计算中程序自动考虑按照两排钢筋计算 $a_s$，该梁端 I 的配筋按工具箱详细校核如图 7-46 及图 7-47 所示。

**计算类别**
☑ 正截面计算　☑ 斜截面计算

**截面尺寸**
截面宽度b(mm)　300
截面高度h(mm)　800
上翼缘宽度bfu(mm)　0
上翼缘高度hfu(mm)　0
下翼缘宽度bfd(mm)　0
下翼缘高度hfd(mm)　0
梁压筋至边缘距离　42.5
梁拉筋至边缘距离　42.5
计算跨度lo(mm)　6000
受压钢筋面积　0
弯起钢筋面积Asb　0
弯起钢筋角度(度)　45
构件名称　LJM-1
[读取]　[计算]　[计算书]

**截面内力**
设计弯矩M(kN·m)　1095.76
设计轴拉力N(kN)　0
设计垂直剪力Vy(kN)　200
设计水平剪力Vx(kN)　0
设计扭矩T(kN·m)　0
纵向钢筋合力Npo(kN)　0
□ 导入多组设计内力　[>>]

**材料**
混凝土强度等级　C30
纵向钢筋设计强度fy　360
受压钢筋设计强度fyc　360
箍筋设计强度fyv　360

**其它参数**
剪跨比λ(均布入=1)　1
箍筋间距s(mm)　100
梁类型　普通梁
抗震等级　1级
内力组合　地震作用组合
□ 是肋形梁　☑ 是梁支座
☑ 框架梁支座自动计入受压钢筋

\*\* 普通梁正截面承载力计算 \*\*
承载力抗震调整系数γRE=0.75
截面有效高度 ho=732.50mm
抗震考虑受压钢筋的混凝土受压区高度xe=141.40mm
单排受拉钢筋面积As1=3377.47mm2
最小受拉钢筋面积Asmin=960.00mm2
受拉钢筋配筋百分率p=As/b/ho=1.54%
受压钢筋面积Asc=1688.74mm2
受压钢筋配筋率pc=0.70%

图 7-46　该梁构件在保护层厚度 20mm 时
对其中的 I 截面配筋进行校核

**1 已知条件**

梁截面宽度b=300mm,高度h=800mm,受压钢筋合力点至截面近边缘距离a′s=42.5mm,受拉钢筋合力点到截面近边缘距离as=42.5mm,计算跨度l₀=6000mm,混凝土强度等级C30,纵向受拉钢筋强度设计值fy=360MPa,纵向受压钢筋强度设计值f′y=360MPa,1级抗震,地震组合,设计截面位于框架梁梁端,自动计入受压钢筋控制受压区高度,截面设计弯矩M=1095.76kN·m,截面下部受拉。

**2 配筋计算**

构件截面特性计算

$$A=240000mm^2, \quad I_x=12800000000.0mm^4$$

查混凝土规范表4.1.4可知

$$f_c=14.3MPa \qquad f_t=1.43MPa$$

由混凝土规范6.2.6条可知

$$\alpha_1=1.0 \qquad \beta_1=0.8$$

由混凝土规范公式(6.2.1-5)可知混凝土极限应变

$$\varepsilon_{cu}=0.0033$$

由混凝土规范表4.2.5可得钢筋弹性模量

$$E_s=200000MPa$$

相对界限受压区高度

$$\xi_b=0.518$$

截面有效高度

$$h_0=h-a'_s=800-42.5=757.5mm$$

查混凝土规范表11.1.6可知受弯构件正截面承载力抗震调整系数

$$\gamma_{RE}=0.75$$

受拉钢筋最小配筋率

$$\rho_{smin}=0.0040$$

受拉钢筋最小配筋面积

$$A_{smin}=\rho_{smin}bh$$
$$=0.0040\times300\times800$$
$$=960mm^2$$

混凝土能承受的最大弯矩

$$M_{cmax}=\alpha_1 f_c \xi_b h_0 b(h_0-0.5\xi_b h_0)$$
$$=1.0\times14.3\times0.518\times757.5\times300\times(757.5-0.5\times0.518\times757.5)$$
$$=946523456N\cdot mm > \gamma_{RE}M$$

由混凝土规范公式(6.2.10-1)可得

$$\alpha_s=\gamma_{RE}M/\alpha_1 f_c/b/h_0^2$$
$$=821820032/1.0/14.3/300/757.5^2$$
$$=0.33$$

截面相对受压区高度

$$\xi=1-(1-2\alpha_s)^{0.5}=1-(1-2\times0.33)^{0.5}=0.422$$

由混凝土规范公式(6.2.10-2)可得受拉钢筋面积

$$A_s=(\alpha_1 f_c b \xi h_0)/f_y$$
$$=(1.0\times14.3\times300\times0.42\times757.5)/360$$
$$=3820.25mm^2$$

受拉钢筋配筋率

$$\rho_s=A_s/b/h$$
$$=3820.25/300/800$$
$$\boxed{=0.0159}$$

由于$\rho_s>0.01$,为避免钢筋过于拥挤,将受拉钢筋分两排布置,取截面有效高度

$$\boxed{h_0=h-a_s-25=732.5mm}$$

经重新计算,可得计算需要受拉钢筋面积

$$A_s=4057.42mm^2$$

根据混凝土规范11.3.1条,取混凝土抗震相对界限受压区高度

$$\xi_{bE}=0.25$$

根据混凝土规范规范11.3.6条,取受压钢筋面积A′s=0.50As

计入受压钢筋,计算需要受拉钢筋面积

$$\boxed{A_{sE}=3377.47mm^2}$$

受压钢筋面积

$$A'_{sE}=1688.74mm^2$$

计入受压钢筋,重新计算截面混凝土相对受压区高度

$$\xi=0.19$$

As>Asmin,取受拉钢筋面积

$$\boxed{A_s=3377.47mm^2}$$

取受压钢筋面积

$$A'_s=1688.74mm^2$$

图 7-47　该梁构件在保护层厚度 20mm 时 Ⅰ 截面配筋计算过程

## 7.12　关于通用规范要求的脉动风放大系数在门式刚架中取值问题

Q：按照《结通规》的要求，所有的结果都要考虑脉动风，并且底线值不小于 1.2，那对门式刚架结构设计而言，风荷载调整系数 $\beta$ 是取 1.2，还是取值 1.2×1.1，或者其他数值？

A：按照《门式刚架规范》进行门式刚架结构设计时，放大系数 $\beta$ 代表基本风压的适当提高，如图 7-48 所示。虽然基本风压的放大不属于通用规范的强条，但是按照现行《荷载规范》要求，对风荷载比较敏感的建筑，需要考虑对基本风压的适当放大。《荷载规范》要求一般按照 60m 以上的高层建筑基本风压放大 1.1，对风荷载敏感的门式刚架结构基本风压也放大 1.1。

原来的主刚架的放大系数 $\beta$ 属于风荷载敏感的放大，由于《结通规》执行后还需要考虑脉动风的放大系数，底线为 1.2。门式刚架结构无法按照《荷载规范》给出的方法计算脉动风，实际设计中可取《结通规》的底线，此时，主刚架的放大系数 $\beta$ 应为脉动风放大系数与基本风压放大系数的乘积。如果设计中 $\beta$ 填写 1.2 确实不违反《结通规》的强条，但是设计未必合理。如果 $\beta$ 为 1.2×1.1，按照规范的要求设计可能更合理，如图 7-49 所示。当然更需要注意的是，《结通规》要求的 1.2 是底线，如果对门式刚架结构直接取 1.2 也未必能保证结构的安全。

**4.2.1**　本次制定增加了开敞式结构的风荷载系数。本规范未做规定的，设计者应按现行国家标准《建筑结构荷载规范》GB 50009 的规定采用，也可借鉴国外规范。本条风荷载系数采用了 MBMA 手册中规定的风荷载系数，该系数已考虑内、外风压力最大值的组合。按照现行国家标准《建筑结构荷载规范》GB 50009 的规定，对风荷载比较敏感的结构，基本风压应适当提高。门式刚架轻型房屋钢结构属于对风荷载比较敏感的结构，因此，计算主钢架时，$\beta$ 系数取 1.1 是对基本风压的适当提高，计算檩条、墙梁和屋面板及其连接时取 1.5，是考虑阵风作用的要求。通过 $\beta$ 系数使本规范的风荷载和现行国家标准《建筑结构荷载规范》GB 50009 的风荷载基本协调一致。

本规范将 $\mu_w$ 称为风荷载系数，以示与现行国家标准《建筑结构荷载规范》GB 50009 中风荷载体型系数 $\mu_s$ 的区别。

图 7-48　现行《门式刚架规范》第 4.2.1 条条文说明

通用规范执行后，设计中对基本风压是否放大需要注意以下几点：

（1）相比现行规范而言，虽然通用规范中并没有强制要求对风荷载比较敏感的高层建筑在设计时对基本风压进行放大。但在通用规范执行后，对高层建筑、高耸结构以及对风荷载比较敏感的其他结构，设计时的基本风压取值应适当提高。

（2）如果没有其他可靠的依据，可以按照现行《高规》及《高钢规》要求，对承载力设计时的风压乘以 1.1，变形控制仍可以按照基本风压进行控制。

（3）对风荷载比较敏感的轻钢结构设计时，基本风压仍需要乘以 1.1。并且风荷载放

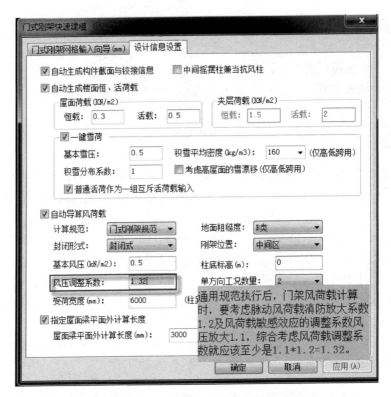

图 7-49　门式刚架结构设计中风荷载的放大系数填写界面

大系数还应考虑《结通规》要求的脉动风放大。

## 7.13　关于通用规范要求的混凝土锚固长度的问题

Q:《混通规》第 4.4.5 条中提到锚固长度的要求，如果按照《混规》要求及图集的要求，梁梁刚接锚固长度很难满足要求，那设计中主次梁是否只能铰接? 另外次梁的锚固长度 $0.35L_{ab}$ 是必须执行吗? 次梁刚接锚固长度 $0.6L_{ab}$ 必须执行吗?

关于钢筋的锚固问题，次梁刚接时，水平锚固长度不小于 $0.6L_{ab}$，而框架梁端部水平直锚长度只需满足 $0.4L_{ab}$ 即可，要求反而还低些，这是否可能是编写错误呢? 次梁刚接满足 $0.6L_{ab}$ 的要求太高了，框架梁经常都需要做很宽。或者还有一种理解，$0.6L_{ab}$ 是否包括水平段＋弯锚段的长度呢? 作为审查人员，现在要完全满足通规对锚固的要求吗?

A:《混通规》要求的锚固长度在实际设计中是需要满足的，如果不满足，可以通过其他机械锚固措施，调整构件的截面或者调整梁构件的钢筋直径处理。次梁的锚固长度需要满足 $0.6L_{ab}$，这是《混规》的要求。对于梁柱连接，梁的锚固长度要求比次梁锚固长度要求低，是由于考虑到梁柱节点核心区三面约束混凝土的作用，降低了锚固长度的要求。

剪力墙墙面外刚接连接的梁也需要满足锚固长度的要求，按照现行《高规》的要求，锚固长度值为 $0.4L_{ab}$。

次梁铰接的情况下，也应该需要满足锚固长度要求，但是《混规》并没有给出具体锚固长度的要求。图集 16G101 中给出了铰接的锚固长度要求，可做适当参考。

根据锚固长度选筋要求在 PKPM 软件中可以通过选择相关参数，如图 7-50 所示，自动实现在施工图选筋及绘制阶段满足锚固长度要求。

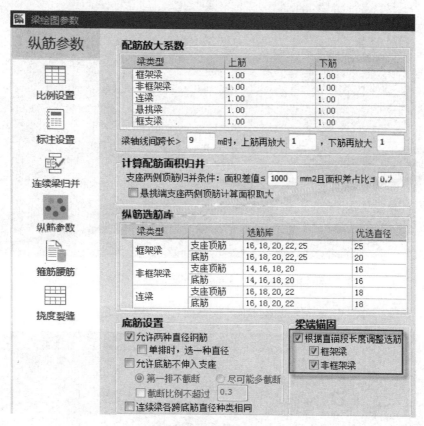

图 7-50　施工图软件梁选筋根据直锚段长度要求调整

软件中的对锚固长度要求的处理原则如下。

对 WKL：端部下铁直锚段长度（抗震）$\geqslant 0.4L_{abE}$；

KL/KZL（非抗震）：端部上铁直锚段长度$\geqslant 0.4L_{ab}$；

KL/KZL（抗震）：端部上铁直锚段长度$\geqslant 0.4L_{abE}$；端部下铁直锚段长度$\geqslant 0.4L_{abE}$；

铰接端：端部上铁直锚段长度$\geqslant 0.35L_{ab}$；

充分利用钢筋抗拉强度 $L_g$ 梁：直锚段长度$\geqslant 0.6L_{ab}$；

对于抗扭纵筋，如果设计师选择"上下纵筋来作为抗扭纵筋"，对于需要承担受扭的上下纵筋除满足上述锚固要求外，还需要满足受扭非框架梁纵筋构造要求：直锚段长度$\geqslant 0.6L_{ab}$。

有针对性地考察某框架结构首层位置的梁及相关信息，如图 7-51 所示，该结构的主梁截面为 350mm×600mm，次梁截面 200mm×500mm，主梁的抗震等级为一级，主次梁主筋级别均为 HRB400 级，混凝土强度等级为 C30。考察位置的两根梁，左边的默认梁端刚接，右边的定义为两端铰接。

SATWE 计算完毕，考察位置梁的计算配筋结果如图 7-52 所示。图 7-53 为不考虑锚

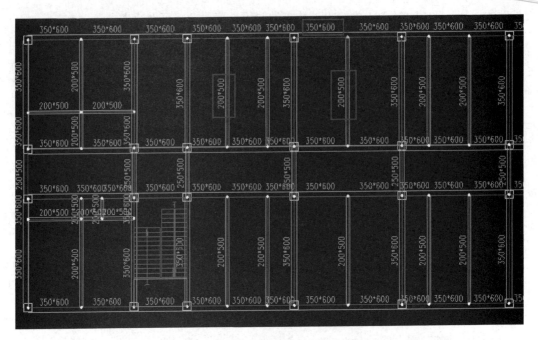

图 7-51　框架结构首层考察位置的两根梁

固长度要求，按照承载力及其他构造要求选择钢筋，绘制的梁施工图。

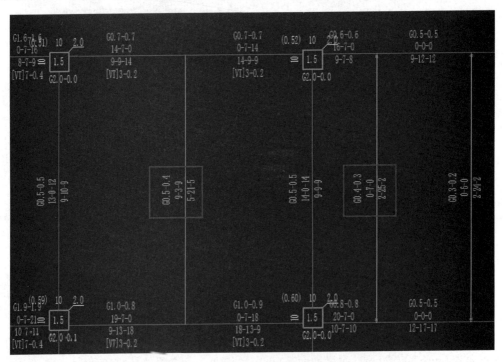

图 7-52　框架结构首层考絷位置的两根梁的计算配筋

　　按照规范及图集，计算两端刚接梁的锚固长度，该次梁混凝土强度等级为 C30，对应钢筋为 HRB400 级，钢筋直径 20mm，对应受拉钢筋抗震锚固长度：

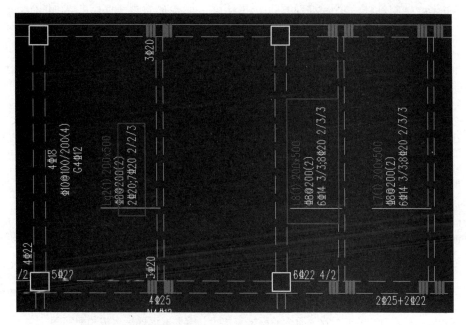

图 7-53　框架结构首层考察位置的两根梁施工图中的配筋

$$0.6L_{ab} = 0.6 \times 35d = 0.6 \times 35 \times 20 = 420mm > 350mm$$

显然，该结构在上述配筋模式下，无法满足锚固长度要求，即不满足《混通规》要求。

按照规范及图集，计算两端铰接梁的锚固长度，该次梁混凝土强度等级为 C30，对应钢筋为 HRB400 级，钢筋直径 14mm，该梁为非抗震梁，对应受拉钢筋锚固长度：

$$0.35L_a = 0.35 \times 35d = 0.35 \times 35 \times 14 = 171.5mm < (350 - 10 - 20 - 22)mm = 298mm$$

其中 10mm 为箍筋直径，20mm 为主梁的保护层厚度，22mm 为主梁的上部角筋直径。

该结构梁两端铰接时，主梁截面 350mm×600mm，上述配筋模式下，可以满足锚固长度要求。

如果选择该次梁的钢筋直径为 25mm，$0.35L_a = 0.35 \times 35d = 0.35 \times 35 \times 25 = 306.25mm$，就超出了锚固长度的要求，不满足要求。也就是说，对于铰接梁，如果选择的钢筋直径过大，即使铰接的梁也无法满足规范对锚固长度的要求，违反《混通规》强条。

当然很多设计师认为 $0.35L_{ab}$ 并不是《混规》的要求，只是图集的要求，不能认为不满足时违反了强条。

通过上述的对比可以看到，设计中如果将梁两端设置为铰接，后期施工图也更容易满足锚固长度要求。如果计算时按照刚接假定，后期施工图的选筋也更难满足锚固长度的要求。但是不论是铰接假定还是刚接假定，在施工图阶段选筋时，都需要根据假定满足各自对应锚固长度的要求。

考察上述案例左边的梁，如果不考虑锚固长度要求，生成的钢筋直径 20mm 是无法满足锚固长度要求的。如果在施工图中选筋过程考虑梁端锚固要求，程序进行自动选筋，会自动生成施工图结果，可以看到 Lg2 梁生成的支座配筋直径为 14mm，如图 7-54 所示。

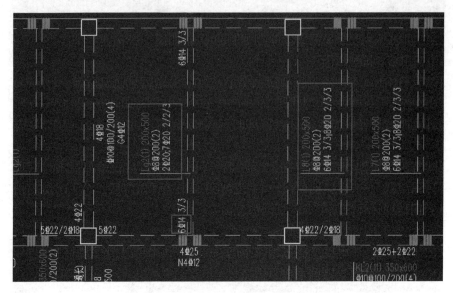

图 7-54　施工图软件梁选筋根据直锚段长度要求调整后生成的配筋图

从软件自动生成的施工图结果来看，按照规范及图集，计算两端刚接梁的锚固长度，该次梁混凝土强度等级为 C30，对应钢筋为 HRB400 级，钢筋直径 14mm，充分利用钢筋抗拉强度，对应受拉钢筋抗震锚固长度：

$$0.6L_{ab}=0.6×35d=0.6×35×14=294\text{mm}<(350-10-20-22)\text{mm}=298\text{mm}$$

施工图软件中按照锚固长度要求调整后选择的钢筋直径，能满足充分利用钢筋抗拉强度对应锚固长度的要求，满足规范对锚固长度的要求。

《混通规》执行后，将锚固长度的要求上升为强条，在设计中需要注意施工图阶段的选筋还需要考虑锚固长度的要求，尤其对两端刚接的次梁及剪力墙平面外刚接的次梁。设计中建议注意以下几点：

（1）实际设计中对于主次梁的铰接定义不仅要考虑受力需求，还需要注意根据锚固长度的要求确定。计算假定要与后期构造处理相吻合，刚接假定要达到刚接锚固长度要求，铰接假定同样也需要达到锚固长度要求。

（2）施工图阶段的钢筋选筋不仅仅考虑满足计算要求，同时还要考虑能否达到锚固长度的要求。

（3）剪力墙平面外梁一般要按照两端铰接处理，并且次梁要选择直径较小的钢筋，否则很难满足对铰接锚固长度的要求。比如 200mm 厚的墙，如果梁的钢筋是 HBR400，混凝土强度等级为 C30，铰接锚固长度要求 $0.4L_{ab}=0.4×35d$，要满足锚固长度要求，选择的梁的直径不能超过 14mm，甚至更小，$0.4×35×14=196\text{mm}<200\text{mm}$。

（4）计算中假定主次梁刚接的情况下，在施工图阶段满足锚固长度要求往往是比较困难的。

（5）即使是两端铰接的梁，也要满足锚固长度的要求，配筋选筋时也可能受到锚固长度的限制，应尽量选择小直径钢筋。

（6）PKPM 软件在 2021 通用规范版 V1.3 中增加了梁选筋自动考虑锚固选项，可以根据锚固长度要求调整框架梁及非框架梁的钢筋直径。

（7）对于次梁而言，如果设计中不点铰处理，即充分利用钢筋的抗拉强度，施工图梁的参数设置中将非框架梁的名称前缀设置为 Lg 来绘图，并按照直锚段长度$\geq 0.6L_{ab}$来控制锚固长度。如果设计中次梁两端点铰，施工图中表示成代号为 L 的非框架梁，锚固长度按照端部上筋直锚段长度$\geq 0.35L_{ab}$来控制锚固长度。

（8）特别需要注意的是，对于受扭的非框架梁纵筋构造，如果是两端铰接的次梁，其锚固长度要求并不是$\geq 0.35L_{ab}$，而是$\geq 0.6L_a$，两端铰接的次梁是可以受扭的。

# 第8章　减震隔震设计相关问题

## 8.1　关于隔震结构底部剪力比的计算问题

Q:《建筑隔震设计标准》GB/T 51408—2021（以下简称《隔震标准》）要求根据结构楼层底部剪力比是否小于0.5来判断隔震结构的抗震构造措施能否按照降低一度确定。

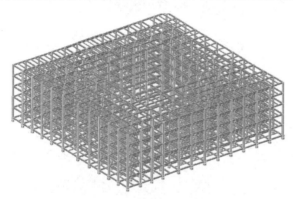

对底部剪力比,《隔震标准》采用的指标是设防地震作用下建筑结构隔震后与隔震前上部结构底部剪力的比值,在设计中如何判断底部楼层具体在什么位置?在软件中哪里可以查看隔震结构底部剪力比?

A:按照《隔震标准》的要求,隔震结构比非隔震结构多了隔震层,而隔震层包含上支墩层、隔震垫层以及下支墩层。因此,隔震标准中所谓的非隔震前的上部结构应该指的是不含隔震层的

图8-1　隔震支座层、上下支墩一起建模的隔震结构模型

以上部分,即隔震上支墩以上部分的结构。例如图8-1所示隔震结构,用户将隔震支座单独作为一层,上支墩和梁板作为一层、下支墩作为单独的一层,则可以计算对比隔震结构第四层的剪力与非隔震结构底部的剪力比。软件中填底部剪力比计算层号为4层,如图8-2所示。计算完成后可以在文本结果中查看底部楼层剪力比,如图8-3所示。

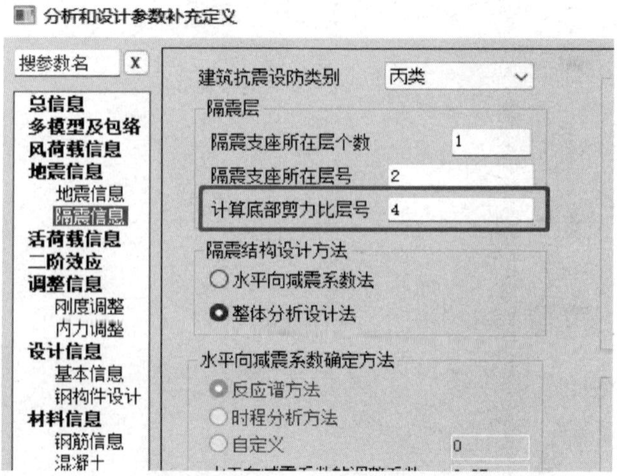

图8-2　隔震结构计算剪力比的楼层号

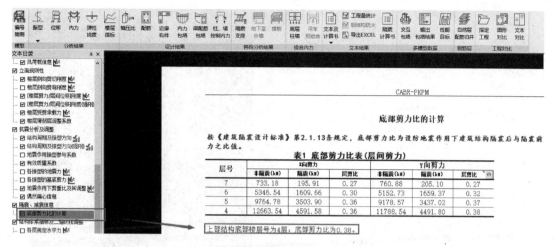

图 8-3　隔震结构计算输出的底部楼层剪力比

## 8.2　关于隔震结构长期支座面压校核的问题

Q：为什么软件输出的隔震支座的长期面压值与手工校核结果不同，并且相差 1.3 倍？如图 8-4 所示，最左边的隔震支座的长期面压为 10.34MPa，自己按照手工校核的结果为 13.44MPa。

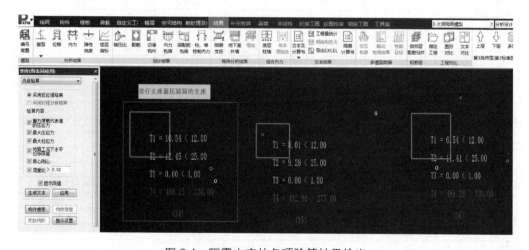

图 8-4　隔震支座的各项验算结果输出

A：该隔震结构中隔震支座的信息如图 8-5 所示，隔震支座的有效面积为 $2820cm^2$，隔震支座的上支墩柱的单工况内力结果如图 8-6 所示。

按照《隔震标准》的要求，对软件输出的隔震支座长期面压的结果进行校核。该隔震支座上支墩柱恒载下的轴力 $N = -2621.94kN$，活载下的轴力 $N = -587.79kN$。

按照《隔震标准》的要求，支座在重力荷载代表值作用下的设计轴力为：

$N = 1.3 \times (1.0D + 0.5L) = -1.3 \times (2621.9 + 0.5 \times 587.79) = -3790.59kN$

该隔震支座的有效面积为 $2820cm^2$；对应该支座的长期面压为：

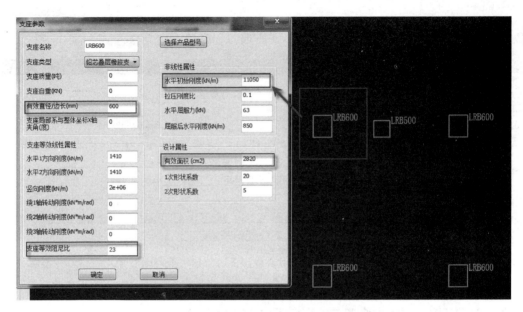

图 8-5　该隔震结构中某隔震支座的参数信息

| 荷载工况 | Axial | Shear-X | Shear-Y | MX-Bottom | MY-Bottom | MX-Top | MY-Top |
|---|---|---|---|---|---|---|---|
| (1) DL | -2621.94 | 4.93 | -0.83 | -0.12 | -0.74 | -0.96 | -5.67 |
| (2) LL | -587.79 | 1.62 | 0.14 | 0.02 | -0.24 | 0.16 | -1.87 |
| (3) WX | 31.82 | 25.17 | -0.27 | -0.04 | -3.83 | -0.31 | -28.99 |
| (4) WY | 12.20 | 0.25 | 24.64 | 3.74 | -0.04 | 28.38 | -0.29 |
| (5) EXY | 595.70 | 462.02 | 0.79 | 0.12 | -69.26 | 0.91 | -531.28 |
| (6) EXP | 549.58 | 431.77 | 29.28 | 4.40 | -65.04 | 33.69 | -496.81 |
| (7) EXM | 591.13 | 490.74 | -28.76 | -4.32 | -73.57 | -33.09 | -564.31 |
| (8) EYX | 525.29 | 25.73 | 470.26 | 70.39 | -3.86 | 540.77 | -29.58 |
| (9) EYP | 182.24 | -44.08 | 498.02 | 74.78 | 6.56 | 572.93 | 50.64 |
| (10) EYM | 222.26 | 31.36 | 442.25 | 66.26 | -4.71 | 508.50 | -36.07 |
| (11) PD1 | 78.61 | -0.10 | -0.05 | -0.01 | -549.64 | -0.06 | -549.55 |
| (12) PD2 | -60.89 | 0.61 | 0.06 | 0.01 | 816.89 | 0.06 | 816.28 |
| (13) PD3 | 27.53 | -0.03 | -0.11 | 648.88 | 0.00 | 648.77 | 0.03 |
| (14) PD4 | -0.63 | 0.03 | 0.39 | -745.55 | -0.00 | -745.17 | -0.03 |
| (15) U01 | 1.62 | 0.00 | 0.06 | 0.01 | -0.00 | 0.06 | -0.01 |
| (16) U02 | 5.83 | 0.02 | 0.21 | 0.03 | -0.00 | 0.24 | -0.02 |
| (17) U03 | 0.00 | 0.00 | 0.00 | -0.00 | 0.00 | 0.00 | -0.00 |
| (18) EX | 595.70 | 462.02 | 0.79 | 0.12 | -69.26 | 0.91 | -531.28 |
| (19) EY | 525.29 | 25.73 | 470.26 | 70.39 | -3.86 | 540.77 | -29.58 |
| (20) EX0 | 593.73 | 462.13 | -16.68 | -2.50 | -69.28 | -19.18 | -531.41 |
| (21) EY0 | 527.46 | 25.68 | 470.18 | 70.38 | -3.84 | 540.68 | -29.52 |

图 8-6　该隔震结构中与图 8-5 中隔震支座相连的上支墩柱的单工况内力

$N/Ae = 3790.59 \times 1000/(2820 \times 100) = 13.44 \mathrm{MPa}$；（验算面压去掉轴力负号）

手工校核结果为 13.44MPa，软件输出的隔震支座在重力荷载代表值作用下的面压 $T_1 = 10.34\mathrm{MPa}$，与软件输出的结果不符。

由于软件在进行隔震支座长期面压计算时，按照重力荷载代表值的标准值进行验算，并没有按照《隔震标准》的要求进行长期面压计算。按照重力荷载代表值，不考虑其荷载分项系数进行该支座长期面压的校核，该支座的长期面压为：

$$N/A = (2621.94 + 0.5 \times 587.79) \times 1000 / (2820 \times 100) = 10.34 \text{MPa}$$

手工校核结果与软件输出结果完全一致。

在《隔震标准》的若干关注点中，目前已经明确要求：隔震支座重力荷载代表值下的竖向压应力设计考虑的是保证支座在长期荷载作用下的蠕变变形以及稳定性能，属于正常使用极限状态，根据《荷载规范》的规定，荷载组合为准永久组合。因此，在进行隔震支座长期面压计算时，重力荷载代表值不考虑荷载分项系数。

## 8.3 关于隔震结构抗风的计算问题

Q：《隔震标准》第 4.6.8 条中风荷载分项系数为 1.4，如图 8-7 所示，PKPM GZ 软件中为何按照 1.5 考虑，输出的结果如图 8-8 所示？

**4.6.8** 隔震层的抗风承载力，应符合下式规定：

$$\gamma_w V_{wk} \leq V_{Rw} \qquad\qquad (4.6.8)$$

式中：$V_{Rw}$——隔震层抗风承载力设计值(N)。隔震层抗风承载力由

抗风装置和隔震支座的屈服力构成，按屈服强度设计

值确定；

$\gamma_w$——风荷载分项系数，可取 1.4；

$V_{wk}$——风荷载作用下隔震层的水平剪力标准值(N)。

图 8-7  《隔震标准》中抗风验算的要求

#### 6.1 X 向顺风向风荷载验算

隔震层必须具备足够的屈服前刚度和屈服承载力，以满足风荷载和微振动的要求。《叠层橡胶支座隔震技术规程》规定，抗风装置应按下式进行计算：

| $\gamma_w V_{wk} \leq V_{Rw}$ | | | | | | |
|---|---|---|---|---|---|---|

即 1.5Vwk = 494.6 ＜ 3206.0 KN，满足要求；

式中：VRw-抗风装置的水平承载力设计值。当不单独设抗风装置时，取隔震支座的屈服荷载设计值；

rw-风荷载分项系数，取 1.5；

Vwk-风荷载作用下隔震层的水平剪力标准值。

《抗规》规定：采用隔震的结构风荷载和其他非地震作用的水平荷载标准值产生的总水平力不宜超过结构总重力的 10%。本结构总重力荷载代表值为 81772.6 KN，其 10%大于风荷载产生的水平力 329.7 KN，满足规范要求。

图 8-8  PKPM-GZ 软件输出的隔震计算书中显示的抗风验算结果

A：按照《隔震标准》的要求，隔震结构抗风验算的风荷载分项系数是 1.4，但是按照《通用规范》第 3.1.13 条第 4 款，风荷载分项系数应取为 1.5，《隔震标准》和《通用

规范》不一致的地方均以《通用规范》为准，软件默认按照 1.5 的分项系数进行抗风验算。

## 8.4 关于隔震结构抗震等效刚度及等效阻尼比的计算问题

Q：隔震结构设计时，对于隔震支座的等效刚度和等效阻尼比，如果是采用输入的等效刚度和等效阻尼比，如何获取这些参数？如果不输入，采用迭代的方式，软件是如何计算的，从哪里可以查看到支座的等效刚度及等效阻尼？

A：如果按照《抗规》第 12.2.4 条，对于水平向减震系数计算，应取剪切变形 100% 的等效刚度和等效黏滞阻尼比；对于罕遇地震验算，宜采用剪切变形 250% 时的等效刚度和等效黏滞阻尼比。此时隔震支座的等效刚度一般由支座厂家提供。PKPM-GZ 软件中包含了一些隔震支座的产品库，部分隔震支座给出了剪切变形 100% 以及 250% 的等效刚度和等效阻尼比，如图 8-9 所示，计算时选择"隔震支座等效刚度采用输入的等效线性属性"，如图 8-10 所示。

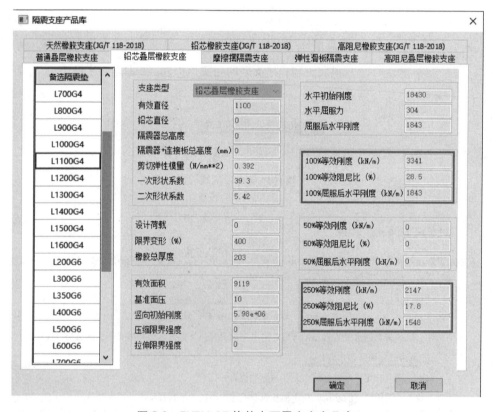

图 8-9  PKPM-GZ 软件中隔震支座产品库

如果按照《隔震标准》第 4.2.2 条，对于隔震支座的等效刚度、等效阻尼等按对应不同地震烈度作用时的设计反应谱进行迭代计算确定，如图 8-11 所示。PKPM-GZ 软件提供了参数"隔震支座等效刚度及等效阻尼比采用迭代确定"，如图 8-10 所示。

选择自动迭代后，设计师只需输入隔震支座的初始刚度，中震及大震下支座的等效刚

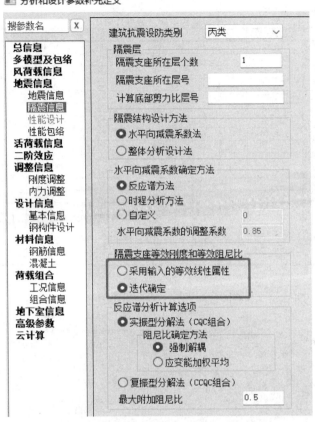

图 8-10 隔震支座等效刚度采用输入的等效线性属性参数

**4.2.2** 隔震结构自振周期、等效刚度和等效阻尼比，应根据隔震层中隔震装置及阻尼装置经试验所得滞回曲线，对应不同地震烈度作用时的隔震层水平位移值计算，并符合下列规定：

**1** 一般情况下，可按对应不同地震烈度作用时的设计反应谱进行迭代计算确定，也可采用时程分析法计算确定。

**2** 采用底部剪力法时，隔震层隔震橡胶支座水平剪切位移可按下述取值：设防地震作用时可取支座橡胶总厚度的 100%，罕遇地震作用时可取支座橡胶总厚度的 250%，极罕遇地震作用时可取支座橡胶总厚度的 400%；

图 8-11 隔震标准对支座等效刚度及等效阻尼迭代确定的方法

度和等效阻尼比程序会迭代自动确定。软件在周期文件中输出结构在中震下的等效周期，并且输出对应每个振型下的结构等效阻尼比，如图 8-12 所示。在工程文件夹下的 DAMP-EX. out 及 DAMP-EY. out 文件中分别输出隔震支座迭代后对应两个方向的等效刚度，如图 8-13 所示。

**结构周期及振型方向**

地震作用的最不利方向角：-13.48度

**表1 结构周期及振型方向**

| 振型号 | 周期(s) | 方向角(度) | 类型 | 扭振成份 | X侧振成份 | Y侧振成份 | 总侧振成份 | 阻尼比 |
|---|---|---|---|---|---|---|---|---|
| 1 | 3.6546 | 79.65 | Y | 4% | 3% | 93% | 96% | 11.97% |
| 2 | 3.6407 | 169.57 | X | 0% | 97% | 3% | 100% | 11.97% |
| 3 | 3.4016 | 77.94 | T | 96% | 0% | 4% | 4% | 13.26% |
| 4 | 0.8362 | 86.35 | Y | 2% | 0% | 98% | 98% | 9.03% |
| 5 | 0.8278 | 175.89 | X | 0% | 99% | 1% | 100% | 9.02% |
| 6 | 0.7796 | 64.06 | T | 98% | 0% | 2% | 2% | 9.75% |
| 7 | 0.4094 | 83.80 | Y | 3% | 1% | 96% | 97% | 7.02% |
| 8 | 0.4057 | 173.10 | X | 1% | 98% | 1% | 99% | 7.05% |
| 9 | 0.3823 | 59.96 | T | 97% | 1% | 2% | 3% | 7.44% |
| 10 | 0.3434 | 74.81 | T | 100% | 0% | 0% | 0% | 5.32% |
| 11 | 0.3090 | 44.13 | T | 100% | 0% | 0% | 0% | 5.74% |
| 12 | 0.2641 | 78.43 | Y | 6% | 4% | 91% | 94% | 6.03% |
| 13 | 0.2623 | 168.09 | X | 0% | 95% | 4% | 100% | 6.05% |
| 14 | 0.2482 | 71.74 | T | 95% | 1% | 5% | 5% | 6.31% |
| 15 | 0.1885 | 83.84 | Y | 3% | 1% | 96% | 97% | 5.39% |
| 16 | 0.1881 | 174.19 | X | 3% | 96% | 1% | 97% | 5.41% |
| 17 | 0.1508 | 150.84 | X | 8% | 70% | 22% | 92% | 5.33% |
| 18 | 0.1505 | 60.78 | Y | 7% | 22% | 71% | 93% | 5.33% |

有蓝色底色标识位置双击可以查看图形

图 8-12 隔震结构在中震下的等效周期及等效阻尼比

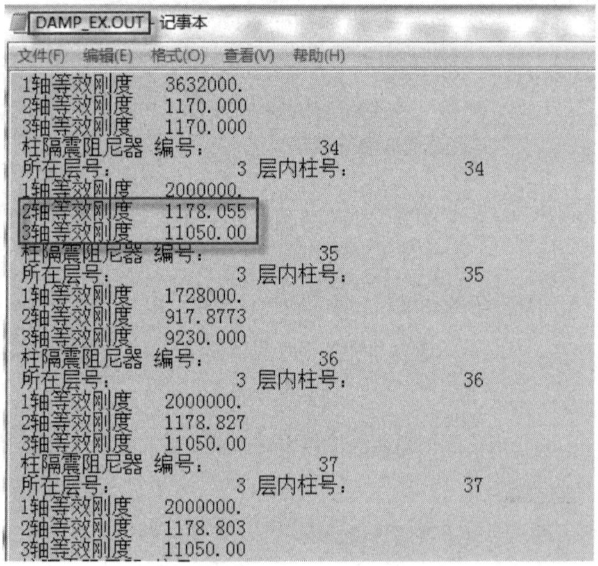
DAMP_EX.OUT - 记事本

文件(F) 编辑(E) 格式(O) 查看(V) 帮助(H)

```
1轴等效刚度    3632000.
2轴等效刚度    1170.000
3轴等效刚度    1170.000
柱隔震阻尼器 编号:          34
所在层号:             3 层内柱号:           34
1轴等效刚度    2000000.
2轴等效刚度    1178.055
3轴等效刚度    11050.00
柱隔震阻尼器 编号:          35
所在层号:             3 层内柱号:           35
1轴等效刚度    1728000.
2轴等效刚度    917.8773
3轴等效刚度    9230.000
柱隔震阻尼器 编号:          36
所在层号:             3 层内柱号:           36
1轴等效刚度    2000000.
2轴等效刚度    1178.827
3轴等效刚度    11050.00
柱隔震阻尼器 编号:          37
所在层号:             3 层内柱号:           37
1轴等效刚度    2000000.
2轴等效刚度    1178.803
3轴等效刚度    11050.00
```

图 8-13 隔震结构文件夹下输出的支座等效刚度结果

根据图 8-14 及图 8-15 所示的隔震支座在 $X$ 向地震作用下的剪力及位移，可以手工校核图 8-13 计算的隔震支座的等效刚度结果是否正确。

根据迭代方式确定隔震支座的刚度，计算该隔震结构中对应该支座等效刚度的校核：$K=226.27/(192.04\times0.001)=1178.2$ kN/m，手工校核结果与软件输出的 2 轴（$X$ 向）结果一致。

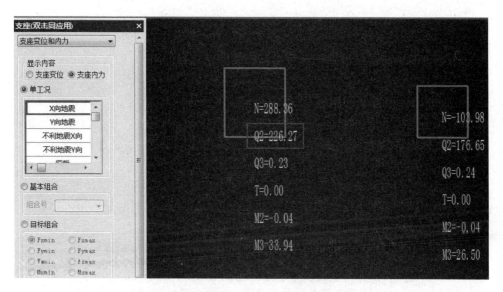

图 8-14　要校核的隔震支座在 X 向地震作用下支座的剪力

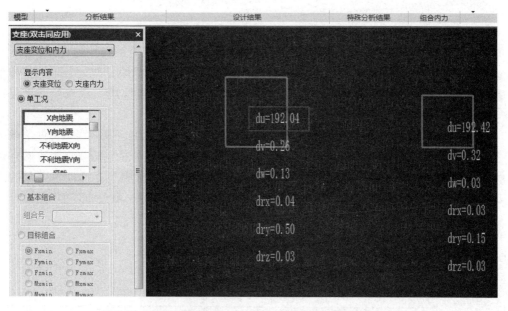

图 8-15　要校核的隔震支座在 X 向地震作用下支座的变形

## 8.5　关于隔震结构关键构件内力调整的问题

Q：隔震结构设计时，按照《隔震标准》第 4.4.6 条的要求，对关键构件要满足中震弹性的要求，并且考虑对水平地震作用乘以相应的增大系数及调整系数，如图 8-16 所示，这与当前性能设计及广东省《高层建筑混凝土结构技术规程》DBJ/T 15—92—2021 等要求不完全一致？PKPM-GZ 软件是否对关键构件自动考虑该调整？

**4.4.6** 在设防地震作用下,隔震建筑的结构构件应按下列规定进行设计:

**1** ┃关键构件┃的抗震承载力应满足弹性设计要求,并应符合下式规定:

$$\gamma_G S_{GE} + \gamma_{Eh} S_{Ehk} + \gamma_{Ev} S_{Evk} \leqslant R/\gamma_{RE} \qquad (4.4.6\text{-}1)$$

式中：$R$ —— 构件承载力设计值(N);

$\gamma_{RE}$ —— 构件承载力抗震调整系数,应符合现行国家标准《建筑抗震设计规范》GB 50011 的规定;

$S_{GE}$ —— 重力荷载代表值的效应(N);

$\gamma_G$ —— 重力荷载代表值的分项系数,应符合现行国家标准《建筑抗震设计规范》GB 50011 的规定;

┃$S_{Ehk}$ —— 水平地震作用标准值的效应(N),尚应乘以相应的增大系数、调整系数;┃

$\gamma_{Eh}$ —— 水平地震作用分项系数,应符合现行国家标准《建筑

图 8-16 《隔震标准》对关键构件的承载力要求

A：按照《隔震标准》的要求,相比《抗规》,隔震结构的抗震性能做了提高,保证隔震结构满足中震基本不坏、大震可修、巨震不倒的要求。对于关键构件的设计,《隔震标准》要求满足中震弹性的要求,地震作用按照中震计算,承载力设计时的各项调整和小震设计时的调整一致,相当于把原来抗震设计时计算的小震地震作用换成按照《隔震标准》中震计算的地震作用。

软件会按照《隔震标准》的要求,对定义属性为关键构件的梁、柱、墙等构件承载力进行设计时,自动乘以相应的地震作用增大系数及调整系数。比如某隔震支座上支墩柱作为关键构件,计算输出的详细配筋结果如图 8-17 所示,该隔震支座上支墩柱单工况的内力结果输出如图 8-18 所示,该上支墩柱对应组合号的详细组合情况如图 8-19 所示。

```
轴压比:      (66)  N=-3962.7   Uc=0.26 ≤ 0.55(限值)
             《高规》6.4.2条给出轴压比限值.
剪跨比(简化算法):Rnd=1.10
             《高规》6.2.6条: 反弯点位于柱高中部的框架柱,剪跨比可取柱净高与计算方向2倍柱截面有效高度之比值
主筋:        B边底部(1)   N=-4719.23  Mx=0.15    My=1.46      Asxb=2638.18    Asxb0=0.00
             B边顶部(153) N=-2548.98  Mx=1088.22  My=-41.39    Asxt=2638.18    Asxt0=173.43
             H边底部(1)   N=-4719.23  Mx=0.15    My=1.46      Asyb=2846.87    Asyb0=0.00
             H边顶部(129) N=-2485.88  Mx=-38.78   My=-1099.30   Asyt=2846.87    Asyt0=553.68
箍筋:        (1)         N=-4719.23  Vx=-9.73   Vy=0.97      Asvx=532.31     Asvx0=0.00
             (1)         N=-4719.23  Vx=-9.73   Vy=0.97      Asvy=532.31     Asvy0=0.00
角筋:        Asc=380.00
```

图 8-17 隔震结构上支墩柱作为关键构件配筋结果

上支墩柱作为关键构件,需要按照强柱弱梁进行调整,该隔震结构抗震等级为一级,按《隔震标准》要求,对关键构件进行内力调整,按照 153 组合号计算柱端弯矩,该组合号为 (1.0D+0.5L+1.0PD3+1.4EY0)。同时要先判断 153 组合号下的柱轴压比是否大

| 荷载工况 | Axial | Shear-X | Shear-Y | MX-Bottom | MY-Bottom | MX-Top | MY-Top |
|---|---|---|---|---|---|---|---|
| (1)DL | -2621.94 | 4.93 | -0.83 | -0.12 | -0.74 | -0.96 | -5.67 |
| (2)LL | -587.79 | 1.62 | 0.14 | 0.02 | -0.24 | 0.16 | -1.87 |
| (3)WX | 31.82 | 25.17 | -0.27 | -0.04 | -3.83 | -0.31 | -28.99 |
| (4)WY | 12.20 | 0.25 | 24.64 | 3.74 | -0.04 | 28.38 | -0.29 |
| (5)EXY | 288.36 | 226.30 | 0.23 | 0.04 | -33.90 | 0.27 | -260.21 |
| (6)EXP | 265.58 | 212.24 | 13.78 | 2.07 | -31.84 | 15.86 | -244.15 |
| (7)EXM | 285.44 | 240.23 | -13.60 | -2.04 | -36.00 | -15.64 | -276.17 |
| (8)EYX | 254.69 | 6.49 | 228.36 | 34.23 | -0.97 | 262.66 | -7.46 |
| (9)EYP | 90.57 | -16.67 | 241.60 | 36.27 | 2.50 | 277.86 | 19.17 |
| (10)EYM | 109.71 | 13.02 | 215.13 | 32.26 | -1.95 | 247.39 | -14.98 |
| (11)PD1 | 30.33 | -0.11 | -0.03 | -0.00 | -253.52 | -0.03 | -253.40 |
| (12)PD2 | -26.82 | 0.23 | 0.03 | 0.00 | 306.41 | 0.03 | 306.18 |
| (13)PD3 | 8.35 | -0.01 | -0.08 | 273.49 | 0.00 | 273.41 | 0.01 |
| (14)PD4 | -3.17 | 0.01 | 0.15 | -292.93 | -0.00 | -292.78 | -0.01 |
| (15)U01 | 1.62 | 0.00 | 0.06 | 0.01 | -0.00 | 0.06 | -0.01 |
| (16)U02 | 6.83 | 0.02 | 0.21 | 0.03 | -0.00 | 0.24 | -0.02 |
| (17)U03 | 0.00 | 0.00 | 0.00 | -0.00 | 0.00 | 0.00 | -0.00 |
| (18)EX | 288.36 | 226.30 | 0.23 | 0.04 | -33.90 | 0.27 | -260.21 |
| (19)EY | 254.69 | 6.49 | 228.36 | 34.23 | -0.97 | 262.66 | -7.46 |
| (20)EXO | 287.07 | 226.34 | -11.17 | -1.67 | -33.91 | -12.85 | -260.24 |
| (21)EYO | 256.08 | 11.04 | 228.29 | 34.22 | -1.65 | 262.57 | -12.69 |

图 8-18　隔震结构上支墩柱作为关键构件单工况内力输出结果

| 编号 | 基本组合系数 | | | | | | | | | | | |
|---|---|---|---|---|---|---|---|---|---|---|---|---|
| | DL | LL | LL2 | LL3 | WX | WY | EXY | PD1 | PD2 | EYX | PD3 | PD4 |
| | EXP | EXM | EYP | EYM | EXO | EYO | U01 | U02 | U03 | | | |
| 148 | 1.00 | 0.00 | 0.50 | 0.00 | 0.00 | 0.00 | 0.00 | 1.00 | 0.00 | 0.00 | 0.00 | 0.00 |
| | 0.00 | 0.00 | 0.00 | 0.00 | 1.40 | 0.00 | 0.00 | 0.00 | 0.00 | | | |
| 149 | 1.00 | 0.00 | 0.00 | 0.50 | 0.00 | 0.00 | 0.00 | 1.00 | 0.00 | 0.00 | 0.00 | 0.00 |
| | 0.00 | 0.00 | 0.00 | 0.00 | 1.40 | 0.00 | 0.00 | 0.00 | 0.00 | | | |
| 150 | 1.00 | 0.50 | 0.00 | 0.00 | 0.00 | 0.00 | 0.00 | 0.00 | 1.00 | 0.00 | 0.00 | 0.00 |
| | 0.00 | 0.00 | 0.00 | 0.00 | -1.40 | 0.00 | 0.00 | 0.00 | 0.00 | | | |
| 151 | 1.00 | 0.00 | 0.50 | 0.00 | 0.00 | 0.00 | 0.00 | 0.00 | 1.00 | 0.00 | 0.00 | 0.00 |
| | 0.00 | 0.00 | 0.00 | 0.00 | -1.40 | 0.00 | 0.00 | 0.00 | 0.00 | | | |
| 152 | 1.00 | 0.00 | 0.00 | 0.50 | 0.00 | 0.00 | 0.00 | 0.00 | 1.00 | 0.00 | 0.00 | 0.00 |
| | 0.00 | 0.00 | 0.00 | 0.00 | -1.40 | 0.00 | 0.00 | 0.00 | 0.00 | | | |
| 153 | 1.00 | 0.50 | 0.00 | 0.00 | 0.00 | 0.00 | 0.00 | 0.00 | 0.00 | 0.00 | 1.00 | 0.00 |
| | 0.00 | 0.00 | 0.00 | 0.00 | 0.00 | 1.40 | 0.00 | 0.00 | 0.00 | | | |

图 8-19　隔震结构上支墩柱作为关键构件对应的组合情况

于 0.15，因为按照《抗规》，如果该组合轴压比小于 0.15，即不做强柱弱梁调整。

153 号组合对应的柱轴压比为：3282.697/（16.7×0.9×1000）＝0.218＞0.15，需要进行强柱弱梁调整。

根据单工况内力组合情况如下：

$M=1.7×(-0.96-0.5×0.16+273.41+1.4×262.57)=-1.7×639.968=-1087.94 \text{kN·m}$，与软件计算输出的结果一致。可以看到对关键构件软件，已经按照《隔震标准》要求自动考虑了与地震作用相关的调整系数。

## 8.6　关于隔震结构及减震结构最大阻尼比的问题

Q：隔震结构及减震结构的最大附加阻尼比怎么考虑，如图 8-20 所示？附加阻尼比过大应该如何调整？

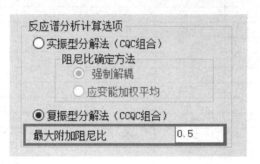

图 8-20　减隔震结构最大附加阻尼比填写界面

A：对于隔震结构及减震结构，最大附加阻尼比一般是由设计师控制的参数项。如果用户认为振型阻尼比过大，可以在这里填入一个用户想要达到的限值，当迭代计算出来附加阻尼比小于这个限值的时候，软件会将该计算结果自动回代到结构中进行刚度和配筋的计算。当迭代计算出来附加阻尼比大于这个限值的时候，软件会将该限值自动回代到结构中进行刚度和配筋的计算。

从《隔震标准》及《抗规》反应谱的角度分析，阻尼比和地震作用的大小相关，如图 8-21 所示。隔震建筑的周期介于 $T_g \sim 6s$ 之间，在这段曲线中，阻尼比越大，$\eta$ 取值越小，地震影响系数越小，但是 $\eta$ 最小值取 0.55，如图 8-22 所示。当 $\eta = 0.55$ 时，$\zeta = 0.307$，即隔震结构的阻尼比大于 0.307 时，地震作用便不会再降低。也就是说隔震结构最大的阻尼比为 0.307，附加阻尼比最大为 25%。

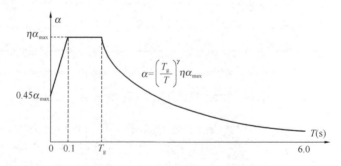

图 8-21　《隔震标准》反应谱

根据《建筑消能减震技术规程》JGJ 297—2013（以下简称《减震标准》）第 6.3.6 条，如图 8-23 所示，消能部件附加给结构最大阻尼比为 25% 时，假如混凝土结构的阻尼比为 5%，即减震结构最大的阻尼比为 30%，和上述用 $\eta$ 计算公式进行推导的结果基本一致。

设计中有可能按照反应谱迭代计算得到的减隔震结构的阻尼比较大，设置该最大阻尼

**4.2.3** 当隔震结构的阻尼比不等于 0.05 时,其水平地震影响系数 $\alpha$ 曲线应按地震影响系数曲线（图 4.2.1）确定；但形状参数和阻尼调整系数应按下列规定调整:

**1** 曲线下降段的衰减指数,应按下式确定:

$$\gamma = 0.9 + \frac{0.05 - \zeta}{0.3 + 6\zeta} \qquad (4.2.3-1)$$

式中:　　$\gamma$——曲线下降段的衰减指数;

$\zeta$——阻尼比,取隔震结构振型阻尼比。

**2** 阻尼调整系数,应按下式确定:

$$\eta = 1 + \frac{0.05 - \zeta}{0.08 + 1.6\zeta} \qquad (4.2.3-2)$$

式中:　　$\eta$——阻尼调整系数, <u>当小于 0.55 时, 应取 0.55</u>。

图 8-22　《隔震标准》第 4.2.3 条要求

**6.3.6** 消能减震结构在多遇和罕遇地震作用下的总阻尼比应分别计算,<u>消能部件附加给结构的有效阻尼比超过 25% 时, 宜按 25% 计算</u>。

图 8-23　《减震标准》第 6.3.6 条对附加阻尼比的要求

比,设计师可以按减隔震的相关要求进行最大的限值控制。一般情况下,实际设计中附加阻尼比一般不超过 0.25。

## 8.7　关于隔震结构隔震层如何定义的问题

Q：在软件中隔震层包含哪些部分？软件中如何进行定义？

A：按照《隔震标准》第 2.1.2 条,隔震层包括隔震支座及相贯的支承或连接构件等。PKPM-GZ 软件中,将隔震区域构件分为:"支墩、支柱及其相连构件""隔震层以下构件""其他构件",在特殊属性—隔震区域构件中指定。

对隔震结构整体设计时,按照上部结构、隔震上支墩、隔震层及隔震下支墩等形成整体模型,如图 8-24 所示。"支墩、支柱及其相连构件"属于关键构件,程序对于"支墩、支柱及其相连构件"进行正截面及斜截面的中震弹性设计;对于"隔震层以下构件"进行中震设计及大震正截面不屈服、斜截面弹性的包络设计;对于"其他构件"进行中震设计。

需要注意的是:规范虽然将上支墩、下支墩及隔震支座层统一称为"隔震层",但是上支墩与下支墩的设计是不同的。下支墩应该按照正截面及斜截面的中震弹性设计,同时要按照大震正截面不屈服、斜截面弹性的包络设计。上支墩设计仅仅按照正截面及斜截面

图 8-24　包含上下支墩、隔震层及上部结构的整体隔震模型

的中震弹性设计即可。软件中指定隔震区域构件的属性，如图 8-25 所示。

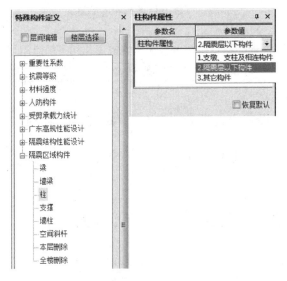

图 8-25　隔震区域构件属性的指定

## 8.8　关于减震结构变形限值的控制问题

Q：按《建筑工程抗震管理条例》要求做钢筋混凝土框架结构的减震结构设计时，中震下结构位移角限值是 1/550，还是 1/400？

A：现行的《抗规》及《高规》并没有给出减震结构要满足中震正常使用的层间位移角要求。但是《建设工程抗震管理条例》要求减震建筑也要满足中震正常使用要求。如果按照中震设计时，直接提高层间位移角限值到小震的限值，比如混凝土框架按 1/550 控制，一方面会导致变形过于严格，另一方面变形过小，导致减震效果很差，不利于阻尼器发挥作用。

　　实际设计中可参考国家正在编制的《基于保持建筑正常使用功能的抗震技术导则（征求意见稿)》中对减震结构正常使用的相关要求，当前设计可以适当参考，如图 8-26 所示。

**3.1.2** 地震时正常使用建筑分为 I 类建筑和 II 类建筑，其分类应按照表 3.1.2 进行。

表 3.1.2　地震时正常使用建筑分类

| | 建筑 |
|---|---|
| I 类 | 应急指挥中心；医院的主要建筑；应急避难场所建筑；广播电视建筑 |
| II 类 | 学校建筑；幼儿园建筑；医院附属用房；养老机构建筑；儿童福利机构建筑 |

**4.3.1** 地震时正常使用建筑的最大层间位移角限值应符合表 4.3.1-1 和表 4.3.1-2 的规定。

表 4.3.1-1　I 类建筑在设防地震和罕遇地震下的弹塑性层间位移角限值

| 地震水平 | 设防地震 | 罕遇地震 |
|---|---|---|
| 钢筋混凝土框架 | 1/400 | 1/200 |
| 底部框架砌体房屋中的框架-抗震墙、钢筋混凝土框架-抗震墙、框架-核心筒结构 | 1/500 | 1/250 |
| 钢筋混凝土抗震墙、板-柱抗震墙、筒中筒、钢筋混凝土框支层结构 | 1/600 | 1/300 |
| 多、高层钢结构 | 1/250 | 1/120 |

表 4.3.1-2　II 类建筑在设防地震和罕遇地震下的弹塑性层间位移角限值

| 地震水平 | 设防地震 | 罕遇地震 |
|---|---|---|
| 钢筋混凝土框架 | 1/300 | 1/150 |
| 底部框架砌体房屋中的框架-抗震墙、钢筋混凝土框架-抗震墙、框架-核心筒结构 | 1/400 | 1/200 |
| 钢筋混凝土抗震墙、板-柱抗震墙、筒中筒、钢筋混凝土框支层结构 | 1/500 | 1/250 |
| 多、高层钢结构 | 1/200 | 1/100 |

图 8-26　《基于保持建筑正常使用功能的抗震技术导则（征求意见稿)》对变形的要求

## 8.9　关于隔震结构中的上下支墩是否定义角柱的问题

　　Q：隔震结构设计时，设计其上、下支墩时是否需要对角部的支墩柱进行角柱定义？
　　A：需要将上、下角部的支墩定义为角柱。上、下支墩的角部柱仍属于角柱，根据《抗规》第 6.2.6 条文说明，地震时角柱处于复杂的受力状态，应提高抗震能力。定义角柱程序会按照《抗规》第 6.2.6 条要求，如图 8-27 所示，对组合剪力及弯矩乘以 1.1 的放大系数，同时角柱配筋会强制按照双偏压进行承载力计算。

**6.2.6**　一、二、三、四级框架的<u>角柱</u>，经本规范第 6.2.2、6.2.3、6.2.5、6.2.10 条调整后的组合弯矩设计值、剪力设计值尚应乘以不小于 1.10 的增大系数。

图 8-27　《抗规》第 6.2.6 条对角柱调整的相关要求

## 8.10 关于隔震结构计算完毕配筋显红超限的问题

Q：对某隔震项目计算水平和竖向地震作用，计算完毕后有些构件配筋超筋显红（方框）如何处理，配筋结果如图 8-28 所示？

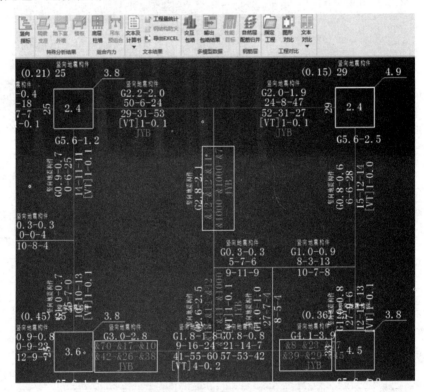

图 8-28　隔震结构计算完毕配筋结果显红

A：隔震结构设计中，隔震支座并不能隔离和明显降低竖向地震作用水平，因此与抵抗竖向地震作用有关的抗震构造措施不应降低，竖向地震作用相关承载力计算也应满足要求。

经检查用户模型发现以下问题：

首先，该模型计算振型数取得不够多，导致竖向地震有效质量系数不足，进而由于竖向地震底线值的要求，导致调整系数很大。应增加振型数使得水平和竖向地震的有效质量系数满足 90％的要求，这样对应的地震内力才是正常的，方能用于后面的配筋设计。

其次，本模型存在局部振动区域，局部振动区域梁截面建议增大，否则竖向刚度较弱，导致竖向地震组合下超筋。经过上面的调整后，可以降低和缓解此处的局部振动和配筋超筋问题。

## 8.11 关于隔震结构大震支墩配筋设计时刚度取值的问题

Q：大震配筋设计下支墩时，反应谱计算是否需要修改支座等效刚度为 250％的剪变形对应的刚度?

A:如果设计中勾选"迭代确定等效刚度和等效阻尼比",则程序可以自动确定大震时的支座等效刚度,不必修改支座的等效线性刚度。

如果不勾选迭代确定等效刚度和等效阻尼比,则需要人为输入支座在大震下的等效刚度,此时则需要切换到"大震隔震模型"下单独修改支座定义信息中线性属性的刚度,如图 8-29 及图 8-30 所示。并且在生成数据时选择不更新模型。

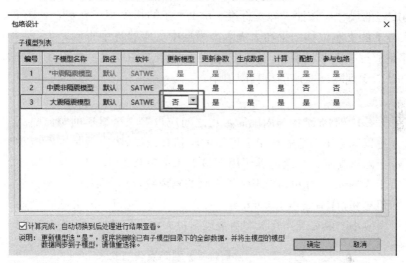

图 8-29　在自动生成的多模型对应的大震模型下修改支座刚度

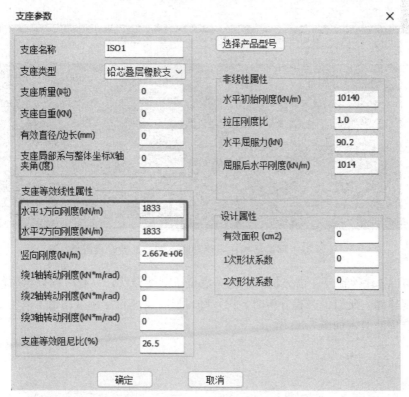

图 8-30　修改大震模型下对应的支座水平刚度为支座 250% 剪切变形的刚度

## 8.12　关于隔震结构大震下支座变形及限值的问题

Q：确定隔震结构隔震缝尺寸需要用到大震下的支座位移，这个位移数据在软件哪里查看？程序为何没有输出 3 倍橡胶总厚度的计算结果？软件中的拉压刚度比在分析时是如何起作用的？

A：隔震缝的尺寸应按照《隔震标准》5.4.1 条的相关要求确定，如图 8-31 所示，软件计算的大震下的支座位移结果在大震隔震模型中支座验算中查看，为 T4 项，如图 8-32 所示。程序是通过二次形状系数，自动反推得到的橡胶总厚度。然后在对隔震支座的位移计算中，自动考虑到隔震支座的位移限值中。

> **5.4.1**　上部结构与周围固定物之间应设置完全贯通的竖向隔离缝以避免罕遇地震作用下可能的阻挡和碰撞。隔离缝宽度不应小于隔震支座在罕遇地震作用下最大水平位移的 1.2 倍，且不应小于 300mm。对相邻隔震结构之间的隔离缝，缝宽取最大水平位移值之和，且不应小于 600mm。对特殊设防类建筑，隔离缝宽度尚不应小于隔震支座在极罕遇地震下最大水平位移。

图 8-31　《隔震标准》对隔震缝的要求

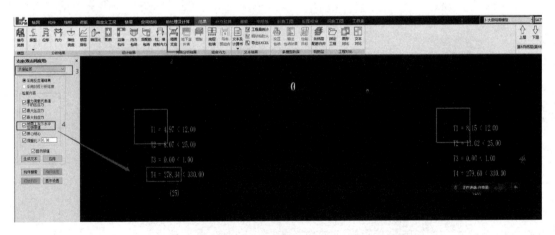

图 8-32　隔震结构在罕遇地震下的变形要求及限值

PKPM-GZ 软件在反应谱分析时不能考虑拉压刚度异性，只有时程分析时软件才会考虑拉压刚度异性，所以做时程分析时，设计师可以将支座拉压刚度比由 1 改为 0.1 或者某一个认为合理的值，如图 8-33 所示。

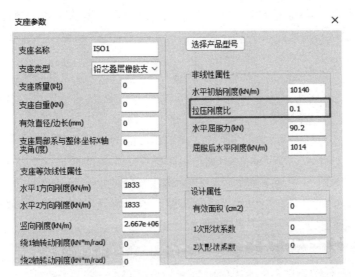

图 8-33 隔震支座拉压刚度比的修改

## 8.13 关于隔震结构周期折减系数的问题

Q：隔震结构的周期折减系数如何考虑，如图 8-34 所示，是否取 1.0？

A：隔震结构的周期折减系数一般建议取 1.0。隔震结构是与传统抗震结构不同的结构体系。对于基底隔震结构，由于隔震层的存在，隔震结构在地震作用下的变形形态是：隔震层发生较大的水平变形，而隔震层以上结构则做近似刚体运动。

为了保证隔震效果，隔震层除了支座和可能设置的阻尼器以外，不应有类似于砌体填充墙等可能阻碍隔震层相对变形的非结构构件。因此，在进行振型分解反应谱法计算时，采用试验确定的支座参数计算的隔震结构基本周期不需要进行折减。

当然在进行时程分析时，更应该注意该问题。

## 8.14 关于隔震结构地下室层数的定义的问题

Q：基础隔震时，下支墩层是否属于地下室，地下室层数填 1 对吗？

A：在软件中，是否定义为地下室，影响 5 方面的内容：第一，是影响风荷载的计算；第二，是对土的约束作用的考虑；第三，是对应"强柱根"调整；第四，影响地下室顶板嵌固端柱是上层柱单侧配筋 1.1 倍的调整；第五，影响地下室顶板嵌固梁端组合内力放大 1.3 的调整等。

关于土的约束作用：实际工程中隔震结构会设置隔震缝，在计算模型中也不应再考虑土的约束作用；另外模型中如果对于隔震支座层或者上支墩层周围考虑了土的约束作用，那么隔震支座无法自由产生水平位移，没有隔震效果。所以建议程序中将土层水平抗力系数的比例系数填为 0。

关于风荷载的计算：实际工程中埋在土里的部分是不受风荷载的。在计算模型中，定义为地下室，自然就不会对地下室施加风荷载，所以埋在土里的部分（例如，下支墩、隔震支座以及上支墩层）均应定义为地下室。但应该注意，室外地面与结构最底部的高差按实际填写，因为该参数会影响到风压高度变化系数的起算零点。

关于"强柱根"等调整：程序中，对于地上一层柱底、嵌固端位置、基础顶均执行《抗规》第 6.2.3 条柱底弯矩放大；对于地下室顶板梁、嵌固端下层梁均执行《抗规》第 6.1.14 条梁配筋放大。在隔震结构中，建议将上支墩顶部作为嵌固端，执行各种调整，将上支墩层作为地下室顶板同样可以执行嵌固端相应的调整。

同时是否定义地下室，会影响嵌固端柱单侧配筋 1.1 倍的放大调整及梁端组合弯矩放大 1.3 倍的调整。软件对于地下室的首层柱配筋会按照地上一层单侧配筋的 1.1 倍执行，对于地下室首层的梁端组合弯矩放大 1.3 倍调整。因此建议：下支墩、隔震支座层，以及上支墩层均应定义为地下室，如图 8-34 所示。

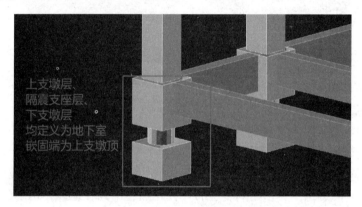

图 8-34　定义隔震层及上下支墩层均为地下室层

## 8.15　关于隔震结构嵌固端所在层号的问题

Q：隔震结构设计中，嵌固端所在的层号如何指定，如图 8-35 所示？

A：隔震结构设计中，虽然《隔震标准》提出了类似抗震结构设计的嵌固端的要求，但是隔震结构嵌固端概念和抗震结构完全不同。理论上讲，隔震结构并没有传统意义上的嵌固端，隔震结构中对于嵌固端的指定是为了更好地实现隔震结构设计而采取的一个措施。嵌固端处，需要进行"强柱根"设计，即需要按照《抗规》第 6.2.3 条进行内力放大，避免此处产生塑性铰；同时嵌固端下层柱需要按照上层柱配筋的 1.1 倍放大，梁也需要进行配筋加强，即按照《抗规》第 6.1.14 条进行处理。

对于隔震结构，可以认为上支墩上一层柱底为嵌固端。即保证建筑一层柱底不产生塑性铰，同时对上支墩层的梁、柱配筋进行加强。这和《隔震标准》第 4.4.6 条的思想基本一致。一般情况下由于上支墩属于关键构件，按照《隔震标准》需要进行中需弹性设计，另外上支墩截面也比较大，按照《抗规》规定，嵌固端下一层柱要按上层柱单层的 1.1 倍进行控制，但该配筋控制会小于该较大截面柱的计算配筋，因而不起控制作用，主要是对梁端的弯矩放大。如果定义隔震层的三层均为地下室，则嵌固端所在的层号为 4，即上支墩的上层，软件会将与上支墩相连的梁端地震组合弯矩乘以 1.3。

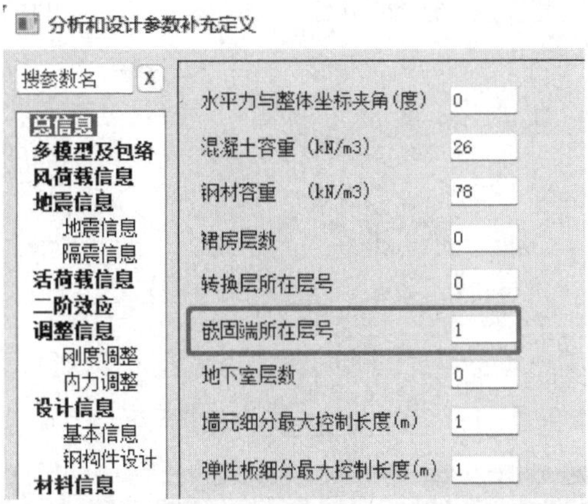

图 8-35 隔震结构嵌固端所在层号的填写

　　程序当中，对于地上一层柱底、嵌固端位置、结构最底部三个位置均执行《抗规》第 6.2.3 条柱底弯矩放大；对于地下室顶板梁、嵌固端下层梁均执行《抗规》第 6.1.14 条梁配筋放大，对于单侧柱配筋的 1.1 倍，如果地下室顶板嵌固，软件会自动执行地下室顶板下层的柱；如果嵌固端下移，单侧柱配筋的 1.1 倍放大也会跟着下延，均要与地下室顶板上一层柱的单侧配筋的 1.1 倍取大值作为最终的配筋结果。可以通过这个原则，填写嵌固端的位置。